研 究 生 用 书

高级饲料分析技术

The Advanced Technology of Feed Analysis

● 张丽英 主编

U0345634

中国农业大学出版社

CHINA AGRICULTURAL UNIVERSITY PRESS

内 容 简 介

全书共分为 8 章,分别包括:绪论、饲料样品预处理技术、饲料中元素分析技术、液相色谱法饲料中氨基酸和维生素分析技术、气相色谱分析技术在饲料分析中的应用、饲料中违禁药物和其他物质的定量分析与确证技术、生物技术在饲料分析中的应用、近红外光谱分析技术及在饲料分析中的应用。此外有附录及参考文献,以供教学和生产实际中参考使用。

本书内容比较系统全面,取材新颖而实用。本教材可供全国高等农业院校动物科学及相关专业研究生教学使用,也可供科研单位、检测机构和饲料企业从事高级饲料分析人员参考。

图书在版编目(CIP)数据

高级饲料分析技术/张丽英主编. —北京:中国农业大学出版社,2011.3
ISBN 978-7-5655-0180-7

Ⅰ.①高… Ⅱ.①张… Ⅲ.①饲料分析 Ⅳ.①S816.17

中国版本图书馆 CIP 数据核字(2010)第 254165 号

书　　名	高级饲料分析技术		
作　　者	张丽英　主编		
策划编辑	梁爱荣　席　清	责任编辑	梁爱荣
封面设计	郑　川	责任校对	王晓凤　陈　莹
出版发行	中国农业大学出版社		
社　　址	北京市海淀区圆明园西路 2 号	邮政编码	100193
电　　话	发行部 010-62731190,2620	读者服务部	010-62732336
	编辑部 010-62732617,2618	出　版　部	010-62733440
网　　址	http://www.cau.edu.cn/caup	E-mail	cbsszs @ cau.edu.cn
经　　销	新华书店		
印　　刷	涿州市星河印刷有限公司		
版　　次	2011 年 3 月第 1 版　　2011 年 3 月第 1 次印刷		
规　　格	787×980　　16 开本　　16.75 印张　　307 千字		
定　　价	26.00 元		

图书如有质量问题本社发行部负责调换

主　　编　　张丽英

副 主 编　　陈义强　王金荣

参编人员　（按照姓氏拼音排序）

陈义强（中国农业大学）

贺平丽（中国农业大学）

王金荣（河南工业大学）

王宗义（北京农学院）

杨文军（中国农业大学）

张丽英（中国农业大学）

审　　稿　　顾君华［国家饲料质量监督检验中心（北京）］

前　言

改革开放 30 多年来,我国饲料工业从无到有,从小到大,得到非常迅速的发展。2008 年,全国饲料生产企业 1.36 万家,饲料产品产量达到 1.37 亿 t,饲料工业总产值达 4 258 亿元,连续 17 年稳居世界第二位,成为名副其实的饲料大国。饲料工业的迅猛发展,有力推动了畜牧业向区域化、集约化、产业化和现代化发展,为调整农业结构,繁荣农村经济,增加农民收入,丰富和改善城乡人民的生活做出了重大贡献。

随着饲料工业的迅猛发展和人们对食品安全意识的不断提高,如何确保饲料质量安全,节约饲料资源,确保动物、环境和人类食品的安全,实现"饲料强国"目标,是亟待解决的问题。尤其苏丹红、三聚氰胺等饲料安全事件的发生给我们敲响了警钟。目前存在以下主要饲料质量安全问题,如饲料添加剂滥用和重金属等超标、反刍动物饲料中动物源性成分时有检出、通过饲料途径传播疯牛病的风险、饲料药物添加剂的超量超范围使用、违法添加物诸如瘦肉精和三聚氰胺等的使用、新型生物饲料和添加剂如微生物饲料产品存在微生物安全风险、非常规饲料原料生物学效价和安全性大多处于未知状态。

饲料分析是饲料工业生产中的重要环节,是保证饲料原料和各种产品质量的重要手段,同时也是政府实施饲料质量安全监管的重要手段。饲料分析的主要目的是通过采用物理、化学或生物等技术手段,对饲料原料及产品的物理性状、各种营养成分、抗营养成分、有毒有害物质、添加剂以及其他指标(如饲料药物添加剂、违禁药物等非法添加物)等进行定性、定量及确证分析测定,从而对检验对象的质量安全状况做出全面、正确的评定。

随着饲料工业、动物营养科学和分析检测技术研究的不断深入发展,对分析测试的项目和分析手段要求也越来越严格。分析内容已从过去的以营养等质量指标的检测为主,转移到营养等质量指标和安全指标(卫生指标、药物、违禁成分)检测相兼顾的阶段。从分析的手段看,过去主要注重准确的定量分析,已转变到现场快速定性、半定量的检验与实验室准确定量与确证分析相结合的阶段。

为了适应新世纪对高级专门人才培养的需求,进一步提高动物科学及相关专业研究生高级饲料分析技术理论水平和操作能力,根据当前发展的现状和趋势,参考了国内外有关仪器分析的教材、典型新型仪器设备的说明书及操作方法、我国现行的国家或行业标准和最新检测方法研究的科研成果，编写了《高级饲料分析技术》。

我们希望在高等院校本科"饲料分析"课程学习的基础上，通过"高级饲料分析技术"课程的学习，让动物营养与饲料科学及相关专业研究生进一步提高饲料质量安全意识和饲料分析技术水平，系统了解和掌握饲料质量安全检验的现代仪器分析原理、构成及具体应用，以便直接应用于科学研究和实践工作中。

本教材由中国农业大学、河南工业大学和北京农学院3所大学开设高级饲料分析课程的教学一线教师编写。在内容的编排上，以分析对象为主线和分析手段为主线相结合，便于理论和应用实例密切相结合。对于分析技术手段比较明确的分析成分，如饲料中的元素、维生素、氨基酸、脂肪酸和易挥发性物质以及违禁物质，以分析对象为主线，将现代原子吸收、原子荧光、发射光谱等光谱分析技术、液相色谱技术、气相色谱技术、质谱技术贯穿于其中；而对于生物检测技术和近红外光谱技术，由于其应用范围比较广，则以分析手段为主线，将其目前可能应用及前景贯穿于其中。在仪器分析的相关章节中主要包括了三部分内容：分析原理、典型仪器构造及作用和应用举例。在应用举例分析方法选择上，既有现行的国家标准或行业标准推荐方法，同时又有最新科研成果。每章附有内容提要和思考题，便于学生学习和掌握。

本教材承蒙国家饲料质量监督检验中心(北京)顾君华研究员进行审稿。对此作者表示诚挚的谢意。在本教材的编写过程中，得到农业部饲料工业中心实验室康润、陶广益和曹景武等大力支持和帮助，在此一并感谢。

限于编者水平，难免有错漏、缺点和错误之处，恳请读者批评指正，以便在再版时进行修正、补充。

张丽英
2010 年 9 月于北京

目　　录

1 绪 论

【内容提要】

本章系统概述饲料分析的内容、任务和作用,影响饲料质量安全的主要因素以及饲料分析技术的发展趋势。

1.1 饲料分析及其意义

1.1.1 饲料分析内容

饲料分析包括质量和安全分析两方面的内容。饲料质量一般是指饲料原料、饲料添加剂和产品(浓缩饲料、添加剂预混合饲料、配合饲料和精料补充料)所含有的养分或有效成分及加工的优劣程度。饲料质量分析的内容主要包括常规养分(水分、粗蛋白、粗脂肪、粗纤维、酸性洗涤纤维、中性洗涤纤维、粗灰分等)、加工指标(混合均匀度、粒度和淀粉糊化度等)、氨基酸、维生素、微量元素、有机元素和饲料添加剂等有效成分等。

随着人们食品安全意识的不断提高,饲料作为动物性食品安全的源头也越来越引起全球范围内的高度重视。从广义上讲,饲料安全就是要确保动物本身安全、动物性食品安全和环境安全。对饲料安全分析的主要内容包括生物毒素(主要是由霉菌次生的霉菌毒素,如黄曲霉毒素、玉米赤霉烯酮、赭曲霉毒素 A、呕吐毒素、T_2 毒素等;天然毒素如生物碱、棉酚等)、重金属(铅、砷、铬、镉、汞、铝、镍等)、微生物(细菌总数、霉菌总数、大肠杆菌、沙门氏菌、志贺氏菌、金黄色葡萄球菌等)、农药残留(有机氯类农药、有机磷类农药、除虫菊酯类农药和氨基甲酸酯类农药等)、兽药残留(允许使用和禁止使用药物)、环境污染物(多氯联苯、二噁英等)、转基因植物等生物安全性和其他非法添加物(如三聚氰胺、苏丹红等)等。饲料安全分析具有明显的时代性,随着社会的发展,安全检测内容不断更新,因此饲料安全检测技术需要不断发展才能保证为饲料安全监督提供技术支持。

饲料的质量与安全分析不是完全孤立的两个方面。对于营养性指标如维生素、微量元素、氨基酸和其他添加剂,在适宜添加水平下,有利于提高动物生产性能、改善产品质量、降低成本,减少碳、氮和磷等排泄。但过量添加可对动物生产性能造成不良影响,如由于残留引发食品安全问题、造成资源浪费、导致环境污染等。根据《饲料和饲料添加剂管理条例》的有关规定,为指导饲料企业和养殖单位科学合理使用饲料添加剂,提高饲料和养殖产品质量安全水平,保护生态环境,促进饲料产业和养殖业持续健康发展,参照美国和欧盟等发达国家的做法,在现行饲料添加剂品种目录的基础上,我国于 2009 年 6 月颁布实施《饲料添加剂安全使用规范》(以下简称《规范》,农业部 1224 号公告)。该《规范》目前只涉及氨基酸、维生素、微量元素和常量元素的部分品种,其余饲料添加剂品种的《规范》正在制定过程中,农业部将陆续公布。《规范》的发布实施在饲料行业引起很大反响,被誉为"里程碑性文件",它不仅给出了适宜推荐用量,更重要的是规定了部分添加剂在配合饲料或精料补充料中的最高限量,对确保饲料添加剂的安全使用发挥着重要作用。因此在配合饲料或精料补充料中有最高限量的指标,如脂溶性维生素 A、维生素 D_3,微量元素铁、铜、锰、锌、硒、钴等,它们的分析既属于饲料质量分析,同时也属于饲料安全分析范畴。

1.1.2　饲料分析的任务和作用

现代养殖生产追求的终极目标是生产成本最低,动物生产性能最佳,向环境低碳、氮和磷排放,动物性产品质量好并且安全等。动物生产的基本因素包括动物本身的遗传、饲料和饲养、环境设施、管理以及疾病防治等,但饲料尤为重要。饲料不仅占动物生产总成本的大约 70%,而且还是将人类不能利用的农业和工业副产品转化为营养价值很高且适合人类口味的肉、蛋、奶的一种手段。如何降低饲料成本、提高饲料的有效利用效率、确保饲料产品质量安全都需要借助饲料分析手段来实现。饲料分析的具体作用可概括为以下 3 个主要方面。

1.1.2.1　实施最低成本饲料配方的关键

借助线性规划技术,优化最低成本饲料配方,在当前饲料工业生产上已被普遍应用,以便以最低成本生产出能最大限度满足动物营养需要的配合饲料。通过降低饲料成本而又保持其质量,或者提高饲料质量而保持其成本不变,来提高饲料效率将直接提高动物生产的效率。为尽量避免营养超量,减少资源的浪费和环境污染的发生,要求饲料配合后所含有的全部养分非常接近于动物的需要,一方面确切掌握动物的营养需要量;另一方面确切掌握所用饲料原料的准确养分含量数据。现行的书刊资料所发表的饲料营养成分表局限于有关饲料营养价值方面研究积累的数据的一个平均值。而同一种饲料原料,因品种、产地、气候、加工方式等不同,质量存在很大的变异。在实际生产中出现以下现象:尽管产品名称相同,但其营养成分含量往往相差甚远,特别是一些工业副产品,受原料来源、加工工艺及后处理等影响非常大。如玉米酒精工业的主要副产品之一含可溶物玉米干酒糟(DDGS),是一种非常优良的饲料原料。玉米 DDGS 的粗蛋白、粗脂肪、粗纤维和总磷的含量为玉米的 3~4 倍,有效磷含量提高幅度最大,大约为玉米的 6 倍(表1.1),玉米 DDGS 中多数必需氨基酸含量也为玉米的 3~4 倍(表 1.2)。不同厂家、不同季节和同一厂家不同批次生产的玉米 DDGS 的质量变异幅度很大。表1.3 是美国产 32 个玉米 DDGS 养分含量的变化情况。在实际生产中使用 DDGS 时,

表 1.1　玉米与玉米 DDGS 常规养分比较　　　　　　　　　　　　%

指标	玉米	玉米 DDGS
干物质	87	92
粗蛋白质	7.9	27.0
粗脂肪	3.5	9.0
粗纤维	1.9	8.5
粗灰分	1.2	4.5
钙	0.01	0.14
总磷	0.25	0.89
有效磷	0.09	0.55

资料引自:美国 Feedstuffs 饲料成分分析表(2007)。

表 1.2　玉米与玉米 DDGS 中必需氨基酸含量比较　　　　　　　%

指标	玉米	玉米 DDGS
赖氨酸	0.24	0.90
蛋氨酸	0.18	0.51
胱氨酸	0.18	0.40
色氨酸	0.07	0.20
苏氨酸	0.29	0.44
异亮氨酸	0.29	1.00
组氨酸	0.25	0.65
缬氨酸	0.42	1.33
亮氨酸	1.00	2.60
精氨酸	0.40	1.10
苯丙氨酸	0.42	1.20

注:玉米干物质含量为 87%,玉米 DDGS 干物质含量为 92%。

资料引自:美国 Feedstuffs 饲料成分分析表(2007)。

有的发现 DDGS 饲喂效果很好,有的则持否定态度,其实关键是要根据其实际的养分含量设计配方。因此,在最低成本优化配方设计时,需要根据所使用原料的实际养分含量分析值进行设计,否则达不到预期的目标。饲料质量分析是实施最低成本饲料配方成败与否的一个关键。保证了原料的质量,也就保证了配合饲料、浓缩饲料、添加剂预混合饲料和精料补充料等产品质量的 90%。

表 1.3　美国产 32 个玉米 DDGS 养分含量的变化情况　　　　　　　　%

养分(干物质基础)	平均值	变异系数	范围
粗蛋白质	30.9	4.7	28.7~32.9
粗脂肪	10.7	16.4	8.8~12.4
粗纤维	7.2	18.0	5.4~10.4
粗灰分	6.0	26.6	3.0~9.8
总磷	0.75	19.4	0.42~0.99
代谢能(猪)/(MJ/kg)	16.0	3.5	14.7~17.0
赖氨酸	0.90	11.4	0.61~1.06
精氨酸	1.31	7.4	1.01~1.48
色氨酸	0.24	13.7	0.18~0.28
蛋氨酸	0.65	8.4	0.54~0.76

资料引自:Dudley-CASH,2005。

1.1.2.2　判定饲料及其产品质量安全的科学依据

饲料、饲料添加剂及饲料产品种类多,来源复杂,其质量安全是否符合相应的产品标准或采购验收标准,都需要通过物理学、化学或生物手段进行检测,根据其分析结果才能做出正确的判断。具有资质的饲料专业第三方实验室提供的委托或仲裁检验报告,是解决饲料质量安全事件纠纷和贸易争端的重要科学依据。

1.1.2.3　政府实施饲料质量安全监管的重要技术支撑

为了确保饲料质量安全,我国非常重视饲料法规的制定和实施,1999 年颁布实施的《饲料和饲料添加剂管理条例》是我国饲料行业最重要法律文件。在借鉴国外先进标准的基础上。截至 2009 年,全国饲料工业标准化委员会已制定了国家和行业饲料标准,包括基础标准 20 项,检测方法标准 178 项,单一饲料及原料标准 54 项,饲料产品及饲料添加剂标准 104 项,评价方法标准 13 项,其他相关标准 52 项。这些行政法规、技术标准的实施为行业主管部门依法执政和饲料质量安全检测分析提供了强大的技术支撑。

1.2 影响饲料质量安全的主要因素

1.2.1 影响饲料质量的因素

1.2.1.1 自然变异

饲料原料养分含量的自然变异系数平均为±10％,变异范围在10％～15％是正常的。饲料原料的质量因产地、年份、采样、品种、土壤肥力、气候、收割时成熟程度不同而变异。例如,普通玉米的粗蛋白含量一般在8％左右,而有些新品种玉米的粗蛋白含量超过了10％。与鱼粉等蛋白质饲料原料相比,谷类及其副产品的养分含量比较稳定,变异范围较小,大豆粕是典型的养分含量变异小的蛋白质补充饲料。

1.2.1.2 加工工艺

农产品加工技术不同,生产出的产品或副产品质量就会有差异,高标准成套碾米机所生产的米糠主要含的是胚芽和米粒种皮外层,而低标准碾米机则生产出混杂有相当一部分稻壳的低质量米糠。在溶剂浸出过程中,热处理温度过低或过高所生产的大豆粕质量都会比热处理工艺温度适当所生产的大豆粕质量差。湿法粉碎和干法粉碎工艺生产出来的玉米DDGS的质量也存在差异。另外,在玉米酒槽中掺入可溶物的比例及烘干温度和时间对最终产品的营养价值有着非常大的影响。可溶物掺入的比例越高,粗蛋白等含量越高。烘干温度过高或时间过长会导致其外观颜色加深,蛋白质变性,从而导致赖氨酸等有效利用率大大下降。

1.2.1.3 掺杂使假

颗粒细小的饲料原料易于掺假,即以一种或多种可能有或者没有营养价值的廉价细粒物料进行故意掺杂,以假乱真。一般而言,掺假不仅改变被掺假饲料原料的化学成分,而且降低其营养价值。常见于鱼粉中的掺假物主要有经过细粉碎的贝壳、水解或膨化羽毛粉、血粉、皮革粉以及非蛋白氮物质如尿素、缩醛脲等。赖氨酸和蛋氨酸是饲料生产中普遍采用的氨基酸饲料添加剂,掺假现象时有发生,主要掺假物有淀粉、石粉、滑石粉等廉价易得原料。其他饲料原料也可能出现掺假现象,如米糠可能会用稻壳掺假。经过细粉碎的石灰石又用作磷酸氢钙的掺杂物。维生素添加剂的掺假现象也常见,如在氯化胆碱中掺入氯化铵、硫酸铵等。掺杂使假,不仅影响饲料质量,也会带来安全隐患。因此,在采购饲料原料时必须对其质量加以识别,进行必要的质量检查。

1.2.1.4 损坏和变质

不适当的运输装卸、储藏和加工过程中饲料原料会因损坏和变质失去其原有的质量,高水分玉米收获后在不适当的运输装卸情况下非常容易被真菌污染而损坏。高水分米糠和鱼粉在袋装储藏条件下会发热、自燃或者会很快发生酸败,酸败作用还加快其脂溶性维生素尤其是维生素 A 的损失,使情况变得更糟。饲料谷物在不适当的储藏条件下通常会被虫蚀损坏。劣质饲料原料不可能生产出优质的配合饲料。所以,选择优质饲料原料并保持其质量是制作优质动物饲料至关重要的环节。

1.2.2 影响饲料安全的主要因素

影响饲料安全的因素很多,概括起来主要包括生物毒素、有毒有害元素、农药残留和药物添加剂的滥用、生物因素(有害微生物、转基因生物和随饲料传播的疯牛病等)、环境污染物和人为添加使用违禁物质。

1.2.2.1 生物毒素

饲料中存在的生物毒素有两种来源,天然的和次生的。

1. 天然毒素

天然生物毒素是指在植物生长过程中产生的对动物有毒有害物质,但这些物质对植物本身是有益的。最常见的有棉子饼、粕中的游离棉酚、菜子饼、粕中的硫葡萄糖甙和蓖麻粕中蓖麻毒蛋白及蓖麻碱等。

棉子饼、粕和菜子饼、粕都是重要的蛋白质饲料资源。棉子饼、粕中由于含有游离棉酚而限制了其利用。游离棉酚具有活性羟基和活性醛基,对动物毒性较强,而且在体内比较稳定,有明显的蓄积作用。对单胃动物,游离棉酚在体内大量蓄积,损害肝、心、骨骼肌和神经细胞;对成年反刍动物,由于瘤胃特殊的消化环境,游离棉酚可转化为结合棉酚,因而有较强的耐受性。动物在短时间内因大量采食棉子饼、粕引起的急性中毒极为罕见,生产上发生的多是由于长期采食棉子饼、粕,致使游离棉酚在体内蓄积而产生的慢性中毒。

菜子饼、粕由于含有硫葡萄糖甙及其降解产物等抗营养因子,因而限制了其充分利用。硫葡萄糖甙本身无毒性,但在饲料本身所含的硫葡萄糖苷酶(芥子酶)或胃肠道细菌酶的催化作用下,产生异硫氰酸酯(ITC)、噁唑烷硫酮(OZT)、硫氰酸酯(SCN)和腈(RCN)4 种主要的有毒化合物;根据其毒性大小、含量及其特异性,目前我国及许多国家都以异硫氰酸酯和噁唑烷硫酮作为衡量菜子饼、粕含毒量的重要指标。

蓖麻粕也是一种潜在的蛋白饲料资源,但由于其含有蓖麻毒蛋白和蓖麻碱限制了其应用。蓖麻毒蛋白是一种核糖体失活蛋白,最先使动物消化道和肾脏受到侵害,进而造成肝、脾和淋巴等器官发生病变。对蛋鸡而言,还表现为脱毛、停产、卵巢病变等。蓖麻碱则能引起动物兴奋、惊厥致死以及有甲状腺致病性。所以蓖麻粕必须经过脱毒后方可安全做饲料使用。

2. 次生毒素

饲料中存在的次生毒素主要是指霉菌产生的毒素。在动物生产中每年由于霉菌毒素的污染导致的经济损失非常大,但往往被忽略了。饲料受霉菌毒素污染后,可导致动物的采食量减少或拒绝采食;改变饲料中的养分含量,影响养分的吸收和代谢;影响动物内分泌系统和外分泌系统;抑制免疫系统;诱发细胞死亡。饲料中存在的霉菌种类很多,对饲料安全危害比较大的、且在国际上备受关注的霉菌毒素主要有黄曲霉毒素、赭曲霉毒素、脱氧雪腐镰刀菌烯醇、玉米赤霉烯酮和呕吐毒素等。黄曲霉毒素由于其可以在奶牛体内代谢产生黄曲霉毒素 M,因此其对动物和食品安全的影响备受关注。

黄曲霉毒素主要是由黄曲霉和寄生曲霉产毒菌株的代谢产物,温特曲霉也能产生,但产量较少,主要污染玉米、花生、棉子及其饼、粕。黄曲霉毒素是一类结构十分相似的化合物。根据其在紫外线下产生荧光的颜色、在层析板上的 Rf 值及化学结构,分别被命名为 B_1、B_2、G_1、G_2、M_1、M_2、P_1、Q_1、毒醇等。在自然条件下,饲料污染的黄曲霉毒素主要有 4 种,即黄曲霉毒素 B_1、B_2、G_1、G_2,其中以黄曲霉毒素 B_1 含量最高,毒性最大,因此,我国以黄曲霉毒素 B_1 作为饲料黄曲霉毒素污染的卫生指标。

赭曲霉毒素是由多种生长小麦、玉米、大麦、燕麦、黑麦、花生、蔬菜(豆类)等农作物上的赭曲霉和青霉产生的一类分子结构类似的化合物,分为赭曲霉毒素 A 和 B 组,其中赭曲霉毒素 A 组的毒性较大。赭曲霉毒素是温带地区最主要的仓储毒素,主要损害动物的肾脏和肝脏,可引起肾小管上皮细胞变性、坏死,肝组织脂肪变性、透明变性和灶状坏死,有很强的利尿作用。在我国饲料卫生标准中规定了赭曲霉毒素 A 的限量标准。

玉米赤霉烯酮是一类 2,4-二羟基苯甲酸内酯化合物,首先从赤霉病玉米种分离出来,其衍生物至少有 15 种,如玉米赤霉烯酮、8-羟基玉米赤霉烯酮、7-脱氢玉米赤霉烯酮、8,8-二羟基玉米赤霉烯酮等,具有类雌激素作用,主要危害动物的生殖系统。产生此类毒素的菌种主要是禾谷镰刀菌。此外,粉红镰刀菌、串珠镰刀菌、木贼镰刀菌等多种镰刀菌也能产生此类毒素。玉米赤霉烯酮主要污染玉米、小麦、大米、大麦、小米和燕麦等谷物。所有的动物当中,猪对玉米赤霉烯酮最为敏感,尤其母猪,易引起外阴红肿、流产和死胎等。

单端孢霉菌毒素类主要由镰孢菌、头孢菌、漆斑菌、葡萄穗菌、木菌和其他一些霉菌产生。单端孢霉素类主要包括 T-2 毒素、脱氧雪腐镰刀菌烯醇（呕吐毒素，DON）、二乙酰基镳草镰刀菌烯醇（DAS）、新加病镰刀菌烯醇等。发霉玉米可能是 T-2 毒素的主要来源，如果玉米成熟晚或含水量高，并储存在易受温度影响的仓库内。T-2 毒素能抑制蛋白质的合成、降低免疫力、引起细胞坏死和造血障碍。当蛋鸡饲料中 T-2 毒素含量在每千克几毫克时，产蛋量突然下降，且蛋壳质量降低、羽毛生长异常、口腔病变和增重减缓。家禽对呕吐毒素 DON 的抵抗力较强。即将颁布的新修订饲料卫生标准中对该类毒素 DON 和 T-2 毒素也规定了限量值。

1.2.2.2 有毒有害元素

现已经发现，对动物有毒有害的元素主要有铅（Pb）、砷（As）、镉（Cd）、汞（Hg）、铬（Cr）、氟（F）、镍（Ni）、铝（Al）、锑（Sb）和 钼（Mo）等，其中最受关注的有铅、砷、镉、汞、铬和氟。但值得注意的是，有毒有害元素的划分是相对的，过去曾经认为对动物有毒有害的无机元素如硒、钼和铬，现已证明它们是动物的必需微量元素；而在动物营养上被认为是必需的微量元素如铁、铜、锌等，如果摄入量过多，同样会对动物产生毒害作用。

饲料中有毒有害元素的毒性特点主要表现在 5 个方面：一是无机元素本身不发生分解，某些元素还可在生物体内蓄积，且生物半衰期较长，从而通过生物链危害人类的健康；二是体内的生物转化通常不能减弱无机元素的毒性，有的反而转化为毒性更强的化合物；三是饲料中有毒有害元素含量与工业污染和农药污染密切相关，其毒性强弱与元素的存在形式有关；四是不同种类的动物对饲料中有毒有害元素敏感性不同；五是由饲料中有毒有害元素引起的动物中毒多是慢性中毒，急性中毒很少见。因此，应对各种饲料、饲料添加剂和饲料产品中的有毒有害元素进行检测分析，以控制其在我国《饲料卫生标准》规定的允许范围内，确保饲料安全。

1.2.2.3 农药残留和药物添加剂的滥用

农药的使用对防止病虫害、提高作物的产量发挥了重要作用。但农药残留给粮食、蔬菜和饲料的安全带来隐患。农药主要包括有机磷类农药、有机氯类、除虫菊酯类、甲胺磷类等。为了确保饲料安全，世界各国纷纷制定了饲料中农药残留最大限量，我国在饲料卫生标准中也对六六六、DDT 等有机磷农药的残留最高限量加以规定。

饲料药物添加剂具有抑菌促生长的作用，对提高动物生产性能，改善饲料转化效率起了很重要的作用，但如果使用不当，如超量、超范围使用，会带来残留的问题，从而影响到动物性食品的安全。为了加强兽药的使用管理，进一步规范和指导饲料药物添加剂的合理使用，防止滥用饲料药物添加剂，根据《兽药管理条例》的规定,2001年我国颁布实施了《饲料药物添加剂使用规范》(以下简称《规范》,农业部公告168号)。《规范》中明确规定除了该《规范》收载品种及农业部今后批准允许添加到饲料中使用饲料药物添加剂外,任何其他兽药产品一律不得添加到饲料中使用。饲料原料药不得直接加入饲料中使用,必须制成预混剂后方可添加到饲料中。《规范》有3个附件,分别为饲料药物添加剂使用规范、饲料药物添加剂附录一和饲料药物添加剂附录二。饲料药物添加剂使用规范部分对各种饲料药物添加剂的名称、有效成分、含量规格、适用动物、作用与用途、用法与用量及注意等给出明确的规定。饲料药物添加剂附录一中列出了33种药物,这些饲料药物添加剂具有预防动物疾病、促进动物生长作用,可在饲料中长时间添加使用。饲料药物添加剂附录二中列出了24种饲料药物添加剂,这些饲料药物添加剂仅允许通过混饲给药,用于防治动物疾病,并按照规定疗程使用,也就是说,该类饲料药物添加剂不能长期在饲料中添加使用。

目前实际生产中,超量、超范围使用饲料药物添加剂现象非常普遍。滥用饲料药物添加剂对动物性食品安全有重大的安全隐患,会导致动物产生耐药性和环境毒性。因此,饲料中饲料药物添加剂的规范使用和监督管理仍是今后饲料安全监管的工作重点。

1.2.2.4　生物因素

影响饲料安全的生物因素主要包括有害微生物、转基因生物和随饲料传播的疾病如疯牛病等。

1. 有害微生物

微生物广泛分布于自然界中,饲料中也不例外。微生物的种类很多,但饲料安全上主要关注的是沙门氏菌、志贺氏菌以及大肠菌群等。

大肠菌群并非细菌学分类命名,而是卫生细菌领域的用语,它不代表某一个或某一属细菌,而指的是具有某些特性的一组与粪便污染有关的细菌。该类菌需氧及兼性厌氧、在37℃能分解乳糖产酸产气的革兰氏阴性无芽孢杆菌,一般包括大肠埃希氏菌、柠檬酸杆菌、产气克雷白氏菌和阴沟肠杆菌等。在食品上,大肠菌群是作为粪便污染指标菌提出来的,主要是以该菌群的检出情况来表示食品中有否粪便污染,但在饲料上目前世界各国没有提出限量要求。

沙门氏菌病是公共卫生学上具有重要意义的人畜共患病之一,其病原沙门氏菌属肠道细菌科,包括那些引起食物中毒,导致胃肠炎、伤寒和副伤寒的细菌。它们除可感染人外,还可感染很多动物,包括哺乳类、鸟、爬行类、鱼、两栖类及昆虫。人畜感染后可呈无症状带菌状态,也可表现为有临床症状的致死疾病,它可能加重病态或使死亡率增高,或者降低动物的繁殖生产力。蛋、家禽和肉类产品是沙门氏菌病的主要传播媒介。为了确保饲料和食品安全，欧盟、美国以及我国等均制定了限量要求，各国限量要求均为饲料中不得检出。

志贺氏菌属是一类革兰氏阴性杆菌，兼性厌氧菌，是人类细菌性痢疾最为常见的病原菌，通称痢疾杆菌。该菌能在普通培养基上生长，形成中等大小、半透明的光滑型菌落，在肠道杆菌选择性培养基上形成无色菌落。分解葡萄糖，产酸不产气。Vp 试验阴性，不分解尿素，不形成硫化氢，不能利用枸橼酸盐作为碳源。

此外，为了严格控制饲料中有害细菌和霉菌污染程度，我国还规定了动物性饲料鱼粉等中细菌总数和谷物类饲料中霉菌总数的限量值。国外主要是通过霉菌毒素的限量标准来控制霉菌污染状况。

2. 转基因生物

随着基因工程技术的不断发展，已经有许多转基因生物从实验室转为中试生产，有很多转基因植物等已经进入商业化生产阶段。随着转基因技术产品商品化，其作为饲料安全性越来越受到广泛关注。尽管许多学者采用"实质等同性"原则对许多转基因作物在营养水平上证明与传统的作物没有实质差异，也不会导致严重的生物不安全性，但人们仍然有许多疑虑和担忧。这些忧虑和担忧主要包括外源基因是否安全？基因结构是否稳定以及会不会产生对动物和人体健康有害的突变？基因转入后是否产生新的有害遗传性状或不利健康的成分？有的转基因过程中使用抗生素的基因进行标记，它是否会通过转基因作物使动物、人或人体中寄生的微生物产生对抗生素的抗性？为了科学回答这些问题，我国"十一五"期间启动了转基因重大科研专项，系统评价已培育的转基因植物的使用和饲用安全性等。此外，目前已经建立了各种转基因大豆、棉花、油菜等作物检测方法标准。

3. 随饲料传播的疾病

在饲料生物安全方面，随饲料传播的疾病是其重点控制内容之一。20 世纪 80 年代后期席卷欧洲的疯牛病给人类敲响了警钟，因此，随饲料传播的疯牛病的控制备受关注。

疯牛病，学名牛海绵状脑病(BSE)，是牛的一种神经性、渐进性、致死性疾病。病牛典型的病理变化是病牛脑干灰质特定神经元周体或神经纤维网(胞浆)中出现海绵状空泡变性。疯牛病的病原是朊蛋白，主要传播途径是牛采食了带有疯牛病和绵羊痒病病原的饲料。自 1986 年在英国发现首例疯牛病以来，世界上已有 20 多个国家发生过疯牛病。各国政府高度重视疯牛病的预防和控制工作。为了加强对动物和动物源性产品的进口审批和检疫监管，强化对饲料生产和使用的管理，我国对反刍动物饲料的生产、储藏、运输、包装等环节都做了严格的规定，2001 年发布《关于禁止在反刍动物饲料中添加和使用动物性饲料的通知》(农牧发[2001]7

号),明令禁止给反刍动物饲喂动物源性饲料,以便彻底切断疯牛病的传播途径,这也是控制疯牛病的最有效途径。

1.2.2.5 非法添加物

非法添加物主要是指禁止在饲料中使用的药物和饲料添加剂等。近年来由于在饲料中添加使用非法添加物如兴奋剂类药物等引发的食品安全事件时有发生,目前已引起各国政府的高度重视。在我国每年实施的饲料质量安全监督计划中,已将违禁药物等非法添加物列入重点监测对象。

1. 违禁药物

目前,通常意义上所谓的违禁药物是指不允许往饲料中添加的激素类物质(性激素、生长激素和类激素物质)、β-兴奋剂(盐酸克仑特罗等)和某些药物添加剂如某些抗生素、人工合成抗菌药物和镇静剂等。目前,农业部、卫生部、国家药品监督管理局发布了《禁止在饲料和动物饮用水中使用的药物品种目录》(176 号公告),共五类 32 项。

β-肾上腺素受体激动剂,简称 β-兴奋剂,是 20 世纪 80 年代以来研究开发的一类作用于肾上腺能受体的类激素物质,属儿茶酚胺类化合物,在动物体内具有类似肾上腺素的生理作用。研究已表明,尽管 β-兴奋剂添加于饲料中可改善牛、猪、禽等的屠宰率,增加胴体体重、胴体瘦肉率和降低胴体脂肪含量,但使用这类添加剂后,猪屠体的肌糖原水平下降,屠后肌肉的 pH 值提高,产生 DFD 肉(深色、坚韧、干燥肉)。此外,其易在动物产品中残留,尤其是肝脏和肺脏等内脏器官,从而对人类的健康产生严重危害,可引起心跳加快、血压下降等现象。

性激素及其类似物曾是应用最为广泛、效果显著的一类生长促进剂。性激素是通过调节机体代谢,尤其是蛋白质和脂肪的合成与分解代谢而起到促进生长发育,增加胴体蛋白质含量,降低脂肪含量,提高饲料转化效率。用于生长促进剂的性激素主要包括雌激素、孕激素和雄激素及其类似物。该类激素属甾醇类化合物,即使通过消化道,也不能被消化液所降解,因此可通过饲料投给,也可通过埋植方式投给。目前,国外多通过埋植方式用于肉牛和肉羊生产。20 世纪 60～70 年代,美国 80%～90% 肥育牛应用了此类制剂。直到今天,除了己烯雌酚(DES)等人工合成类雌激素化合物于 1980 年华沙国际学术讨论会和同年的联合国粮农组织与世界卫生组织联席会议决定完全禁用外,其他性激素类仍在美国等国家和地区使用。欧洲经济共同体已于 1988 年 1 月 1 日开始完全禁止在畜牧业生产中使用甾醇类激素。我国完全禁用。使用性激素及其类似物,可导致其在动物产品中的残留,进而通过食物链对人的健康产生危害,如普遍反映怀疑儿童的早熟与食用了含性激素的鸡肉等畜产品有关。这将扰乱人的正常生长发育周期。

目前我国禁用的蛋白同化激素主要是碘化酪蛋白和苯丙酸诺龙。碘化酪蛋白属合成甲状腺素前驱物质,在动物体内能起到类似甲状腺素的作用。动物甲状腺分泌的甲状腺素是维持动物正常生长发育的重要激素,全面调控机体代谢。甲状腺素不足,影响动物基础代谢,从而影响动物生产性能。

镇静剂又称作运动抑制剂,其作用是抑制动物的中枢神经,使动物处于安静、睡眠或半睡眠状态。由于活动量减少,能量的消耗降至最小,以达到催肥、节约饲料的目的。常用的镇静剂如利血平(人用降压药)、盐酸氯丙嗪、水合氯醛、盐酸异丙嗪等均系目前人临床上普遍用镇静剂药物。该类药物在动物产品中的残留将影响人的健康,并可导致临床用药效果下降。我国目前未批准镇静剂作为饲料添加剂使用。

抗生素滤渣是抗生素类产品生产过程中产生的工业三废,因含有微量的抗生素成分,在饲料和饲养过程中使用后对动物有一定的促生长作用,但对养殖业的危害很大,一是容易引起耐药性,二是由于其未做安全试验评估存在各种安全隐患。

2. 其他非法添加物

为了确保饲料安全生产和使用,根据《饲料和饲料添加剂管理条例》的有关规定,我国于 1999 年 7 月首次颁布了《允许使用饲料添加剂品种目录》(农业部公告 105 号),并分别于 2003 年、2006 年和 2008 年进行了修订,现行《饲料添加剂品种目录(2008)》(以下简称《目录(2008)》)于 2008 年 12 月以农业部公告 1126 号颁布实施。自 2006 年起,品种目录每间隔 2 年修订 1 次,目前正在组织 2010 年版品种目录的修订。

《目录(2008)》由《附录一》和《附录二》两部分组成。凡生产、经营、使用的营养性添加剂及一般饲料添加剂均应属于《目录(2008)》中规定的品种,饲料添加剂的生产企业应办理生产许可证和产品批准文号。《附录二》是保护期内的新饲料和新饲料添加剂品种,仅允许所列申请单位或授权单位生产。禁止使用《目录(2008)》以外的物质作为饲料添加剂。然而,由于受利益的驱使,近年来由非法使用《目录(2008)》以外的物质导致的饲料和食品安全事件频繁发生,工业染料苏丹红导致的"红心蛋"事件、三聚氰胺事件等。这些安全事件已经引起各国政府的高度重视,纷纷出台监管措施加强这些违禁添加物质的检测技术研究和监测力度,确保饲料安全和人民身体健康。

1.2.2.6　持久性有机污染物

持久性有机污染物是一类具有环境持久性、生物累积性、长距离迁移能力和高生物毒性的特殊污染物。二噁英是其中最具代表性的有毒化学污染物。为限制并彻底消除持久性有机污染物,2001 年 114 个国家和地区在瑞士斯德哥尔摩签署了《关于持久性有机污染物的斯德哥尔摩公约》,要求在全球范围内采取行动控制和削减 12 种主要 POPs,分别是艾氏剂(aldrin)、氯丹(chlodane)、狄氏剂(dieldrin)、滴滴涕(DDT)、异狄氏剂(endrin)、七氯(heptachlor)、灭蚁灵(mirex)、毒杀芬(strobane)、六氯苯(perchlorobenzene)、多氯联苯(PCBs)、多氯代二苯并二噁英(PCDDs)和多氯代二苯并呋喃(PCDFs)。2009 年 5 月,在《关于持久性有机污染物的斯德哥尔摩公约》第四次缔约方大会上,9 种严重危害人类健康与自然环境的新型持久性有机污染物被列入《斯德哥尔摩公约》,这 9 种新型 POPs 分别是 α-六氯环己烷、β-六氯环己烷、六溴联苯、商用五溴联苯醚、商用八溴联苯醚、十氯酮、林丹、五氯苯、全氟辛烷磺酸、全氟辛烷磺酸盐和全氟辛基磺酰氟。由此被列入《斯德哥尔摩公约》禁止或严格限制生产和使用的持久性有机污染物数量已达 21 种。

　　饲料中持久环境性污染物(POPs)对食品安全的影响已经在国际上引起高度的关注,2007 年世界粮农组织和世界卫生组织联合组织的“饲料安全对食品安全影响”专家会上将饲料中持久性环境污染物二噁英对食品安全的影响列在了首位。欧盟、美国等对饲料中二噁英和有机氯农药制定了限量标准,并建立了相应的检测方法等。我国高度重视对饲料中二噁英问题,已批准建立专门的检测实验室,并立项开展饲料中二噁英的检测技术和污染状况调查研究。但全球范围内,随着斯德哥尔摩公约新增持久性有机污染物监控计划的实施,对科学研究提出了新的研究课题,在我国尤为重要,因为很多的化学品在欧美等发达地区的减产或停产,间接导致了中国相关产品生产的增加。在中国,很多溴代的阻燃剂和应用广泛的全氟化合物的产量在世界上所占的比例越来越高。

1.3 饲料分析技术及发展趋势

　　针对饲料工业快速发展的需要,尤其是高新技术产品及饲料、营养研究的最新进展需要开展相应的“快”、“高”、“难”检测技术的研究,如对饲料中违禁药物、霉菌毒素等有毒有害物质的高通量快速检测技术的研究,对饲料中痕量有害物质的检测技术的研究,转基因饲料中外源基因的筛查及定性研究,微生态制剂的质量检测技术研究等。

1.3.1 常规化学分析技术及发展趋势

　　所谓常规分析技术主要指根据化学滴定(酸碱滴定、氧化还原滴定和电位滴定等)、比色法、重量法和酶消化法等分析原理,借助常规仪器皿如分析天平、光谱仪、酸度计、滴定管、电位滴定仪、干燥箱、高温电炉、水浴锅、凯氏定氮装置或脂肪分析仪或索氏抽提装置、纤维分析仪或抽滤装置等小型仪器进行的分析。常规分析适合于饲料中大量成分的准确定量、定性分析,具有分析成本低、易操作掌握、重复性好等优点,容易普及,所以目前所有的饲料生产企业都配备常规分析实验室。

在饲料分析中,粗蛋白、水分、钙、磷、粗纤维、粗脂肪、粗灰分、淀粉、酸性洗涤纤维、中性洗涤纤维、淀粉糊化度、水溶性氯化物、脲酶活性、体外胃蛋白酶消化率、加工指标和部分饲料添加剂有效成分等均采用常规化学分析方法进行测定。随着科学技术的不断发展,自动化或半自动化的常规分析仪器设备不断被开发出来,如全自动或半自动定氮仪、脂肪仪和纤维分析仪等,这些仪器操作简单、安全且可以批量处理,大大提高了分析的效率,减少了人为操作产生的误差,进一步提高了常规分析的效率和精度。

1.3.2　高级分析技术及其发展趋势

所谓高级饲料分析技术是针对常规化学分析技术而言的。饲料中氨基酸、维生素、微量元素、添加剂有效成分、绝大多数饲料安全指标等的分析必须借助高级饲料分析技术来完成。饲料高级分析技术包括样品的复杂前处理技术和待测组分的分离检测技术,后者必须借助现代大型分析仪器如高效液相色谱、原子吸收光谱仪、氨基酸自动分析仪、薄层色谱、液相色谱质谱仪和气相色谱质谱仪等进行,仪器分析的准确度、精确度和灵敏度非常高,检测限可达 mg/kg、g/kg,甚至 ng/kg 水平。但设备昂贵,实验室的设施条件要求也较高。所以只有大型饲料企业、科研院所和专门从事饲料质量检验机构才有能力和有必要装备大型先进设备。近红外光谱法饲料成分的快速预测也属于高级分析技术范畴。

1.3.2.1　样品前处理技术

样品前处理是仪器分析必不可缺少的环节,但在分析领域中,许多人仍认为样品前处理过程相对仪器分析过程来说是一个不太重视的步骤。实际上样品的前处理过程是一个非常耗时、繁琐和容易引入分析误差的过程,仪器分析的选择性和灵敏性往往取决于样品前处理。随着仪器分析的灵敏度、精度及测量的自动化程度的不断提高,前处理技术相对滞后,引起了分析领域中许多学者的高度重视。因此,在饲料分析过程中准确选择和掌握有效的样品前处理技术,并将各种技术有机结合使用,对确保分析结果准确和可靠具有重要作用。

样品处理的目的是将待测成分从样品基质中分离出来,并达到或满足分析仪器能检测需要。样品处理的主要作用包括待测成分从样品中释放出来、除去样品中的干扰物质、将待测成分转换为可检测的方式、达到可检测的浓度范围和溶于可进行分析的介质。样品前处理方法主要包括了样品采集制备,待测组分的消解、提取、净化、浓缩及衍生化等环节。快速、有效、简单的样品分析处理方法是分析工作者追求的目标。迄今为止,许多分析方法的前处理技术得到改进,新的处理方法和技术也在相继出现,如微波消解、固相萃取、快速溶剂提取等,对提高样品处理的效率提供了技术支撑。

1.3.2.2　待测组分分离/测定检测技术

饲料中氨基酸、维生素、微量元素、多数有毒有害元素、药物和添加剂有效成分等的分析,样品需经过一定的前处理后,然后借助大型仪器进行分离测定。

饲料中元素分析分有机元素和无机元素,无机元素(微量元素、有毒有害元素,氟除外)主要采用原子吸收光谱、原子发射光谱、原子荧光等光谱技术等进行分析,有机元素碳、氮、氧、硫采用元素分析仪来测定。

饲料中维生素、氨基酸、有机酸和饲料药物添加剂主要采用高效液相色谱法进行分离测定,根据分析对象的特点采用不同类型的检测器、色谱柱和其他色谱条件进行分离测定。饲料中氨基酸、维生素、有机酸、允许使用的饲料药物添加剂的分析过程中准确定量分析至关重要。

饲料中农药残留、抗氧化剂、胆固醇、长链脂肪酸、挥发性脂肪酸等采用气相色谱进行分离测定。由于多数以上待测组分不直接具有挥发性,所以通常需要采用衍生化技术衍生后再进行气相色谱测定。

饲料中非法添加物的分析所采用色谱进行分离测定,质谱技术进行确证。目前饲料分析中普遍采用的分离确证技术主要有液相色谱质谱联用、液相色谱串联质谱、气相色谱质谱联用、气相色谱串联质谱。由于禁用药物和其他非法添加物要求不得检出,因此方法的检出限比定量限更为重要。

环境持久性污染物的检测需要采用气相色谱或高分辨串联气质联用仪进行测定。

1.3.2.3　饲料成分无损快速预测技术

在饲料分析中最常用的饲料成分无损快速预测技术为近红外光谱技术。近红外光谱技术(NIRS)是20世纪70年代兴起的有机物质快速分析技术。该技术首先由美国农业部Norris开发,近30年来随着光学、电子计算机学科的不断发展,加上硬件的不断改进,软件版本不断翻新,使得该技术的稳定性、实用性不断提高,应用领域也日渐拓宽。近红外光谱分析技术在测试饲料成分前只需对样品进行粉碎处理,应用相应的定标软件,在1 min内就可测出样品的多种成分含量。近红外光谱分析技术具有简便、快速、相对准确等特点,许多国家已将该技术成功地应用于食品、石油、药物等方面的质量检验。在饲料质量检验方面,不仅用于常量成分分析,而且在微量成分氨基酸、有毒有害成分的测定,以及饲料营养价值评定,如单胃动物有效能值、氨基酸利用率、反刍动物饲料营养价值评定方面也获得了许多可喜的成果。该技术还应用于饲料厂的原料质量控制、产品质量监测等现场在线分析。

近红外光谱技术虽然具有快速、简便、相对准确等优点,但该法估测准确性受许多因素的影响。其中以样品的粒度及均匀度影响最大,粒度变异直接影响近红外光谱的变异。虽然在样品光谱处理时采用了二阶导数,减少了粒度差异引起的误差,但在实际工作中更重要的是使定标及被测样品制样条件一致,保证样品具有粒度分布均匀,减少由于粒度变异引起的误差。

1.3.2.4 生物学分析检测

随着生物学技术的不断发展和饲料质量安全快速分析需求的增加,基于免疫化学的酶联免疫吸附测定法(enzyme-linked immunosorbent assay,ELISA)和基于分子生物学的聚合酶链式反应(polymerase chain reaction,PCR)等快速检测方法越来越广泛应用于饲料安全检测。ELISA 主要应用于饲料中的霉菌毒素如黄曲霉毒素 B_1、农药残留、兽药等测定。目前已经开发出很多商业性的试剂盒。该类方法具有最低检出限低、专一性强、成本低、分析速度快等特点,用于定性和半定量测定,尤其适合于现场大批样品筛选分析。但该方法容易受基质干扰,产生交叉反应,假阴性等不足。PCR 方法目前主要用于为了防止疾病的传播如疯牛病,饲料中不同动物源性如牛羊源成分的检测和转基因饲料的检测,通常要求最低检出限为 0.1%。此外,基于免疫化学和分子生物学的各种芯片和传感器也越来越多用于饲料安全检测。

微生物学、分子化学、生物化学、生物物理、免疫学和血清学等领域的检测技术发展也很快,其目的是建立可用于微生物计数、早期诊断、鉴定等方面的快速检测技术。除常规的平板培养外,目前已有商品化的基因探针试剂盒,如 GENE-TRAK Systems DNA 杂交筛选法(AOAC 方法:987.10,990.13)。李斯特氏菌、沙门氏菌、弯曲杆菌等均有 DNA 探针试剂盒。目前,已经有了全自动化的 PCR 检测试剂盒及仪器,可用于检测沙门氏菌、大肠杆菌 O157:H7 等致病菌。荧光酶免疫分析筛选方法是在 EIA 基础上加入荧光标记的酶底物,用荧光计检测荧光度值来判断结果。如沙门氏菌荧光酶免疫分析研究筛选方法是基于 EIA 测定沙门氏菌抗原。沙门氏菌多克隆免疫色度分析筛选方法也已有许多试剂盒。

思考题

1.简述饲料分析涵盖的内容。

2.阐述饲料分析的目的意义。

3.影响饲料安全的主要因素有哪些?

4.简述饲料分析中普遍采用的高级饲料分析技术手段。

2 饲料样品预处理技术

【内容提要】

    本章系统介绍饲料样品的预处理技术,主要包括样品采集与制备、样品消解、水解、分离、提取、净化、浓缩及衍生等预处理技术。

2.1　概述

    样品的预处理是指样品的制备和对样品采用合适分解或溶解及对待测组分进行提取、净化、浓缩的过程,使被测组分转变为可测定的形式以进行定性、定量分析检测的过程。相对于饲料分析仪器的快速发展,饲料样品的预处理技术与仪器的发展滞后并制约饲料检测技术的发展。饲料样品基质复杂,采样后直接进行分析几乎不可能,一般都要经过样品的制备与预处理后才能进行分析。饲料中被分析的对象往往以多种形式或形态存在,组成不但复杂,有时会相互干扰,同时被测物质的稳定性会发生变化,因此给分析带来一定的困难。样品的预处理过程是一个非常耗时、繁琐且容易引入分析误差的过程。据统计,目前预处理时间占整个分析时间的 60% 左右。一个可靠的分析数据不仅依赖仪器分析的选择性和灵敏性,还取决于样品预处理技术。因此,在饲料分析过程中准确选择和掌握有效的样品预处理技术,并将各种技术有机结合使用,对确保分析结果的准确和可靠性具有重要作用。

2.1.1　饲料样品预处理的目的

    随着饲料质量安全控制要求的不断提高,饲料中需要进行准确分析的项目也越来越多。饲料中氨基酸、维生素、微量元素、脂肪酸、各种添加剂和药物的含量分析需要借助先进的现代仪器包括高效液相色谱、气相色谱、原子吸收、发射光谱、原子荧光、气相色谱质谱联用、液相色谱质谱联用等仪器进行分离测定。由于饲料中这些成分有些是以结合态形式存在,有些组分含量非常低,有些成分难以直接分析,有些成分的测定如药物和饲料添加剂等非常容易受饲料中其他成分的干扰,所以样品在进行仪器分析之前必须进行相应的有效预处理。

与药物残留分析相比,饲料中药物饲料添加剂的添加水平比较高,有效添加量每千克一般为几毫克至几十毫克,因此对方法检出限的要求通常比残留分析高一个数量级,常以 mg/kg 为单位表示。然而,饲料样品基质十分复杂,不仅包括蛋白质、脂肪、糖类、氨基酸和维生素等有机物,而且还含有大量的无机盐,尤其是在配合饲料中低比例(0.5%和1%等)添加的饲料添加剂预混合饲料,其中铁、铜、锰、锌等的含量非常高,高达可以用百分含量计。饲料的种类繁多,来源复杂多变,尤其大量二价金属阳离子的存在,给饲料中药物分析样品预处理带来很大挑战。

因此,样品处理的目的首先是对检测的微量或超微量组分具有浓缩作用,提高方法的灵敏度,达到分析仪器能检测的状态;其次可以去除样品中基质与其他干扰物,使待测成分从样品基质中分离出来,否则基质产生的信号将部分或完全掩盖微量被测物质的信号,不仅增加对分析方法最佳测试条件的要求,提高了测试难度,也容易带来较大的测量误差。通过衍生化与其他反应,可使一些通常在检测器上没有响应或响应值较低的化合物转化为响应值高的化合物,从而达到改善方法的灵敏度和选择性的目的。此外,通过样品预处理技术,可以去除对仪器或分析系统有害的物质,如强酸、强碱性物质、生物大分子、色素等,从而延长仪器的使用寿命。

2.1.2　饲料样品预处理技术分类

饲料样品预处理过程包括样品的消解及样品的提取和净化。样品消解主要有酸水解法、碱水解法和酶解法,此外还有干灰化法等。饲料样品或消解后的样品中被测组分的提取和净化,传统方法包括液-液萃取、索氏提取、色谱分离、蒸馏、吸附、离心、过滤等几十种,常用的有十几种。由于传统的样品提取净化方法存在诸多问题,近年来一些新的样品预处理技术得到发展,如液-液微萃取、自动索氏提取、微波辅助萃取、超声波萃取、超临界流体萃取、固相萃取、固相微萃取、膜萃取等技术不断发展,这些新技术的特点是所需时间短,消耗试剂量少,操作简便,具有良好的发展前景。

饲料样品预处理技术的分类与其他化学分析的样品预处理技术基本相同,按照样品形态分为固体、液体预处理技术。饲料多以固体为主,因此饲料前处理技术主要有索氏提取(soxhler extraction,SE)、微波辅助萃取(microwave-assisted extraction,MAE)、超声波辅助萃取(ultrasonic-assisted extraction,UAE)、超临界流体萃取(supercritical fluid extraction,SFE)和加速溶剂萃取(accelerated solvent extraction,ASE)技术。液体饲料样品及完全消解后的饲料样品提取净化等预处理技术主要有液-液萃取(liquid-liquid extraction,LLE)、固相萃取(solid phase extraction,SPE)、液膜萃取(supported liquid membrane extraction,SLME)、吹扫捕集(purge and trap,PT)等。

2.1.3　饲料样品预处理过程

饲料中不同成分的分析,所采用的样品处理过程和侧重点也不相同。下面分别介绍饲料中氨基酸、维生素、微量元素、脂肪酸、药物及饲料添加剂等测定目前普遍采用的预处理过程。

2.1.3.1　饲料中氨基酸分析

饲料中氨基酸分析通常是指包括赖氨酸、蛋氨酸、胱氨酸和色氨酸在内的18种氨基酸的分析。样品在110℃条件下用6 mol/L盐酸溶液或4 mol/L氢氧化锂溶液进行水解,然后经过浓缩、净化等处理,采用先衍生后柱分离或先柱分离后衍生测定。

饲料中游离氨基酸如添加到饲料中的赖氨酸、蛋氨酸等,可采用稀盐酸溶液直接提取,然后净化、稀释或浓缩后进行仪器分析。目前饲料中氨基酸分析的详细预处理方法、步骤见本书4.3章节。饲料中氨基酸分析预处理过程涉及酸碱水解、提取、浓缩、净化和衍生等步骤。

2.1.3.2　饲料中元素分析

饲料中元素分析的范围主要包括无机元素铁、铜、锰、锌、碘、硒、钴、钙、钾、钠、镁、铅、砷、铬、镉等,有机元素氮、硫、氧、碳等。

饲料中无机元素主要通过原子吸收光谱仪、原子荧光光谱仪、原子发射光谱仪及测汞仪等来测定;饲料中的有机元素氮、硫、氧、碳可通过元素分析仪进行测定,其中氮也可通过传统的凯氏定氮法进行测定。有机元素的测定不需要复杂的样品预处理,只需要将样品粉碎到适宜的粒度后就可以直接称样进行测定。饲料中无机元素的分析,无论采用原子吸收光谱仪、原子荧光光谱仪、原子发射光谱仪及测汞仪等大型分析仪器,还是借助光谱仪等常规设备,都要进行充分的样品预处理,使待测成分转变为可检测的形态。

饲料中无机元素分析样品预处理技术,目前概括起来主要包括干灰化法、酸或混酸消解和微波消解。

随着微量元素螯合物或络合物如蛋氨酸锌、蛋氨酸铁等添加剂的推广应用和饲料中不同价态砷、铬等毒性的认识提高,对无机元素的分析,主要是样品的预处理提出了更高要求。目前主要通过凝胶过滤柱等方式,将无机态和有机态元素分开,然后对有机部分进行测定。由于砷、汞和铬等元素的不同形态和价态的毒性不同,因此对饲料中砷、汞及铬的形态检测逐渐引起人们的广泛重视,形态分析时可先采用色谱分离技术,然后与光谱或质谱仪器联用达到不同形态和价态元素分析的目的。

2.1.3.3 饲料中维生素分析

饲料中维生素的分析不仅包括人工添加的维生素添加剂,还包括饲料原料本身天然存在的维生素。维生素分析涉及的种类多,主要包括脂溶性维生素 A 或其前体物胡萝卜素等、维生素 E、维生素 D_3 和维生素 K_3,水溶性维生素主要有维生素 B_1、维生素 B_2、烟酸或烟酰胺、泛酸、维生素 B_6、叶酸、维生素 B_{12}、生物素、胆碱等,分析十分复杂。目前,饲料中维生素的分析是饲料分析领域的难点,其主要体现在如下五个方面:

(1)为了提高维生素添加剂的稳定性和流散性,对一些维生素如维生素 A、维生素 D_3 等进行了包被处理,如果预处理过程不能有效打开包被,可能会导致分析结果偏低或未检出,因此检测结果不能反映样品的真实状况。

(2)同一种简称的维生素可能对应着不同结构的化合物,如维生素 C,目前有两种结构,L-抗坏血酸和 L-抗坏血酸-2-磷酸酯。抗坏血酸即维生素 C,由于维生素不稳定,易于被氧化,所以将抗坏血酸进行酯化,变为其磷酸酯。如果添加的是 L-抗坏血酸-2-磷酸酯,在预处理时必须进行水解,否则无法直接测定维生素 C。

(3)饲料中 B 族维生素的含量非常低且本身不太稳定,同时多数以结合态的形式存在,因此在分析时预处理过程很容易使 B 族维生素破坏,导致分析结果错误。

(4)多数维生素本身不稳定,见光容易发生降解,被空气氧化等,均会影响维生素的含量。

(5)随着维生素产品研发力度的加大,不断有新的产品被开发出来,如烟酰胺甲萘醌等,需要经过酶解等才能分离,并被分别测定。

目前,饲料中脂溶性维生素测定预处理过程主要有酶解或皂化、提取、净化、浓缩等环节;水溶性维生素可直接提取净化测定或者经酶解提取净化后进行测定。

2.1.3.4 饲料中药物分析

饲料中药物分析主要采用液相色谱、气相色谱、液相色谱质谱联用仪等进行定量和确证分析。无论采用哪种仪器手段,样品预处理都是必需的。样品处理的主要作用是将药物从样品中分离出来、除去样品中的干扰杂质、将待测组分转换为可检测的形式、达到可检测的浓度范围和溶于可进行分析的介质。样品处理过程通常包括以下四项基本内容:提取、净化、浓缩或衍生化。选择样品处理方法必须考虑到待测组分的理化性质、存在状态、饲料原料或产品的组成、可能干扰物类型以及处理方法对药物稳定性的影响。

2.1.3.5　饲料中脂肪酸分析

饲料中脂肪酸的测定目前多数采用气相色谱法。样品处理的关键步骤是提取油脂、水解和酯化。详细见本书5.7节。

2.2　样品采集与制备

2.2.1　样品采集

从受检的饲料原料或产品中获取一定数量、具有代表性的部分作为样品的过程称为采样。所获得的这部分原料或产品称为样品。样品一般分为原始样品、平均样品和试验样品。原始样品是指从一批受检的饲料原料或产品中最初抽取的样品,称为原始样品,质量一般不少于2 kg。将原始样品按规定混合,均匀地分出一部分,称为平均样品,平均样品质量一般不少于1 kg。平均样品经过混合分样,根据需要从中抽取一部分,用作实验室分析,称为试验样品。

2.2.1.1　采样的要求

1. 样品必须具有代表性

受检饲料体积和数量往往都很大,而分析时所用样品仅为其中的很小一部分,所以,样品采集的正确与否决定分析样品的代表性,直接影响分析结果的准确性。因此,在采样时,应根据分析要求,遵循正确的采样技术,并详细注明饲料样品的情况,使采集的样品具有足够的代表性,使采样引起的误差减至最低限度,使所得分析结果能为生产实际所参考和应用。如果样品不具有代表性,即使一系列分析工作非常精密、准确,无论分析了多少个样品的数据,都没有意义可言,甚至会得出错误结论。

2. 必须采用正确的采样方法

正确的采样应从具不同代表性的区域取几个样点,然后把这些样品充分混合成为整个饲料的代表样品,然后再从中分出一小部分作为分析样品用。采样过程中,做到随机、客观,避免人为和主观因素的影响。

3. 样品必须有一定的数量

不同的饲料原料和产品要求采集的样品数量不同,主要取决于以下三个因素。

(1)饲料原料和产品的水分含量。水分含量高,则采集的样品应多,以便干燥后的样品数量能够满足各项分析测定要求。反之,水分含量少,则采集的样品可相应减少。

（2）原料或产品的颗粒大小和均匀度。原料颗粒大、均匀度差,则采集的样品应多。

（3）平行样品的数量。同一样品的平行样品数量越多,则采集的样品数量就越多。

4.采样人员的责任心和采样技能

采样人员应具有高度的责任心,在采样时,认真按操作规程进行,不弄虚作假和谋取私利,及时发现和报告一切异常的情况。

2.2.1.2 采样工具

采样工具的种类很多,但必须符合要求:能够采集饲料原料或产品中任何粒度的颗粒,无选择性,对饲料样品无污染。目前使用的采样工具主要有探针采样器、锥形袋式采样器、液体采样器、自动采样器等。探针采样器也叫探管或探枪,常用于固体饲料采样,采样器规格有多种,有带槽的单管或双管,具有锐利的尖端。锥形袋式取样器采用不锈钢制作,具有一个尖头、锥形体和一个开启的进料口。液体采样器是空心探针,由一个镀镍或不锈钢的金属管,管下端为圆锥形,与内壁成15°角,管上端装有把柄,常用于桶和小型容器的采样。炸弹式和区层式采样器是密封的圆柱体,可用于散装罐的液体采样,能从储存罐的任何指定区域采样。安装在饲料厂的输送管道、分级筛或打包机等处,能定时、定量采集样品的自动采样器,适合在大型饲料企业饲料生产过程中使用。还有一些其他采样器,如剪刀、刀、取样铲、长柄或长柄勺等,根据不同样品的特点,采用不同的采样器。

2.2.1.3 采样基本方法

采样的方法随不同的物品而不同,但一般来说,采样的基本方法有两种:几何法和四分法。

1.几何法

几何法是指把整个一堆物品看成一种有规则的几何形状(立方体、圆柱体、圆锥体),取样时首先把这个主体分为若干体积相等的部分,从总样部分中取出体积相等的样品,这部分样品称为支样,再把支样混合,即得原始样品。几何法常用于采集原始样品和批量不大的原料。

2.四分法

四分法是指将样品平铺在一张平坦而光滑的方形纸或塑料布、帆布、漆布等上(大小视样品的多少而定),提起一角,使饲料流向对角,随即提起对角使其流回,如此,将四角轮流反复提起,使饲料反复移动混合均匀,然后将饲料堆成等厚的正四方形体,用适当的工具在饲料样品方体上划"十"字,将样品分成 4 等份,任意弃去对角的 2 份,将剩余的两份再混合,继续按照前述方法混合均匀、缩分,直至剩余样品数量与测定所需要的数量相接近时为止。

有时也可采用样品缩分器直接进行采样,基本原理与四分法相同。

2.2.2 样品制备

样品的制备指将原始样品或次级样品经过一定的处理成为分析样品的过程。样品制备方法包括烘干、粉碎和混匀,制备成的样品可分为半干样品和风干样品。

2.2.2.1 风干样品的制备

风干饲料是指自然含水量不高的饲料,一般含水在 15% 以下,如玉米、小麦等作物子实、糠麸、青干草、藁秕、配合饲料等。风干样品的制备包括 3 个过程:

1. 原始样品的采集

原始样品的采集按照几何法和四分法进行。

2. 次级样品的采集

对不均匀的原始样品如干草、秸秆等,应经过一定处理如剪碎或捶碎等混匀,按四分法采得次级样品。对均匀的样品如玉米、粉料等,可直接用四分法采得次级样品。

3. 样品制备

(1)制备设备。常用样品制备的粉碎设备有植物样本粉碎机、旋风磨、咖啡磨和滚筒式样品粉碎机。其中最常用的有植物样本粉碎机和旋风磨。植物样本粉碎,易清洗,不会过热或使水分发生明显变化,能使样品经研磨后完全通过适当筛孔的筛。旋风磨粉碎效率较高,但在粉碎过程中水分有损失,需注意校正。

注意磨的筛网的网孔大小不一定与检验方法要求的大小相同。而粉碎粒度的大小直接影响分析结果的准确性。

(2)制备过程。次级样品用饲料样品粉碎机粉碎,根据测定指标具体要求,通过 0.25~1.00 mm 孔筛即得分析样品,样品粉碎粒度根据分析项目不同均有明确的要求。注意:不易粉碎的粗饲料如秸秆渣等在粉碎机中会剩余极少量难以通过筛孔,这部分决不可抛弃,应尽力弄碎如用剪刀仔细剪碎后一并均匀混入样品中,避免引起分析误差。粉碎完毕的样品 200~500 g 装入广口磨口瓶内保存备用,并注明样品名称、制样日期和制样人等信息。

2.2.2.2　半干样品的制备(附:初水分测定)

1.半干样品的制备过程

半干样品是由新鲜的青饲料、青贮饲料等制备而成。这些新鲜样品含水分高,占样品质量的70%～90%,不易粉碎和保存。除少数指标如胡萝卜素的测定可直接使用新鲜样品外,一般在测定饲料的初水含量后制成半干样品,以便保存,供其余指标分析备用。

新鲜样品在60～65℃的恒温干燥箱中烘8～12 h,除去部分水分,然后回潮使其与周围环境条件的空气湿度保持平衡,在这种条件下所失去的水分称为初水分。去掉初水分之后的样品为半干样品。

半干样品的制备包括烘干、回潮和称恒重3个过程。最后,半干样品经粉碎机磨细,通过0.25～1.00 mm孔筛,即得分析样品。将分析样品装入广口磨口瓶中,在瓶上贴上标签,注明样品名称、采样地点、采样日期、制样日期、分析日期和制样人,然后保存备用。

2.初水分的测定步骤

(1)瓷盘称重。在天平(感量0.01 g)上称取瓷盘的质量。

(2)称样重。用已知质量的瓷盘在天平上称取新鲜样品200～300 g。

(3)灭酶活。将装有新鲜样品的瓷盘放入120℃烘箱中烘10～15 min。目的是使新鲜饲料中存在的各种酶失活,以减少对饲料养分分解造成的损失。

(4)烘干。将瓷盘迅速放入60～70℃烘箱中烘干一定时间,直到样品干燥容易磨碎为止。烘干时间一般为8～12 h,取决于样品含水量和样品数量。含水低、数量少的样品也可能只需5～6 h即可烘干。

(5)回潮和称重。取出瓷盘,放置在室内自然条件下冷却24 h,然后用天平称重。

(6)再烘干。将瓷盘再次放入60～70℃烘箱中烘2 h。

(7)再回潮和称重。取出瓷盘,同样在室内自然条件下冷却24 h,然后用天平称重。

如果两次质量之差超过0.5 g,则将瓷盘再放入烘箱,重复(6)和(7),直至两次质量之差不超过0.5 g为止。以最低的质量即为半干样品的质量。将半干样品粉碎至一定细度即为分析样品。

(8)计算公式与结果表示。试样中初水分质量分数按式(2-1)计算。

$$\omega(初水分)=\frac{m(新鲜样品)-m(半干样品)}{m(新鲜样品)} \tag{2-1}$$

2.3 样品的消解

饲料中矿物质元素的测定,通常采用消解方法使样品消化完全供测定。饲料消解的方法选择,应该根据被测元素的性质、饲料的特性及随后欲采用的分析方法结合起来考虑。基本要求是将待测组分完全分解,并尽量做到能同时分离除去干扰离子,分解方法简易、迅速、经济、安全,对环境污染少。常用的消解方法有干灰化法、湿法消解、密闭消化法(包括压力消解罐消解和微波消解)等。

2.3.1 干灰化法

干灰化法是将有机物试样经高温分解后,使被测元素呈可溶状态的处理方法。这种高温干灰化方法的优点是能灰化大量样品、方法简单、无试剂沾污、空白低。但对于低沸点的元素如砷、锑、铜、银、硒、镉、铅和汞等元素常有损失,其损失程度不仅取决于灰化温度和时间,还取决于元素在样品中的存在形式。

饲料组成多为有机物或含有有机物,干灰化法是常用于饲料样品的分解方法。灰化用的坩埚需根据被分析成分选择,常用的有瓷坩埚、镍坩埚、铂坩埚等。干灰化过程中除挥发损失外,还会因与灰化的坩埚反应、吸附在未烧尽的炭粒上或形成化合物而损失。在某些情况下,可以加入助灰剂以促进分解或抑制挥发损失,如硫酸等,但硫酸可使某些组分生成不溶性的盐,如钙、镁、铝。硝酸也是常用的助灰剂,加热生成氮氧化物,有氧化性,可以减少待测成分与器皿接触,从而降低器皿的污染及滞留损失。

干灰化法饲料样品的称量一般称取 1~5 g,不超过 10 g,样品量过大则容易引起灰化困难或者灰化时间过长。灰化温度为 450~550℃,缓慢灰化,灰化时间一般在 4~8 h,难灰化样品可以适当延长时间。灰分呈灰色或灰白色、不含炭粒时表明已灰化完全,冷却后用硝酸或盐酸溶解,必要时可加热,将消化液洗入或过滤入容量瓶中定容,制成待测消解液。

2.3.2 湿法消解

湿法消解是用浓无机酸或再加氧化剂,在消化过程中保持在氧化状态的条件下消化处理试样。湿法所用的氧化剂通常为硝酸、高氯酸、硫酸和过氧化氢,通常混合使用。使用较为广泛的混合酸有:硝酸-高氯酸,硝酸-硫酸,硫酸-过氧化氢,硝酸-硫酸-高氯酸,硝酸-硫酸-过氧化氢。硝酸分解效果较好,金属元素与硝酸形成可溶性盐,并且过量的硝酸易于去除。高氯酸氧化性强,但不能单独使用,与硝酸混合使用时,在消化近结束时不能蒸干样品,否则容易发生爆炸。硫酸沸点很高,通常用来提高消化液的沸点,但由于硫酸易于形成不溶性盐,且过量的硫酸很难除去,因此尽量少用。过氧化氢经常被加到混合物中加速氧化反应,一般是在消化到一定程度时,根据需要慢慢加入,防止因反应剧烈而发生危险。

湿法消解饲料样品的主要优点在于适用范围广、消解时间短以及挥发损失或附着损失较小,因此适用于各种不同的饲料样品,但由于湿法消解使用的试剂量大,容易导致测定的空白值偏高。

湿法消解的饲料样品量一般不超过 5 g,加入消化试剂的量根据饲料样品的量而确定,通常为 20 mL 左右,放置过夜,次日在低温电热板、电炉或者消化炉上加热至试液变清。在消解的过程中,可根据样品的消解程度再次加入一定量的酸溶液,保证样品消解完全。消解液澄清后的样品在电热板上加热至冒白烟,用去离子水洗涤消化瓶壁,加热至高氯酸烟冒尽,转移到容量瓶中并定容。

2.3.3 压力消解罐法

压力消解罐法是属于密闭消解的一种方法,采用聚四氟乙烯消化弹进行样品的消解。在 200℃以下样品被加热溶解,由于容器内压力增大而提高了试剂溶解样品的效率。压力消解罐特点是可以有效地防止被测组分挥发、减少消解试剂的使用、降低试剂空白,并且可以减少对大气的污染等。由于受消化罐容积的限制,使用的样品量小,因此对于含量低的元素分析具有一定困难。

压力消解罐消解饲料样品的基本方法:称取一定量的饲料样品于压力消解罐内,加入硝酸等消解溶剂浸泡过夜(注意加入的消解溶液的体积不能超过罐容积的 1/3)。盖好内盖,旋紧不锈钢外套,放入恒温干燥箱,120～140℃下保持 3～4 h,在箱内自然冷却到室温。

压力消解罐在使用的过程中,有时会出现压力不够导致消解不完全现象,因此使用压力消解罐应注意旋紧内盖和外套,保证消解过程中达到一定压力水平。

2.3.4 微波消解法

微波消解是近年来获得广泛应用的消解方法。微波是指频率在 $300 \sim 3 \times 10^5$ MHz 的高频电磁波(即波长在 100 cm 至 1 mm)范围内的电磁波。微波消解通常采用的频率为(2 450±13)MHz。微波可以穿透玻璃、塑料、陶瓷等绝缘体制成的容器,直接把能量辐射到有电介特性的反应物上,使物质产生偶极转动、电子和离子迁移,极性分子产生每秒 25 亿次以上的分子旋转和碰撞,迅速提高反应物的温度。微波辅助酸消解法就是利用酸与试样混合液中极性分子在微波电磁场作用下,迅速产生大量热能,促进酸与试样之间更好地接触和反应,从而加速样品的溶解。随着微波溶样设备的商品化,微波溶样装置的可靠性、易操作性、安全性已经日益成熟。微波技术在分析样品预处理方面的应用日益普遍,特别是作为电感耦合等离子体发射光谱(ICP-AES)样品溶解手段,将能使 ICP-AES 分析技术更能充分发挥其优越性。

与常规消解方法相比,微波消解是在密闭容器内进行的,避免了挥发性元素的损失,减少了试剂用量和试剂的消耗量,不污染环境。消解温度可达到 270℃,消解速度比加热板消化提高 4~100 倍。微波消解是在专用仪器中进行,自动化程度高,能按照程序有效地控制消解全过程,保证反应的重复性。

用微波消解饲料样品,一般样品称量不超过 0.5 g,消解液一般采用硝酸-盐酸体系(10∶2)。用低压罐消解时消解时间 15 min,采用中压或高压消解罐消解时可酌情增加样品量和缩短操作时间。

2.4　样品水解

水解的化学定义是使某一化合物裂解成两个或多个简单化合物的化学过程。水分子的 H 和 OH 部分参与被裂解化学键的任一侧起反应。如脂肪在酸、碱、酯酶的作用下水解,生成甘油或更小的分子,蛋白质在酸、碱或酶的作用下水解成多肽和氨基酸等。饲料样品的水解是饲料样品预处理的一种方式,主要包括酸水解、碱水解和酶水解三种方式,广泛应用在氨基酸、脂肪酸及维生素等的测定。

饲料中的氨基酸是按一定顺序结合成不同类型的肽和蛋白质,因而在测定前要用一定浓度的酸使蛋白质中肽键断裂,水解成多种氨基酸后,才能用氨基酸分析仪或液相色谱仪进行测定。饲料中氨基酸测定的酸水解方法一般用 6 mol/L 盐酸溶液,在充满氮气的安瓿管瓶或水解管中置于 110℃烘箱中水解 22~24 h。由于色氨酸在酸性溶液中水解时易被破坏,常用碱水解方法。

由于酸、碱水解剂应用时使用大量的酸或碱,酸碱具有腐蚀性,同时水解废液的排放对环境造成污染,因此选用酶水解方法可以减少化学物质的危害。应用酶水解方法水解蛋白质、脂肪、纤维素、维生素等的研究一直在进行,但由于酶水解方法在应用时要求一定的温度和 pH 条件,同时受酶活力的影响较大,因此限制了酶水解方法在饲料分析中的应用。

2.5 样品提取

使用无机溶剂(如水、酸、碱等溶液)或有机试剂(如乙醚、石油醚、氯仿等)从样品中提取被测物或提取干扰杂质的方法,统称为提取。饲料样品的提取是一个复杂的过程,是被测组分、样品基质和提取溶剂(或固体吸附剂)三者之间的相互作用与达到平衡的过程。常用的提取方法有液-液萃取、液-固萃取、柱色谱萃取等技术。

2.5.1 液-液萃取

液-液萃取是一种传统、经典的样品提取方法,基本原理是利用被测物质在两种互不相溶液体中分配系数不同,一种溶液中的待测物质被转移到另一种极性更强的溶液中。

液-液萃取通常有两种类型,即分次萃取和连续萃取。分次萃取通常在分液漏斗中进行,将样品和萃取溶剂混合振荡,静置分层后,分出水相。一个样品可用若干份的溶剂进行多次萃取,以提高萃取率。连续萃取是将样品和溶剂在连续萃取仪器中自动混合,由于连续操作,可减少乳化现象,节省劳力,重现性好。

液-液萃取对溶剂的选择十分重要,所选的溶剂本身应毒性小且易于纯化,同时溶剂中不含有干扰分析的污染物,对仪器检测器的响应值尽可能小,并且溶剂和样品基质不能混溶。如果是进行色谱分析,则要求待测物和溶剂之间分配比应达到最大,溶剂的色谱保留时间和待测物应不相同。

液-液萃取的特点是所使用的设备器材简单,操作容易。但液-液萃取存在容易乳化、回收率不稳定、选择性差等缺点,同时萃取效率受人为的影响因素较大。

2.5.2 液-固萃取

利用固态(半固体)样品基质中的待测物质在萃取溶剂中较高的溶解度,使其从样品中转移出来的过程。液固萃取的类型主要有索氏提取、超声萃取、微波萃取、超临界萃取、加速溶剂萃取等。

2.5.2.1 索氏提取法

索氏提取法是利用溶剂回流及虹吸原理,对固体物质中所需要的成分用纯溶剂连续不断进行萃取的方法。萃取前先将固体物质研碎,以增加固液接触的面积。然后将固体物质放在滤纸套内,置于提取器中,提取器的下端与盛有溶剂的圆底烧瓶相连,上面接回流冷凝管。加热圆底烧瓶,使溶剂沸腾,蒸气通过提取器的支管上升,被冷凝后滴入提取器中,溶剂和固体接触进行萃取,当溶剂面超过虹吸管的最高处时,含有萃取物的溶剂虹吸回烧瓶,因而萃取出一部分物质,如此重复,使固体物质不断为纯的溶剂所萃取,将萃取出的物质富集在烧瓶中。溶剂反复利用,缩短了提取时间,所以萃取效率较高。

2.5.2.2　超声波提取

超声波提取技术是通过超声作用使分子运动加快,并将超声波的能量传递给样品,使组分解离,溶解加快,从而达到对目标化合物进行分离的目的。由于超声波提取的过程会发热,样品量大时,样品本身也会产生沉淀,导致溶剂与样品接触的机会减少,使提取效率变差。因此超声一次的时间不宜过长,以 2~3 min 为宜,然后取出用手振摇,使样品充分分散,然后超声,这样反复几次即可提取完全。

2.5.2.3　微波萃取

微波萃取技术是对样品进行微波加热,利用极性分子可迅速吸收微波能量的特性来加热一些具有极性的溶剂,达到萃取样品中目标化合物,分离杂质的目的。微波萃取过程包括样品粉碎、与溶剂混合、微波发射、分离萃取液等步骤,分析过程中需要保持被分析对象的原本化合物状态,将样品(固体)置于不吸收微波介质的密闭容器中,利用微波能的作用,使体系的温度和压力升高,促进萃取。由于微波能是内部均匀加热,热效率高,因此萃取效率大大提高。萃取的温度、压力和时间均具有可控性,可以保证萃取过程中有机物不发生分解。

微波萃取是通过偶极子旋转和离子传导两种方式里外同时加热,与其他萃取技术相比有明显的优势,可以有效地保护饲料中待检测成分不被破坏,萃取时间短,效率高,溶剂用量少,能耗低等特点。但是微波萃取一般需要使用极性溶剂,并且萃取后需要过滤,很难与液相色谱、气相色谱等仪器联机而实现自动化。

2.5.3　固相萃取

固相萃取技术是一种吸附性萃取,其基本原理是样品在两相之间的分配,其保留或洗脱的机制取决于被分析物与吸附剂表面的活性基团,以及被分析物与液相之间的分子间作用力。固相萃取技术的分离模式主要有正向吸附、反相吸附和离子交换等模式,固相萃取主要包括柱的活化、加样、柱的洗涤、柱的干燥、分析物的洗脱等步骤。样品通过填充吸附剂的一次性萃取柱,分析物和部分杂质被保留在柱上,使大部分杂质与分析物分离,然后分别用选择性溶剂除去杂质,洗脱出分析物,从而达到分离的目的。

固相萃取技术可用于复杂样品中微量或痕量目标化合物的提取、净化、浓缩或富集,是目前对饲料中添加药物的检测样品预处理中的主流技术。目前可实现半自动和全自动固相萃取技术,有利于与分析仪器的联机使用。

2.5.4 固相微萃取

固相微萃取法作为集提取、净化、浓缩于一体的当代新型萃取技术,是在固相萃取基础上发展起来的,并保留了其所有优点的样品预处理技术。主要结构是一根熔融石英纤维,其表面涂有色谱固定相,对试样中的分析组分进行萃取,采用一只类似进样器的固相微萃取装置即可完成全部样品预处理和进样工作。固相微萃取技术主要针对有机物进行分析,根据有机物与溶剂之间相似相容的原则,利用石英纤维表面的色谱固定相对分析组分的吸附作用,将组分从试样基质中萃取出来,并逐渐富集,完成样品预处理过程。在进样时利用气相色谱的高温、液相色谱等的流动相将吸附的组分从固定相中解析下来进行分析。

2.5.5 超临界流体萃取技术

超临界流体是指对某一特定气体,当温度和压力超过某一临界值后该气体便转化为介乎气态和液态的超临界状态。超临界流体具有类似于气体的穿透能力和类似有机溶剂的溶解度,通过调节温度和压力,可以改变超临界流体的穿透性和溶解度。超临界萃取仪正是利用这一特点替代有机溶剂进行萃取的,具有萃取时间短、效率高等优点。目前被公认为最安全、最有效和最经济的萃取介质媒体是二氧化碳。

超临界流体特殊的物理性质决定其作为萃取技术具有萃取适用范围广、萃取更彻底、时间短、费用低、环保等优点。

2.5.6 快速溶剂萃取技术

快速溶剂萃取技术是根据溶质在不同溶剂中溶解度不同的原理,利用快速溶剂萃取仪在较高的温度和压力条件下,选择合适的溶剂,实现高效、快速萃取固体或半固体样品中有机物的方法。快速溶剂萃取技术已经有商品化的仪器,即全自动快速溶剂萃取仪,可以把传统的萃取时间降低到十几分钟,极大地方便了样品的指标,同时降低溶剂用量,减少溶剂挥发对实验室环境的影响,也能减少溶剂浓缩的工作量。

2.6 样品的净化

样品的净化又称纯化,是饲料样品分析技术的关键之一。因为试样经预处理后,样液中既有被测成分,又有干扰物质存在,必须采用净化措施去除干扰因素。

常用的净化方法有液-液分配法、柱层析法、硫酸磺化法、沉淀蛋白法、凝胶层析等。液-液分配在样品提取技术中已有介绍不再赘述,主要介绍后五种方法。

2.6.1　柱层析法

柱层析技术既可以用来做样品提取技术,也可用于复杂样品中微量或痕量目标化合物的净化、浓缩或富集作用,是净化饲料样液中杂质的最常用方法,根据试样中组分在固定相中的作用原理不同,分为吸附层析、分配层析、离子交换层析、凝胶层析和亲和层析等。

2.6.1.1　吸附层析

吸附层析的基本原理是将具有适当吸附性能的固体物质(如氧化铝、硅胶、硅藻土、聚酰胺、活性炭等)装入柱中作为固定相,利用吸附剂对被分离物质的吸附能力不同,用溶剂或气体洗脱,以使组分分离。吸附力小的组分先从柱中流出,吸附力大的组分后从柱中流出,有些杂质则停留在固定相上,从而达到分离与纯化。如固相萃取属于吸附层析。

2.6.2.2　分配层析

分配层析是利用溶液中被分离物质在两相中分配系数不同,以使组分分离。其中一相为液体,涂布或使之键合在固体载体上,称固定相;另一相为液体或气体,称流动相。在支持物上形成部分互溶的两相系统,一般是水相和有机溶剂相。常用的载体有硅胶、硅藻土、硅镁型吸附剂与纤维素粉等,这些亲水物质能储留相当量的水。被分离物质在两相中都能溶解,但分配比率不同,展层开时就会形成以不同速度向前移动的区带。如薄层色谱、纸色谱等属于分配层析。

2.6.2.3　离子交换层析

随着螯合离子交换树脂的发展,离子交换方法在饲料分析中逐渐广为应用。离子交换是指溶液中的离子靠静电引力结合在某种不溶性载体上的离子进行可逆交换的过程。离子交换层析的基本原理是利用被分离物质在离子交换树脂上的离子交换能力不同而使组分分离。常用的支持物是人工交联的带有能解离基团的有机高分子,如离子交换树脂、离子交换纤维素、离子交换凝胶等。带阳离子基团的,如磺酸基 ($-SO_3H$)、羧甲基 ($-CH_3COOH$)和磷酸基等为阳离子交换剂。带阴离子基团的,如 DEAE—(二乙基胺乙基)和 QAE—(四级胺乙基)等为阴离子交换剂。离子交换层析只适用于能在水中解离的化合物,包括有机物和无机物,流动相一般为水或含有有机溶剂的缓冲液。离子交换基团在水溶液中解离后,能吸引水中被分离物的离子,各种物质在离子交换剂上的离子浓度与周围溶液的离子浓度保持平衡状态,各种离子有不同的交换常数,K 值愈高,被吸附愈牢。洗脱时,增加溶液的离子强度,如改变 pH,增加盐浓度,离子被取代而解吸下来。洗脱过程中,按 K 值不同,分成不同的区带。

2.6.1.4　凝胶层析

凝胶层析又称排阻色谱,是利用被分离物质分子量大小的不同和在填料上渗透程度的不同,以使组分分离。填料有分子筛、葡聚糖凝胶、微孔聚合物、微孔硅胶或玻璃珠等。凝胶层析目前在饲料分析中应用较少,在蛋白质分析、酶的纯化方面应用较多。

2.6.1.5　亲和层析

亲和层析是利用偶联亲和配基的亲和吸附介质为固定相和吸附目标产物,使目标产物分离纯化的一种方法,已经在饲料药物分析及饲料中霉菌毒素的分析中广为应用。常见的亲和对如酶和抑制剂、抗原和抗体、激素和受体等;支持物为琼脂糖或纤维素等。例如,把胰蛋白酶和经溴化氰活化的琼脂糖共价连接,装成亲和层析柱,然后把含有胰蛋白酶抑制剂的提取液,通过此柱,截留下来的抑制剂被牢固地吸附住。其他杂质可被充分洗涤除去,再改变洗脱液的离子强度,如在偏酸情况下就能洗脱下较高纯度的胰蛋白酶抑制剂。相反也可用抑制剂来纯化酶。此法较其他层析法简便易行。

2.6.2　硫酸磺化法

用浓硫酸处理样品,可以有效去除脂肪、色素等杂质。硫酸与脂肪酸的烷基部分发生磺化反应,另一方面与脂肪及色素中不饱和键起加成作用。经过磺化的脂肪及色素,形成可溶于浓硫酸及水的强极性化合物,不再被弱极性的有机溶剂所溶解,从而达到净化的目的。饲料中农残的检测,如有机氯农药六六六、滴滴涕等均可用此法净化。但对于易被强酸分解的物质则不适用此法。

2.6.3　沉淀蛋白法

在进行饲料分析时,由于样液中的蛋白质往往会干扰某些成分的测定,因此需要制备成无蛋白样液后再行测定。蛋白去除的方法主要有两大类,一类是使蛋白质脱水而沉淀,所用沉淀剂包括有机溶剂(如甲醇、乙醇、丙酮等)及中性盐类(硫酸铵、硫酸钠的浓溶液等)。另一类是使蛋白质形成不溶性盐而沉淀,所用的沉淀剂有酸性沉淀剂(如苦味酸、磷钨酸、水杨酸、三氯乙酸等)及锌、铅、汞、镉、铁等重金属盐类,它们在一定的 pH 条件下与蛋白质分子形成不溶性的蛋白盐而沉淀,从而达到净化的目的。

2.6.4　络合掩蔽法

络合法是利用络合剂与被测样品溶液中某些成分生成络合物而与其他成分分离,或者利用络合剂与被测样品溶液中某些干扰物生成络合物而达到分离的方法。由于掩蔽剂可在不经分离的条件下,消除分析样品内干扰物质的干扰,简化分析步骤,提高分析方法的选择性和准确度,因此在饲料分析中具有很大的实际意义。如对饲料中 Pb^{2+} 进行比色分析时,饲料中的 Cd^{2+}、Fe^{3+}、Zn^{2+}、Hg^{2+} 等离子同时存在,必须在溶液中加入一定量的氰化钾(KCN)溶液,在 pH 8.5~9 时,Cd^{2+} 等金属离子会生成稳定的氰络合物,而 Pb^{2+} 不发生反应,即可消除这些离子的干扰,保证了铅与双硫腙络合物的生成。

2.6.5　透析法

饲料样品提取液中的某些干扰物质,如蛋白质等高分子物质,其分子直径远远大于被测成分的分子直径,可以选用透析法来进行分离纯化。透析法的基本原理是利用被测分子在溶液中能透过透析膜的微孔,而高分子杂质不能通过透析膜的物理性质达到分离。透析膜式纤维素物质制成的商品,呈管状。通常用来透析蛋白质等样品。

2.7　样品的浓缩与富集

在饲料分析中,经过提取、净化后的待测组分的存在状态经常不能满足检测仪器的要求,如浓度低于检测限、溶剂与色谱分析不兼容等。在这种情况下,必须对提取与净化后的样品溶液,进行浓缩和富集,使其存在的状态满足分析仪器的要求。

浓缩是指减少溶液中溶剂而使待测组分的浓度升高,富集则是通过液固萃取等方法浓缩某种成分。常用的浓缩方法有真空旋转蒸发法、氮气吹蒸法和真空离心法等。

2.7.1　真空旋转蒸发法

旋转蒸发仪是饲料仪器分析中常用的一种浓缩装置,包括旋转烧瓶、冷凝管、溶剂接受瓶、真空装置、加热源和马达。该方法的浓缩效率高,且溶剂可回收,常常用于大量(几十毫升至几百毫升)溶剂的浓缩。

2.7.2 氮气吹蒸法

氮气吹蒸法是饲料仪器分析样品预处理常用的另外一种浓缩方法,应用非常广泛,目前多数采用专门的氮吹仪。该方法的原理是利用氮气流将溶剂带出样品,一般在加热的条件下进行。该方法主要用于几毫升至十几毫升溶剂的蒸除,但蒸汽压较高的组分易损失。

2.7.3 真空离心法

真空离心法是在真空条件下,加热、离心去除溶剂。所采用的设备为真空浓缩仪。该方法主要适合热敏性组分等的浓缩。

浓缩过程中待测组分很容易损失,因此蒸发温度不宜过高,吹蒸速度不能过快。另外,不能直接蒸干,否则蒸汽压高的组分容易被溶剂或气流带走,极性高的组分可能与样品基质或玻璃器皿紧密结合。必须干燥时应在最后缓缓吹入氮气、空气或加入微量的不干扰测定的高沸点物质。

2.8　化学衍生化

在饲料成分色谱分析过程中,有些待测组分在选定的检测器上无响应或灵敏度太低,如氨基酸在荧光检测器或紫外检测器上无响应;或其理化性质不适合于进行色谱分离,需要进行化学衍生化以改变组分的性质,使其在检测器上产生响应或改善色谱行为。

分析化学中的化学衍生化是指通过化学反应使待测组分定量生成适于特定分析条件的化合物的一种方法。衍生化的目的通常是提高检测的灵敏度与选择性、改善色谱分离、提高理化稳定性和分离结构近似组分等。

为了满足色谱分析需要,衍生化反应需要满足下列要求:反应速度快且容易重复、衍生产物和转化率稳定、产物易纯化、产物色谱行为良好,易于分离测定。

在实验室分析仪器条件相对固定条件下,将待测物进行衍生化即成为唯一的有效途径。衍生条件的选择和优化主要包括衍生剂种类、用量、衍生温度、时间等。本节分别对气相色谱和液相色谱常用的衍生化方法做简要介绍。

2.8.1 气相色谱衍生化方法

气相色谱衍生化的主要目的将一些极性官能团如羟基、胺基、巯基、羧基、酮基等通过活泼氢反应等生成极性较弱的物质,从而改善挥发性、热稳定性和灵敏度等。气相色谱常用衍生化方法有硅烷化、酰化和酯化。目前在饲料分析中主要采用最多的是硅烷化衍生方法。

2.8.1.1 硅烷化

分子结构中含有活泼氢或可烯醇化酮基(邻位碳原子有氢原子即可)的化合物均可被硅烷化,形成极性极低、挥发性和热稳定性高的硅烷醚或硅烷烯醇醚衍生物。最常用的衍生试剂为三甲基硅烷化试剂(TMS)。若使用 MS 或 ECD 检测,可选用氟代 TMS 试剂,能获得更高的灵敏度或选择性。

TMS 反应条件简单,反应速度快,能将多个基团在一步反应中全部衍生化。反应介质可为甲苯、吡啶、乙醚、乙腈等。在介质选用时,注意甲苯毒性比较大,吡啶易使峰出现拖尾。在衍生化过程中,一般衍生剂过量添加,剩余的试剂容易通过氮吹等方法去除或直接测定。在衍生化操作时,要防止带入水分,否则会降低衍生化产率和产物的稳定性。

常用的 TMS 衍生反应和试剂见图 2.1 和表 2.1。TMS 试剂硅烷基化的能力

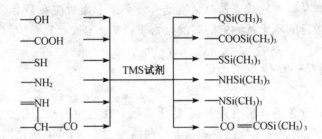

图 2.1 三甲基硅烷(TMS)试剂的硅烷化反应

表 2.1 常用的三甲基硅烷化试剂

试剂名称	结构式	缩写
三甲基氯硅烷	$(CH_3)_3SiCl$	TMCS
三甲基碘硅烷	$(CH_3)_3SiI$	TMIS
六甲基二硅胺	$[(CH_3)_3Si]_2HN$	HMDS
N-烷基-六甲基二硅胺	$[(CH_3)_3Si]_2NR$	
六甲基二硅氧烷	$(CH_3)_3SiOSi(CH_3)_3$	HMDSO
三甲基硅烷基二乙胺	$(CH_3)_3SiN(C_2H_3)_2$	TMSDEA
三甲基硅烷基咪唑	(结构式)	TMSIM
N-甲基-N-三甲基硅烷基乙酰胺	$CH_3CO—N(CH_3)Si(CH_3)_3$	MSTA
N-甲基-N-三甲基硅烷基三氟乙酰胺	$CF_3CO—N(CH_3)Si(CH_3)_3$	MSTFA
N,O-双(三甲基硅烷基)乙酰胺	$CH_3C[OSi(CH_3)_3]=NSi(CH_3)_3$	BSA
N,O-双(三甲基硅烷基)三氟乙酰胺	$CF_3C[OSi(CH_3)_3]=NSi(CH_3)_3$	BSTFA

依次为：TMSIM＞BSTFA＞BSA＞MSTFA＞TMSDEA＞MSTA＞TMCS＞HMDSO。实际分析中，常常将不同的两种 TMS 衍生剂混合使用，其中一种起催化作用，以提高对位阻羟基或低活性基团的反应效率。已有配制好的衍生化试剂出售，如含 1‰ TMCS 的 BSTFA。

2.8.1.2 酰化

用于羟基、氨基和巯基的衍生化。常用衍生试剂有酸酐和卤代酸酐，反应式如下：

$$RNH_2 + (CO—R')_2O \longrightarrow RNCOR'$$
$$ROH + (CO—R')_2O \longrightarrow ROCOR'$$
$$RSH + (CO—R')_2O \longrightarrow RSROR'$$

酸酐主要为乙酸酐或苯甲酸酐，卤代酸酐有乙酰氯、苯甲酰氯、三氟乙酸酐等。酰化衍生介质一般为吡啶或 THF，反应温度为室温。酰化试剂具有吸湿性，必须密闭保存。衍生样品中不应有水分。此类衍生化反应简单、迅速，但过量的衍生试剂必须用水或其他溶液洗去。

2.8.1.3 酯化

用于羧基或其他酸性基团的衍生化。常用的衍生试剂为甲醇。酯化衍生反应通常需要借助三氟化硼或三氯化硼、盐酸或硫酸的催化进行。在三氟化硼或三氯化硼乙醚溶液中，有机酸与醇类被催化生成酯。在盐酸或浓硫酸存在情况下，样品与甲醇一起回流，冷却后用三氯甲烷或其他溶剂萃取、干燥，就可得到甲酯化产物。

2.8.2 液相色谱衍生化方法

在饲料分析中，液相色谱最常用的检测器为紫外检测器和荧光检测器。有些待测组分不具有紫外吸收或荧光基团，因此不能直接进行分离测定。液相色谱衍生化的目的就是在待测物结构上连接或构建强的紫外吸收基团或荧光基团，从而改变组分溶液的色泽、波长位置，提高灵敏度或选择性。

2.8.2.1 液相色谱衍生化反应种类

根据液相色谱衍生化反应目的的不同可将其分为紫外/可见、荧光和电化学衍生法。由于目前在饲料分析中应用比较多的为紫外/可见和荧光衍生化反应，所以本部分着重介绍这两种方法。

1. 紫外/可见衍生化法

紫外/可见衍生化主要采用适宜的紫外/可见衍生化试剂对胺和氨基酸类、羟基和羰基化合物等进行反应而实现的。用于胺和氨基酸类化合物衍生用的试剂主要有磺酰氯类、酰氯类、硝基氯代苯类、茚三酮等。如茚三酮可以与所有带氨基的化合物发生反应。茚三酮在130℃与伯胺氨基酸生成的衍生物在波长570 nm有最大吸收值,与仲胺氨基酸生成衍生物在波长440 nm有最大吸收。茚三酮反应速度快、稳定、重复性好,因此目前作为氨基酸自动分析仪或HPLC柱后衍生化试剂。用于羟基化合物和羰基化合物衍生化用的试剂分别主要为酰氯和2,4-二硝基苯肼。

2.荧光衍生化法

荧光衍生化主要采用适宜的荧光衍生化试剂对胺和氨基酸类、羧酸和羰基化合物等进行反应而实现的。用于胺和氨基酸类化合物衍生用的试剂主要有邻苯二甲醛(OPA)、磺酰氯类、荧光胺、氯甲酸酯类等。例如,在碱性条件下,OPA在硫醇(如乙基硫醇、巯基硫醇)存在时与伯胺反应形成荧光衍生产物。该衍生反应在硼酸缓冲液(pH 10)、室温和过量试剂的条件下,只需要1～3 min即可完成。产物具有强的荧光,激发波长为340 nm,发射波长为455 nm。该方法适合于柱前衍生,也适合于柱后衍生,因此广泛用于氨基酸、氨基糖苷类药物的分析。用于羧酸化合物的衍生化试剂主要为香豆素类、芳香胺和芳香醇、硫醇类等,用于羰基化合物衍生化用的试剂主要为丹酰肼和邻苯二胺类。另外,荧光基团同时也是强紫外吸收基团。

饲料分析中常用的紫外/可见和荧光衍生化试剂如表2.2和表2.3所示。

表2.2　常用的紫外-可见衍生化试剂

化合物类型	衍生化试剂		最大吸收 波长/nm	摩尔吸收 系数(254 nm)
	名称	结构		
RNH₂ RR'NH	2,4 二硝基氟苯 (DNFB)		350	>10⁴
	对硝基苯甲酰氯		254	>10⁴
	对甲基苯磺酰氯		224	10⁴
	N-琥珀酰亚胺-对 硝基苯乙酸酯		254	>10⁴
R—CHCOOH ┃ NH₂	异硫氰酸苯酯 (PITC)		244,254	10⁴
R—CHCOOH ┃ —NH	(水合)茚三酮		570,440	—

表 2.3　常用的荧光衍生化试剂

化合物类型	衍生化试剂		激发波长/mm	发射波长/nm
	名称	结构		
R—CHCOOH 　　| 　　NH₂ RNH₂	邻苯二甲醛(OPA)	(结构图)	340	455
	荧光胺	(结构图)	390	475
	荧光素异硫氰酸酯	(结构图)	—	—

2.8.2.2　衍生化形式

根据衍生化反应的形式分为柱前衍生和柱后衍生。

1. 柱前衍生

柱前衍生是将待测组分与衍生化试剂反应后,再用高效液相色谱进行分离、测定。柱前衍生一般离线进行,即脱离色谱流路单独进行。衍生通常在 2 mL 左右的惰性小瓶中进行反应。一般将样品和衍生试剂加入小瓶后,盖盖、密封后,充分涡旋震荡,混匀,容纳后放在恒温干燥箱或水浴中加热。反应结束后,氮气吹干或真空干燥。后用适当溶液或试剂溶解,上机分析。与柱后衍生相比,不需要专门与色相色谱对接的辅助设备,但需要严格控制衍生时间和温度等条件。

2. 柱后衍生

与柱前衍生不同,柱后衍生是一种在线衍生化方式,衍生化反应在色谱流路中进行。柱后衍生是将待测组分首先经高效液相色谱分离,然后与从旁路泵入的衍生化试剂混合、反应,产物由流动相带入检测器进行检测。该衍生方式的操作简单、重复性好,不影响色谱分离过程。缺点是需要辅助设备如泵、混合室、反应管和温控器等。柱后衍生系统如图 2.2 所示。

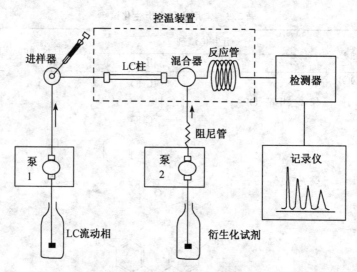

图 2.2　柱后衍生系统示意图

　　柱后衍生的前提条件是衍生剂必须足够稳定,对检测器的响应可以忽略,不干扰测定;衍生化速度要快,衍生必须在组分到达检测器前充分完成;衍生化试剂溶液与色谱流动相应能互溶以免产生沉淀,且两者的流速应匹配以保证混合均匀和反应完全。柱后衍生条件主要包括流动相及衍生试剂流速、反应温度和反应时间等。

思考题

　　1.简述样品预处理的目的和意义。

　　2.样品采集与制备的基本方法。

　　3.饲料中微量元素分析常采用的样品预处理技术有哪些?说明其各自的优缺点。

　　4.饲料中药物等分析通常要经过哪些预处理过程?各处理过程采用的相应预处理技术有哪些?

　　5.简述待测组分衍生化的目的和衍生化的分类。

3 饲料中元素分析技术

【内容提要】
　　本章系统介绍饲料中元素的分析技术,包括对饲料中铜、锌、铁、锰等微量元素及碳、氮、氧、硫等常量元素的定性和定量检测方法。重点介绍原子发射光谱法、原子吸收光谱法、原子荧光光谱法及元素分析仪的基本原理、仪器结构类型与结构流程以及分析方法在饲料分析中的应用。

3.1 概述

　　饲料中元素的分析方法按分析原理可分为化学分析和仪器分析,其中化学分析是以饲料中被测元素的化学反应为基础的分析方法,又称经典分析方法,采用重量分析和容量分析元素含量比较高的饲料样品。使用的仪器简单,分析结果准确,但灵敏度低,分析速度慢;仪器分析法是以测量饲料中元素的物理或物理化学性质为基础的分析方法,需要有精密仪器辅助分析。与化学分析方法相比,元素含量比较低的饲料样品具有结果重现性好、灵敏度高、分析速度快、检测的元素种类多、自动化程度高及试样用量少等特点。近几年随着仪器分析技术的发展,大型分析仪器逐渐在饲料分析应用中普及,对饲料中的无机、有机元素的分析已广泛采用原子光谱、元素分析仪等技术,在饲料的元素分析中占据了主导地位。本章重点介绍原子光谱法对饲料中无机元素的分析及元素分析仪在有机元素分析中的应用。

　　饲料样品中金属元素如铜、锌、铁、锰、钴等或半金属元素砷、硒等的分析一般采用原子光谱法。原子光谱法的重要特征是仪器元素灯源辐射能与待测物质间的相互作用仅涉及原子内电子的能级跃迁,并通过光谱信号来确定物质组成的分析方法。原子光谱包括原子发射光谱(atomic emission spectrometry,AES)、原子吸收光谱(atomic absorption spectrometry,AAS)和原子荧光光谱(atomic fluorescence spectrometry,AFS)。原子发射光谱是价电子受到激发跃迁到激发态,再由高能态回到各较低的能态或基态时,以辐射形式放出其激发能而产生的光谱。原子吸收光谱是基态原子吸收共振辐射跃迁到激发态而产生的吸收光谱。原子荧光光谱是原子吸收辐射之后跃迁到激发态,再由激发态回到基态或邻近基态的另一能态,将吸收的能量以辐射形式沿各个方向而产生的发射光谱。

饲料样品中有机元素如碳(C)、氮(N)、氢(H)和硫(S)等的分析,一般采用元素分析仪进行。样品在高温氧气环境中催化氧化和还原,将 C、N、H 和 S 等元素分别转化成 CO_2、N_2、H_2O 和 SO_2,然后流经特异性吸附柱进行吸附,再分别解析,以热导检测器进行检测。

本章主要介绍 AAS、AES 和 AFS 三种仪器分析的方法原理及在饲料分析中的应用实例,介绍杜马斯燃烧法测定饲料原料中总氮的含量,并以典型元素分析仪为例介绍 C、N、H 和 S 同时测定的步骤。

3.2　原子吸收光谱法

作为现代仪器分析方法,原子吸收光谱法(AAS)比原子发射光谱法发展得晚,1955 年澳大利亚科学家瓦尔西(A. Walsh)发表了著名论文"原子吸收光谱在化学分析中的应用"(the application of atomic absorption spectra to chemical a-nalysis),开创了火焰原子吸收光谱分析法。1959 年前苏联学者里沃夫发表著名论文"在石墨炉内完全蒸发样品原子吸收光谱的研究",开创了石墨炉电热原子吸收光谱分析法。20 世纪 60 年代初出现了以火焰作为原子化器的仪器,70 年代制成了以石墨炉为原子化器的商品仪器。AAS 建立后由于其高灵敏度而发展迅速,应用领域不断扩大,成为元素分析的一种重要分析手段。

3.2.1　基本原理

原子吸收光谱法是基于原子由基态跃迁到激发态时对辐射光吸收的测量。通过选择一定波长的辐射光源,使之满足某一元素由基态跃迁到激发态能级的能量要求,辐射后基态的原子数减少,辐射吸收值与基态原子的数量有关,即由吸收前后辐射光强度的变化可确定待测元素的浓度。在一定的实验条件下,试样的吸光度与溶液中待测元素的含量之间符合朗伯-比尔定律。通过测定试样溶液中某种元素的吸光度和相应元素标准溶液的吸光度,即可根据标准溶液的浓度计算出待测溶液中元素的含量。

3.2.2　仪器类型与结构流程

原子吸收光谱仪有单光束和双光束两种类型,主要由光源、原子化系统、分光系统、检测器和软件(数据处理系统)组成,分光系统位于原子化器与检测器之间。此外,AAS仪器通常还有背景校正器。单光束仪器结构简单,操作方便,但受光源稳定性影响较大,易造成基线漂移。双光束仪器中,光源(空心阴极灯)发出的光被切光器分成两束,一束通过火焰,另一束绕过火焰为参比光束,两束光线交替进入单色器,使光源的漂移通过参比光束的作用进行补偿,能获得稳定的输出信号。图3.1是典型的原子吸收光谱原理示意图。

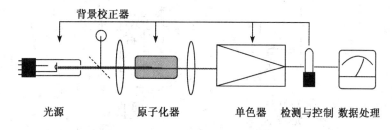

图 3.1　原子吸收光谱仪器原理

3.2.2.1　光源

　　光源应能满足辐射光强度足够大、辐射能量稳定性好、光谱纯度高、背景辐射小等要求。目前普遍使用的激发光源是空心阴极灯,此外还有高频无极放电灯、蒸汽放电灯等。常用的背景校正光源有氘灯、钨灯和氙灯等。空心阴极灯是一种特殊的低压辉光放电灯,结构见图3.2。空心阴极灯的阴极为一空心金属管,内壁衬或熔有待测元素的金属,阳极为钨、镍或钛等金属,灯内充有一定压力的惰性气体。当两电极间施加适当的电压时,电子将从空心阴极内壁流向阳极,与充入的惰性气体碰撞而使之电离,产生正电荷,其在电场作用下,向阴极内壁猛烈轰击,使阴极表面的金属离子溅射出来,溅射出来的金属原子再与电子、惰性气体原子发生撞击而被激发,于是阴极产生的辉光中便出现了阴极物质的特征光谱。因此,从空心阴极灯射出的激发光的波长严格应该等于该元素原子的吸收波长。空心阴极灯的特性参数包括工作电流、预热时间、背景、使用寿命等,其参数与元素种类、灯结构及光源的调制方式有关。AAS使用的空心阴极灯的灯电流一般在 3～20 mA,预热时间要求越短越好,由于阴极电子发射要在阴极溅射达到平衡时才能有一个稳定的发射,这个过程需要时间,有的元素过程极短,如 Ag、Au 等在 1～2 min 内就能达到稳定发射,有的过程稍长,但一般不会超过 30 min。仪器一般都具有多个元素灯座,可以一只灯进行工作,另外一只灯预热。

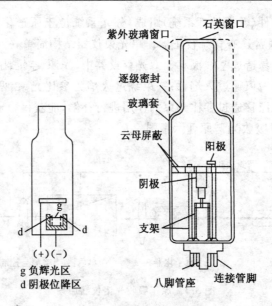

图 3.2　空心阴极灯的结构示意图

3.2.2.2　原子化系统

原子化系统的作用就是将离子态或配合物形式的待测元素原子化,并将原子态蒸汽送入光路。常用的原子化方法有火焰法和非火焰法。

火焰原子化系统由雾化器和燃烧器两部分组成,主要工作原理是首先使样品雾化成气溶胶,再通过燃烧产生的热量使进入火焰的试样蒸发、熔融、分解成基态原子。火焰原子化器的优点是操作简单、分析速度快、分析精度好、测定元素范围广、背景干扰较小等。但同时也存在一些缺点,如雾化效率低致使测定灵敏度降低,采用中、低温火焰原子化时化学干扰大及使用中应考虑安全问题等。

非火焰原子化法包括电热高温石墨炉原子化系统、氢化物原子化法及冷原子原子化法等。其中电热高温石墨炉原子化装置最为常用,其基本原理是将试样放置在电阻发热体上,用大电流通过电阻发热体产生高达 2 000～3 000℃的高温,使试样蒸发和原子化。石墨炉原子化系统的优点是原子化器体积小,基态原子在光路中平均停留时间长,光路上自由原子密度大,检出限低,且所需样品量少(一般 5～50 μL),并且不需要可燃气体,工作安全。

3.2.2.3　分光系统

原子吸收光谱仪的分光系统由单色器和反射镜等组成。单色器是分光系统的最重要部件之一,其核心是色散元件。早期的单色器采用棱镜分光,现代光谱仪大多采用平面光栅单色器或凹面光栅单色器,20 世纪末亦有采用中阶梯光栅单色器的仪器。单色器主要作用是从辐射光源的复合光中分离出被测元素的分析线。光谱带是衡量单色器的重要指标,由入射狭缝、出射狭缝的宽度及分光元件的色散率确定。原子吸收仪器常用的光谱带有 0.1 nm、0.2 nm、0.4 nm、1.0 nm 几种,光谱带的宽度越小,越能有效地滤出杂散辐射,光谱纯度越高。

3.2.2.4 检测器

检测器是用来完成光电信号的转换,即将光信号转换为电信号,为以后的信号处理做准备。AAS 常用的检测器是光电倍增管,由光窗、光电阴极、电子聚焦系统、电子倍增系统和阳极等组成的一种多极的真空光电管,是目前灵敏度最高、响应速度最快的一种光电检测器。通过检测器,将从分光系统传送过来的原子吸收信号接收下来,转换成光电流并经放大器放大后输出。

3.2.2.5 数据接收处理系统

随着计算机技术的发展,现代仪器大部分采用计算机控制,并配有专用的工作站系统。工作站作为仪器必不可少的组成部分,发挥了越来越重要的作用,工作站的功能、技术水平等已成为衡量仪器水平的重要因素之一。

仪器的工作站系统主要包括自动控制系统、数据处理程序和数据输出等部分。自动控制系统是控制和协调光谱仪各部件工作的,一般由计算机控制,有着非常高的自动化功能。自动控制系统具有向导功能、自动测量、专家数据库功能和在线帮助等功能。向导功能是提供样品设置、参数设置、打印报表向导等功能,设置完成后即可进入样品测量过程;自动测量功能是仪器连接自动进样器后,设置完自动操作程序,仪器可由软件控制自动进行空白校正、灵敏度校正、标准样品测试、样品测试,处理并输出结果;专家数据库功能可提供元素测量方法、原子序号、原子量、特征谱线、原子化温度、燃气流量等数据;在线帮助是通过帮助功能的目录、索引、对话框及功能键提供仪器硬件安装、操作、维修及安全等操作的详细说明书等。此外,工作站系统还包括数据处理过程,有校正曲线的测量和数据处理等功能。数据的输出是工作站系统提供多种测量结果的输出方式,如打印输出、数据存盘、文件导出、远程传输等。打印输出是最常用的测量结果输出形式,可根据需要在输出报告上选择仪器型号、样品名称、测量条件、测定时间等信息。

3.2.3 动物饲料中钙、铜、铁、镁、锰、钾、钠和锌含量的测定 (GB/T 13885—2003)

3.2.3.1 适用范围

该方法适用于原子吸收光谱法测定动物饲料中钙(Ca)、铜(Cu)、铁(Fe)、镁(Mg)、锰(Mn)、钾(K)、钠(Na)、锌(Zn)含量。

各元素含量的检测限:K 和 Na 为 500 mg/kg;Ca 和 Mg 为 50 mg/kg;Cu、Fe、Mn 和 Zn 为 5 mg/kg。

3.2.3.2 测定原理

将试样放在(550±15)℃温度下灰化后,用盐酸溶液溶解残渣并稀释定容,然后导入原子吸收光谱仪的空气-乙炔火焰中。测量每个元素的吸光度,并与同一元素校正溶液的吸光度比较定量。

3.2.3.3 试剂与溶液

除非另有规定,仅使用分析纯试剂。

(1)水,应符合 GB/T 6682 二级用水。

(2)盐酸:$c(HCl)=12$ mol/L($\rho=1.19$ g/mL)。

(3)盐酸溶液:$c(HCl)=6$ mol/L。

(4)盐酸溶液:$c(HCl)=0.6$ mol/L。

(5)硝酸镧溶液:溶解 133 g 的 $La(NO_3)_3 \cdot 6H_2O$ 于 1 L 水中。如果配制的溶液镧含量相同,可以使用其他镧盐。

(6)氯化铯溶液:溶解 100 g 氯化铯(CsCl)于 1 L 水中。如果配制的溶液铯含量相同,可以使用其他的铯盐。

(7)Cu、Fe、Mn、Zn 的标准储备溶液:取 100 mL 水,125 mL 浓盐酸于 1 L 容量瓶中,混匀。

称取下列试剂:

- 392.9 mg 硫酸铜($CuSO_4 \cdot 5H_2O$);
- 702.2 mg 硫酸亚铁铵[$(NH_4)_2SO_4 \cdot FeSO_4 \cdot 6H_2O$];
- 307.7 mg 硫酸锰($MnSO_4 \cdot H_2O$);
- 439.8 mg 硫酸锌($ZnSO_4 \cdot 7H_2O$)。

将上述试剂加入容量瓶中,用水溶解并定容。此储备液中 Cu、Fe、Mn、Zn 的含量均为 100 μg/mL。

注:可以使用市售配制好的适合的溶液。

(8)Cu、Fe、Mn、Zn 的标准溶液:取 20.0 mL 储备溶液于 100 mL 容量瓶中,用水稀释定容。此标准液中 Cu、Fe、Mn、Zn 的含量均为 20 μg/mL。该标准液当天使用当天配制。

(9)Ca、K、Mg、Na 的标准储备溶液:称取下列试剂:

- 1.907 g 氯化钾(KCl);
- 2.028 g 硫酸镁($MgSO_4 \cdot 7H_2O$);

■ 2.542 g 氯化钠(NaCl)。

将上述试剂加入 1 L 容量瓶中。

称取 2.497 g 碳酸钙(CaCO₃)放入烧杯中,加入 6 mol/L 盐酸溶液 50 mL(注意:当心产生二氧化碳)。

在电热板上加热 5 min,冷却后将溶液转移到含有 K、Mg、Na 盐的容量瓶中,用 0.6 mol/L 盐酸溶液定容。

此储备液中 Ca、K、Na 的含量均为 1 mg/mL,Mg 的含量为 200 μg/mL(注:可以使用市售配制好的适合溶液)。

(10)Ca、K、Mg、Na 的标准溶液:取 25.0 mL 储备溶液加入 250 mL 容量瓶中,用 0.6 mol/L 盐酸溶液定容。此标准液中 Ca、K、Na 的含量均为 100 μg/mL,Mg 的含量为 20 μg/mL。配制的标准液贮存在聚乙烯瓶中,可以在 1 周内使用。

(11)镧/铯空白溶液:取 5 mL 硝酸镧溶液、5 mL 氯化铯溶液和 6 mol/L 盐酸溶液 5 mL 加入 100 mL 容量瓶中,用水定容。

3.2.3.4　仪器和设备

所有的容器,包括配制校正溶液的吸管,在使用前用 0.6 mol/L 盐酸溶液冲洗。如果使用专用的灰化皿和玻璃器皿,每次使用前不需要用盐酸煮。

(1)分析天平,精度 0.1 mg。

(2)坩埚:铂金、石英或瓷质,不含钾、钠,内层光滑没有被腐蚀,上部直径为 4~6 cm,下部直径 2~2.5 cm,高 5 cm 左右,使用前用 6 mol/L 盐酸溶液煮。

(3)硬质玻璃器皿:使用前用 6 mol/L 盐酸煮沸,并用水冲洗净。

(4)电热板。

(5)水浴锅。

(6)马弗炉:温度能控制在(550±15)℃。

(7)原子吸收光谱仪:带有空气-乙炔火焰和一个校正设备或测量背景吸收装置。

(8)测定 Ca、Cu、Fe、K、Mg、Mn、Na、Zn 所用的空心阴极灯或无极放电灯。

(9)定量滤纸。

3.2.3.5　测定步骤

1.检验试样中是否存在有机物

用平勺取一些试样在火焰上加热。如果试样融化没有烟,即不存在有机物。

如果试样颜色有变化,并且不融化,即试样含有有机物。

2.干灰化(适合于含有机物试样)

准确称取 1~5 g 试样(精确到 1 mg)于坩埚中,然后放在电热板上加热,直到试样完全炭化(避免试样燃烧)。将坩埚转移到已在 550℃ 下预热 15 min 的马福炉中灰化 3 h,冷却后用 2 mL 水浸润坩埚中内容物。如果有许多炭粒,则将坩埚放在水浴上干燥,然后再放到马福炉中灰化 2 h,冷却后再加 2 mL 水。

3.溶解(适合于不含有机物试样)

准确称取 1~5 g 试样(精确到 1 mg)于坩埚中,取 6 mol/L 盐酸溶液 10 mL,慢慢滴加,且边加边旋动坩埚,直到不冒泡为止,然后再快速加入,旋动坩埚并加热直到内容物近乎干燥,在加热期间务必避免内容物溅出。用 6 mol/L 盐酸溶液 5 mL 加热溶解残渣后,分次用 5 mL 左右的水将试样溶液转移到 50 mL 容量瓶。冷却后过滤,并用水定容。

4.空白溶液

每次测量,均按照步骤 2 和 3 制备空白溶液。

5.铜、铁、锰、锌的测定

(1) 测量条件:按照仪器说明要求调节原子吸收光谱仪的仪器条件,使在空气-乙炔火焰测量时的仪器灵敏度为最佳状态。Cu、Fe、Mn、Zn 的测量波长为:Cu,324.8 nm;Fe,248.3 nm;Mn,279.5 nm;Zn,213.8 nm。

(2)校正曲线制备:用 0.6 mol/L 盐酸溶液稀释标准溶液,配制一组适宜的校正溶液。测量 0.6 mol/L 盐酸溶液的吸光度、校正溶液的吸光度。用校正溶液的吸光度减去 0.6 mol/L 盐酸溶液吸光度得到的吸光度修正值分别对 Cu、Fe、Mn、Zn 的含量绘制校正曲线。

(3)试样溶液的测量:在同样条件下,测量试样溶液和空白溶液的吸光度。如果必要的话,用 0.6 mol/L 盐酸溶液稀释试样溶液和空白溶液,使其吸光度在校正曲线线性范围之内。

6.钙、镁、钾、钠的测定

(1)测量条件:按照仪器说明要求调节原子吸收光谱仪的仪器条件,使在空气-乙炔火焰测量时的仪器灵敏度为最佳状态。Ca、K、Mg、Na 的测量波长为:Ca,422.6 nm;K,766.5 nm;Mg,285.2 nm;Na,589.6 nm。

(2)校正曲线制备:用水稀释标准溶液,每 100 mL 标准稀释溶液加 5 mL 的硝酸镧溶液、5 mL 氯化铯溶液和 6 mol/L 盐酸溶液 5 mL。配制一组适宜的校正溶液。

测量镧/铯空白溶液的吸光度:测量校正溶液吸光度并减去镧/铯空白溶液的吸光度。以修正的吸光度分别对 Ca、K、Mg、Na 的含量绘制校正曲线。

(3)试样溶液的测量:用水定量稀释试样溶液和空白溶液,每 100 mL 的稀释溶液加 5 mL 硝酸镧溶液、5 mL 氯化铯溶液和 6 mol/L 盐酸溶液 5 mL。

在相同条件下,测量试样溶液和空白溶液的吸光度。用试样溶液的吸光度减去空白溶液的吸光度。

如果必要的话,用镧/铯空白溶液稀释试样溶液和空白溶液,使其吸光度在校正曲线线性范围之内。

3.2.3.6 结果计算与表示

由校正曲线、试样的质量和稀释度分别计算出 Ca、Cu、Fe、Mn、Mg、K、Na、Zn各元素的含量。

按照表3.1修约,并以 mg/kg 或 g/kg 表示。

表 3.1 结果计算的修约

含量	修约值
5~10 mg/kg	0.1 mg/kg
10~100 mg/kg	1 mg/kg
100 mg/kg 至 1 g/kg	10 mg/kg
1~10 g/kg	100 mg/kg
10~100 g/kg	1 g/kg

3.2.3.7 重复性和再现性

同一操作人员在同一实验室,用同一方法使用同样设备对同一试样在短时期内所做的两个平行样结果之间的差值,超过表3.2或表3.3重复性限 γ 的情况,不大于5%。

不同分析人员在不同实验室,用不同设备使用同一方法对同一试样所得到的两个单独试验结果之间的绝对差值,超过表3.2或表3.3再现性限 R 的情况,不大于5%。

表 3.2 预混料的重复性限(γ)和再现性限(R)

元素	含量/(mg/kg)	γ	R
Ca	3 000~300 000	$0.07 \times \overline{W}$	$0.20 \times \overline{W}$
Cu	200~20 000	$0.07 \times \overline{W}$	$0.13 \times \overline{W}$
Fe	500~30 000	$0.06 \times \overline{W}$	$0.21 \times \overline{W}$
K	2 500~30 000	$0.09 \times \overline{W}$	$0.26 \times \overline{W}$
Mg	1 000~100 000	$0.06 \times \overline{W}$	$0.14 \times \overline{W}$
Mn	150~15 000	$0.08 \times \overline{W}$	$0.28 \times \overline{W}$
Na	2 000~250 000	$0.09 \times \overline{W}$	$0.26 \times \overline{W}$
Zn	3 500~15 000	$0.08 \times \overline{W}$	$0.20 \times \overline{W}$

表 3.3　动物饲料的重复性限(γ)和再现性限(R)

元素	含量/(mg/kg)	γ	R
Ca	5 000~50 000	$0.07 \times \overline{W}$	$0.28 \times \overline{W}$
Cu	10~100	$0.27 \times \overline{W}$	$0.57 \times \overline{W}$
Cu	100~200	$0.09 \times \overline{W}$	$0.16 \times \overline{W}$
Fe	50~1 500	$0.08 \times \overline{W}$	$0.32 \times \overline{W}$
K	5 000~30 000	$0.09 \times \overline{W}$	$0.28 \times \overline{W}$
Mg	1 000~10 000	$0.06 \times \overline{W}$	$0.16 \times \overline{W}$
Mn	15~500	$0.06 \times \overline{W}$	$0.40 \times \overline{W}$
Na	1 000~6 000	$0.15 \times \overline{W}$	$0.23 \times \overline{W}$
Zn	25~500	$0.11 \times \overline{W}$	$0.19 \times \overline{W}$

注:表 3.2 和表 3.3 指出的重复性限和再现性限对各元素和范围用一个计算式表示。在式中的系数是调查研究一些样品在指出范围中求得的一个平均值,在特殊情况下对特定样品特定元素的测定所得到的值较高,对这些样品没有考虑进去。大多数情况,这些偏差可能是由于样品的均匀度不好而致。两个表格中 $\overline{W}$ 为两结果的平均值(mg/kg)。

3.2.4　饲料中铬的测定(GB/T 13088—2006)

3.2.4.1　适用范围

　　该方法适用于饲料原料(包括饲料用皮革粉、水解皮革粉)、微量元素预混料、复合预混料、浓缩饲料和配合饲料,其中石墨炉原子吸收光谱法最低检出限为 0.005 μg/kg;火焰原子吸收光谱法最低检出限为 150 μg/kg。

3.2.4.2　测定原理

　　样品经高温灰化,用酸溶解后,注入原子吸收光谱检测器中,在一定浓度范围,其吸收值与铬含量成正比,与标准系列比较定量。

3.2.4.3　试剂与溶液

　　除非另有说明,所用试剂为优级纯,水为超纯水或相应纯度的水,符合 GB/T 6682 一级水的规定。

　　(1)浓硝酸。

　　(2)硝酸溶液:硝酸＋水＝2＋98 ($V+V$)。

　　(3)硝酸溶液:硝酸＋水＝20＋80 ($V+V$)。

　　(4)铬标准溶液。

　　①铬标准储备液(100 mg/L):称取 0.283 0 g 经 100~110℃烘至恒量的重铬酸钾,用水溶解,移入 1 000 mL 容量瓶中,稀释至刻度,此溶液每毫升相当于 0.1 mg 铬。

②铬标准溶液 A(20 mg/L):量取 10.0 mL 铬标准储备液于 50 mL 容量瓶中,加 20+80 (V+V)硝酸溶液稀释至刻度,此溶液每毫升相当于 20 μg 铬。

③铬标准溶液 B(2 mg/L):量取 1.0 mL 铬标准储备液于 50 mL 容量瓶中,加硝酸溶液(20+80,V+V)稀释至刻度,此溶液每毫升相当于 2 μg 铬。

④铬标准溶液 C(0.2 mg/L):量取 10.0 mL 铬标准溶液 B 于 100 mL 容量瓶中,加硝酸溶液(20+80, V+V)稀释至刻度,此溶液每毫升相当于 0.2 μg 铬。

3.2.4.4　仪器和设备

(1)所有玻璃器具及坩埚均用硝酸溶液(20+80,V+V)浸泡 24 h 或更长时间后,用纯净水冲洗,晾干。

(2)试验用样品粉碎机或研钵(无铬)。

(3)分析天平:感量为 0.000 1 g。

(4)瓷坩埚:60 mL。

(5)可控温电炉:600 W。

(6)高温电炉(马福炉)。

(7)容量瓶:20 mL、50 mL、100 mL、1 000 mL。

(8)移液管:0.5 mL、1.0 mL、2.0 mL、3.0 mL、5.0 mL、10.0 mL、25.0 mL。

(9)滤纸:定量、快速。

(10)原子吸收光谱仪。

3.2.4.5　测定步骤

1.试样溶液的制备

称取 0.1~10.0 g 试样(精确至 0.000 1 g),置于 60 mL 瓷坩埚中,在电炉上炭化完全后,置于马福炉内,由室温开始徐徐升温,至 600℃灼烧 5 h,直至试样呈白色或灰白色、无炭粒为止。

冷却后取出,用硝酸溶液(20+80,V+V)5 mL 溶解,过滤至 50 mL 容量瓶,并用水反复洗涤坩埚和滤纸,洗涤液并入容量瓶中,然后用水定容、混匀,作为试样溶液。同时配制试剂空白液。

2.测定条件

(1)火焰法。光源,Cr 空心阴极灯;波长,359.3 nm;灯电流,7.5 mA;狭缝宽度,1.30 nm;燃烧头高度,7.5 mm;火焰,空气-乙炔;助燃气压力,160 kPa(流速15.0 L/min);燃气压力,35 kPa(流速 2.3 L/min);氘灯背景校正。

(2)石墨炉法。波长,359.3 nm;狭缝宽度,1.30 nm;灯电流,7.5 mA;干燥温度,100℃,30 s;灰化温度,900℃,20 s;原子化温度,2 600℃,6 s;清洗温度,2 700℃,4 s;背景校正为塞曼效应。

　3.标准曲线绘制

　(1)火焰法。吸取 0.00 mL、1.25 mL、2.50 mL、5.00 mL、10.00 mL、20.00 mL 铬标准溶液 A,分别置于 20 mL 容量瓶中,加硝酸溶液(2+98,V+V)稀释至刻度,混匀,制成标准工作液。容量瓶中每毫升溶液分别相当于 0.00 μg、1.25 μg、2.50 μg、5.00 μg、10.00 μg、20.00 μg 铬。

　(2)石墨炉法。吸取 0.00 mL、1.25 mL、2.50 mL、5.00 mL、10.00 mL、20.00 mL 铬标准溶液 C 于 50 mL 容量瓶中,加硝酸溶液(2+98,V+V)稀释至刻度,混匀,制成标准工作液。容量瓶中每毫升溶液分别相当于 0.0 ng、5.0 ng、10.0 ng、20.0 ng、40.0 ng、80.0 ng 铬。

　4.试样测定

　将铬标准工作液、试剂空白液和试样溶液分别导入调至最佳条件的原子化器中进行测定,测得其吸光值,代入标准系列的一元线性回归方程中求得试样溶液中的铬含量。石墨炉法自动注入 20 μL。

3.2.4.6　结果计算与表示

　1.火焰法

　试样中铬的含量 $\omega_1(Cr)$,以质量分数(μg/g)表示,按式(3-1)计算。

$$\omega_1(Cr) = \frac{(A_1 - A_2) \times V_1 \times 1\ 000}{m_1 \times 1\ 000} \tag{3-1}$$

式中:A_1 为测定用试样溶液中铬的含量,μg/mL;A_2 为试剂空白液中铬的含量,μg/mL;V_1 为试样溶液的总体积,mL;m_1 为试样质量,g。

　计算结果为同一试样两个平行样的算术平均值,精确到小数点后两位。

　2.石墨炉法

　试样中铬的含量 $\omega_2(Cr)$,以质量分数(ng/g)表示,按式(3-2)计算。

$$\omega_2(Cr) = \frac{(m_2 - m_1) \times 1\ 000}{m_4 \times (V_3/V_2) \times 1\ 000} \tag{3-2}$$

式中:m_2 为用于测定时的试样溶液中铬的质量,ng;m_1 为用于测定时的试剂空白液中铬的质量,ng;m_4 为试样质量,g;V_2 为试样溶液的总体积,mL;V_3 为用于测定时的试样溶液体积,mL。

　计算结果为同一试样两个平行样的算术平均值,精确到小数点后两位。

3.2.4.7　允许差

　同一分析者对同一试样同时或快速连续地进行两次测定,所得结果相对偏差:在铬含量小于 10 mg/kg 时,相对偏差不得超过 20%;在铬含量大于或等于

10 mg/kg 时,相对偏差不得超过 10%。

3.2.5　饲料中铅的测定(GB/T 13080—2004)

3.2.5.1　适用范围

该方法适用于配合饲料、单一饲料、添加剂预混合饲料中铅的测定。

3.2.5.2　测定原理

干灰化法:将试样在马福炉(550±15)℃下灰化后,酸性条件下溶解残渣,沉淀和过滤,定容制备成试样溶液,用火焰原子吸收光谱法,测量其在 283.3 nm 处的吸光度,与标准系列比较定量。

湿消化法:试样中铅在酸的作用下变成铅离子,过滤去除沉淀物,原子吸收光谱法测定。

3.2.5.3　试剂与溶液

除特殊规定外,该方法所用试剂均为分析纯,实验用水符合 GB/T 6682 中二级水的规定。

(1)硝酸:优级纯。

(2)盐酸:优级纯。

(3)高氯酸:优级纯。

(4)盐酸溶液:6 mol/L。

(5)稀盐酸溶液:0.6 mol/L。

(6)硝酸溶液,6 mol/L:吸取 43 mL 硝酸,用水定容至 100 mL。

(7)铅标准储备液:精确称取 1.598 g 硝酸铅,加 6 mol/L 硝酸溶液 10 mL,全部溶解后,转入 1 000 mL 容量瓶中,加水定容至刻度,该溶液为每毫升 1 mg 铅。标准储备溶液贮存在聚乙烯瓶中,4℃保存。

(8)铅标准工作液:精确吸取 1.0 mL 铅标准储备液,加入 100 mL 容量瓶中,加水至刻度,此溶液为每毫升 1 μg 铅。当天使用当天配制。

3.2.5.4　仪器和设备

(1)分析天平:感量 0.000 1 g。

(2)马福炉:温度能控制在(550±15)℃。

(3)原子吸收光谱仪附测定铅的空心阴极灯。

(4)无灰滤纸。

(5)瓷坩埚。

(6)可调电炉或电热板。

(7)平底柱型聚四氟乙烯坩埚(60 cm²)。注:所用的器皿在使用前需用 0.6

mol/L盐酸溶液煮。如果使用专用的灰化皿和玻璃器皿,每次使用前不需要用盐酸煮。

3.2.5.5　测定步骤

1.试样溶解

(1)干灰化法。称取约5 g制备好的试样,精确到0.001 g,置于瓷坩埚中。将瓷坩埚置于可调电炉上,100～300℃缓慢加热炭化至无烟,要避免试样燃烧。然后放入已在550℃下预热15 min的马福炉,灰化2～4 h,冷却后用2 mL水将炭化物润湿。如果仍有少量炭粒,可滴入6 mol/L硝酸溶液使残渣润湿,将坩埚放在水浴上干燥,然后再放到马福炉中灰化2 h,冷却后加2 mL水。

取6 mol/L盐酸溶液5 mL,一滴一滴加入坩埚中,边加边转动坩埚,直到不冒泡,然后再快速放入,再加入6 mol/L硝酸溶液5 mL,转动坩埚并用水浴加热直到消化液2～3 mL时取下(注意防止溅出),分次用5 mL左右的水转移到50 mL容量瓶。冷却后,用水定容至刻度,用无灰滤纸过滤,摇匀,待用。同时制备试样空白溶液。

(2)湿消化法。

①盐酸消化法。称取1～5 g制备好的试样,精确到0.001 g,置于瓷坩埚中。用2 mL水将试样润湿,取6 mol/L盐酸溶液5 mL,一滴一滴加入坩埚中,边加边转动坩埚,直到不冒泡,然后再快速放入;再加入6 mol/L硝酸溶液5 mL,转动坩埚并用水浴加热直到消化液2～3 mL时取下(注意防止溅出),分次用5 mL左右的水转移到50 mL容量瓶。冷却后用水定容至刻度,用无灰滤纸过滤,摇匀,待用。同时制备试样空白溶液。

②高氯酸消化法。称取1 g试样,精确至0.001 g,置于聚四氟乙烯坩埚中,加水湿润样品,加入10 mL硝酸(含硅酸盐较多的样品需再加入5 mL氢氟酸),放在通风柜里静置2 h后,加入5 mL高氯酸,在可调电炉上垫瓷砖小火加热,温度低于250℃,待消化液冒白烟为止。冷却后,用无灰滤纸过滤到50 mL的容量瓶中,用水冲洗坩埚和滤纸多次,加水定容至刻度,摇匀,待用。同时制备试样空白溶液。

2.标准曲线绘制

分别吸取0 mL、1.0 mL、2.0 mL、4.0 mL、8.0 mL铅标准工作液,置于50 mL容量瓶中,加入6 mol/L盐酸溶液1 mL,加水定容至刻度,摇匀,导入原子吸收光谱仪,用水调零,在283.3 nm波长处测定吸光度,以吸光度为纵坐标,浓度为横坐标,绘制标准曲线。

3.测定

试样溶液和试剂空白按绘制标准曲线步骤进行测定,测出相应吸光值与标准曲线比较定量。

3.2.5.6 结果计算与表示

试样中铅的含量 $\omega(\mathrm{Pb})$，以质量分数（mg/kg）表示，按式（3-3）计算。

$$\omega(\mathrm{Pb}) = \frac{(\rho_1 - \rho_2) \times V_1 \times 1\,000}{m \times 1\,000} = \frac{(\rho_1 - \rho_2) \times V_1}{m} \tag{3-3}$$

式中：m 为试样质量，g；V_1 为试样溶液总体积，mL；ρ_1 为测定用试样溶液铅含量，μg/mL；ρ_2 为空白试液中铅含量，μg/mL。

每个试样取两个平行样进行测定，以其算数平均值为结果，结果表示到 0.01 mg/kg。

3.2.5.7 重复性

同一分析者对同一试样同时或快速连续地进行两次测定，所得结果与允许相对偏差如下：

样品中铅含量 ≤5 mg/kg 时，允许相对偏差 ≤20%；铅含量在 5～15 mg/kg 时，允许相对偏差 ≤15%；铅含量在 15～30 mg/kg 时，允许相对偏差 ≤10%；铅含量 30 mg/kg 时，允许相对偏差 ≤5%。

3.3 原子发射光谱法

原子发射光谱法的原理是利用原子或离子在一定条件下受激而发射的特征光谱来研究物质化学组成的分析方法，原子发射光谱仪是将试样辐射源发射的光色散成含待测元素特征光谱的光谱带，再通过检测器测量光谱线强度，来确定试样中某待测元素含量的仪器。根据激发的原理不同，原子发射光谱有 3 种类型：以原子的核外光学电子在受热能和电能激发而发射的光谱，通常所称的原子发射光谱法是以电弧、电火花和电火焰为激发光源来得到原子光谱的分析方法；以原子核外电子受到光能激发而发射的光谱，称为原子荧光光谱（见原子荧光光谱分析）；以原子受到 X 射线光子或其他微观粒子激发而使内层电子电离而出现空穴，较外层电子跃迁到空穴，同时产生次级 X 射线即 X 射线荧光。原子发射光谱的优点是灵敏度高、选择性好、分析速度快，并且试样消耗少等，适合于微量样品和痕量无机组分的分析。我国在 20 世纪 50 年代就开始推广和普及火焰型原子发射光谱仪，主要是以化学火焰为激发光源的火焰光度原子发射光谱仪，在地质、冶金、机械等部门得到了广泛的应用，并建立了国产的原子发射光谱仪器生产基地。20 世纪 60 年代提出、70 年代迅速发展起来的电感耦合等离子体发射光谱（inductively coupled plasma atomic emission spectrometry,ICP-AES)使原子发射光谱进入一个新的发展阶段。ICP-AES 是以电感耦合高频等离子体(inductively coupled plasma,ICP)作为原子光谱的激发光源,其克服了经典光源和原子化器的局限性,具有良好的原子化、激发和电离能力。ICP-AES 既保留了原子发射光谱同时分析的特点,又具有溶液进样的灵活性与稳定性特点,逐渐成为分析无机元素的主要仪器。本节重点介绍 ICP-AES 仪器的原理、结构及其在饲料分析中的应用。

3.3.1　基本原理

　　ICP-AES 的基本原理就是以 ICP 为光源,试样在样品室激发发光,发射光经入射反射镜进入入射狭缝,再经凹面光栅分光得到含有不同波长谱线的光谱带,用出射狭缝分出所要测量的光谱线,射到光电倍增管上,所产生的光电流经放大后输入计算机,直接给出试样中该元素的浓度。

3.3.2　仪器类型与结构流程

　　ICP-AES 仪器的基本结构可分为高频电源、进样系统、分光系统、测光系统及数据接收处理系统(图 3.3)。

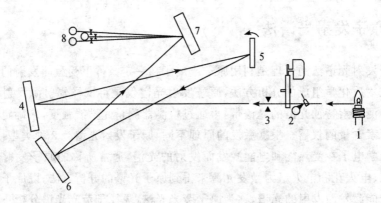

图 3.3　典型 ICP-AES 仪器的原理示意图
1.光源;2.汞灯;3.入射狭缝;4,6,7.反光镜;5.光栅

3.3.2.1　光源

　　在原子发射光谱仪器中,光源的作用主要是提供试样蒸发和激发所需要的能量,使其产生光谱。光谱分析首先要求光源提供足够的能量,从而获得良好的灵敏度。其次,稳定性和重现性也是十分重要的。长期以来,发射光谱一直使用电弧电源和火花电源以及后来发展起来的等离子体光源。等离子体是一种由自由电子、

离子、中性原子与分子所组成的宏观电中性电离气体,含足量的自由带电粒子,其动力学行为受电磁力支配,电离度 0.1% 以上。在原子发射光谱分析中应用的等离子体光源是电感耦合高频等离子体,简称 ICP 光源。高频发生器产生高频磁场供给等离子体能量,高频电源频率一般采用 27~50 MHz,放电功率是 1~2.5 kW。ICP 光源具有十分突出的特点:温度高,激发能力强,惰性气氛,原子化条件好,有利于难熔化合物的分解和元素激发,具有很低的检出限,对于大多数元素,其检出限一般为 0.1~100 ng/mL。由于 ICP 光源具有良好的稳定性,同时 ICP 发射光谱法受样品基质影响小,具有很好的精密度和准确度。

3.3.2.2 进样系统

ICP 光谱分析中,进样方式可分为溶液气溶胶进样系统、分开气化进样系统和固态粉末直接进样系统。溶液气溶胶进样是样品先转化为溶液,然后经雾化器形成气溶胶导入离子体中进行蒸发、原子化、激发和电离;分开气化进样系统是样品经电热气化或化学气化等方式将样品转化为气态,然后再导入离子体中进行原子化、激发和电离;粉末或固体进样系统是把样品粉末直接撒入或吹入等离子体中,或把固体样品直接插入等离子体中进行蒸发、原子化、激发和电离。气动雾化和超声雾化溶液气溶胶进样技术是目前最常用、最基本的进样方法,ICP-AES 进样系统多采用气动雾化器喷雾进样,需要将试样制备成溶液后进样。液体试样中组分在分析过程中经过雾化、蒸发、原子化、激发四个阶段。光源与雾化器连接在一起,液体试样被氩气(Ar)气流吸入雾化器后,与气流混合雾化,由石英炬管中心进入等离子焰炬中。一般对雾化器的要求可以采用较低的载气流量(如 0.5~1.5 mL)、较高的雾化效率、记忆效应小、稳定性好以及适于高盐分溶液的雾化并具有较好的抗腐蚀能力。这种进样技术特点是操作简单,克服了固态样品不均匀性及结晶物质等的影响。此外,很多分析样品本身就是液体,可以直接分析。

3.3.2.3 分光系统

在 ICP 光谱仪的分光系统中,采用的色散元件几乎全部都是光栅,高分辨率的系统中棱镜也是分光系统中的一个组成部件。分光系统中的衍射光栅有平面反射光栅系统、闪耀光栅和中阶梯光栅等。中阶梯光栅是目前较多使用的一种光栅,与普通光栅相比,其刻度线较少,且呈锯齿状,每一个阶梯刻槽的宽度是其高度的几倍,阶梯之间的距离是欲色散波长的 10~200 倍,闪耀角大,可以达到很高的分辨率。ICP 光谱仪通常是中阶梯光栅与棱镜结合使用,形成二维色谱,配合阵列检测器,可实现多元素的同时测定。

3.3.2.4 测光系统

原子发射光谱的检测器目前采用照相法和光电检测法两种,前者用感光板而后者以光电倍增管或电荷耦合器件(charge coupled device,CCD)作为接收与记录光谱的主要器件。ICP-AES 仪器主要应用阵列检测器,包括光敏二极管阵列检测器、光导摄像管阵列检测器和电荷转移阵列检测器三种类型。光敏二极管阵列检测器是较早使用的,通常需要在−10℃以下使用以降低噪声;光导摄像管是一种半导体光敏器件,在−20℃,对分析线在 260 nm 以上的元素,测定的检出限与光电倍增管接近;电荷转移阵列检测器是通过对硅半导体基体吸收光子后产生流动电荷,进行转移、收集和放大及检测。ICP-AES 仪器分光系统由中阶梯光栅与棱镜色散系统产生的二维光谱,在焦平面上形成点状光谱,适合于采用 CCD 一类面阵式的检测器,能最大限度地获取光谱信息。光线经光栅色散后聚焦在探测单元的硅片表面,检测器将光信号转换成电信号,便可经计算机进行快速高效处理得出分析结果。

3.3.2.5　数据接收及处理系统

接收器件为光电倍增管,数据处理和控制系统采用微机。图 3.4 是典型的顺序等离子体光源仪的原理示意图。控制系统的核心是一台微机,它的功能是通过放大器控制光栅移动,根据谱线强度及背景强度自动选择光电倍增管电压,根据分析线波长自动选择滤光片和选择接通三个光电倍增管中的一个。为了校正波长漂移而用汞灯所发射的 15 条谱线校正波长误差也是由控制器完成的。

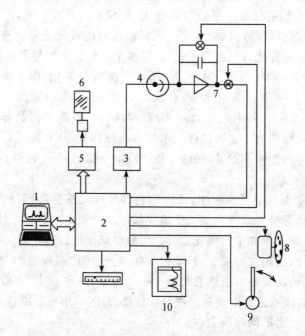

图 3.4　顺序等离子体光谱仪的测量可控制系统示意图
1.计算机;2.控制器;3,5.A/O 转换器;4.光电子倍增管;6.光栅;
7.积分器;8.滤光片;9.汞灯;10.记录器

3.3.3　ICP-AES 法快速测定饲料中 11 种元素

3.3.3.1　测定原理

电感耦合等离子体光源是利用高频感应加热原理,以高频耦合等离子体为光源,试液经过蠕动泵的作用进入雾化器,被雾化的样品溶液以气溶胶的形式进入等离子体焰炬的通道中,经熔融、蒸发、解离等过程,实现原子化。组成原子都能被激发发射出其特征谱线,在一定的工作条件下,如入射功率、观测高度、载气流量等因素一定时,各元素的谱线强度与光源中气态原子的浓度成正比,即与试液中元素的浓度成正比。待测样品中存在的元素被激发后能发射出特征波长的光,经光电倍增管放大后,转变成电信号。然后输入计算机中进行处理,最后打印输出测定结果,从而达到测定样品中矿物元素含量的目的。

3.3.3.2　仪器与试剂

高频电感耦合等离子体多道光电直读光谱仪(96-750 型,美国 JARREH-ASH 公司生产)或同类仪器;电子天平(万分之一)、电热板或试样消化专用装置、坩埚、小三角瓶或消化管等。

标准储备液:Cu、Fe、Zn、Mn、Pb、Cd、Se、Co 、K、Mg、As (1 000 mg/L);多元素混合标准工作液:分别取上述单一元素的标准储备液各 5 mL 置于 500 mL 容量瓶中,加水稀释至刻度,摇匀,配成含各元素为 10 mg/mL 的混合元素标准工作液;硝酸、盐酸、高氯酸(优级纯),实验用水为去离子水。

3.3.3.3　样品处理

添加剂预混饲料样品:准确称取 1.000 0 g 样品置入瓷坩埚中,取 10 mL 盐酸 $[c(HCl)=12 mol/L]$,一滴一滴加入,边加边旋动坩埚,直到不冒泡为止,然后快速加入,旋动坩埚并加热到内容物近乎干燥。用浓盐酸加热溶解残渣后,分次用水将试样溶液转移到 50 mL 容量瓶中,待其冷却后用水稀释定容并用滤纸过滤。同时制备空白溶液。

配合饲料样品:准确称取 1.000 0 g 样品于三角瓶中,用少量水使试样湿润,然后加入 15 mL 浓硝酸浸泡过夜。次日加入 3 mL 浓高氯酸,在通风柜中的电热板上加热。待溶液冒白烟后呈清亮时降低电热板温度,待消化溶液剩 1～2 mL 时取下。冷却后用滤纸过滤到 50 mL 容量瓶中,加水定容至刻度摇匀待用。同时制备试样空白溶液。

3.3.3.4　仪器主要技术参数(根据仪器型号不同设定)

(1)高频发生器工作参数:高频发生器频率 27.12 MHz,输入功率 1.15 kW,反射功率 5 W;

(2)积分时间 21 s;

(3)样品提升量 3 mL/min;

(4)光源观测高度:负载线圈上方 16 mm;

(5)三同心石英炬管中氩气流速:冷却流量 17 L/min,载气流量 0.3 L/min,辅助气流量 1 L/mm;

(6)元素分析线波长(nm):Mg 285.2,Fe 238.2,Mn 260.5,Cu 324.7,Se 203.9,Pb 283.3,Zn 213.8,Cd 228.8,Co 230.7,K 766.4,As 193.7。仪器型号的不同,元素分析特征波长会有差异,测定时应选用仪器推荐波长。

3.2.3.5　测定步骤

1. 开启仪器

打开仪器电源开关,预热 20 min,点燃等离子体焰炬,按上述参数调好仪器。具体操作步骤详见仪器说明书。

2. 描迹谱线轮廓

扫描汞监控线。将汞灯对准光谱仪的入射狭缝,旋转入射狭缝的测微螺旋,不断移动入射狭缝的位置。此时谱线缓缓扫过出口狭缝,记录入射狭缝的读数(即入射狭缝位置)。待描迹图在计算机上显示,图形的最高点所对应的横轴为零时,即为最佳状态,可完成描迹步骤。

3. 标准化过程

即给仪器制作标准曲线的过程。根据计算机的提示命令,将所配制的低(空白)、高浓度标准溶液依次输入等离子体中进行测定,然后计算机自动存储检测信号。当标准曲线作完后,计算机显示各个元素的斜率和截距,此时即可检查曲线的线性关系。如果线性关系好,则用此标准曲线反过来测定一组高浓度标准溶液时,所测得结果应与所配的浓度相接近,此时方可用于测定待测试样的浓度。

4. 试样的测定

在进样的同时,在计算机上对试样编号。当试样溶液上升到炬管火焰处发光时进行采集数据。然后由计算机控制进行测定,最终由计算机根据内存的标准曲线计算并打印出测定结果。

3.4　原子荧光光谱法

原子荧光光谱法(AFS)是原子光谱法中的一个重要分支,从 1956 年开始,Alkemade 用原子荧光(AF)研究了火焰中的物理和化学过程,并于 1962 年建议 AF 用于化学分析。1964 年,Winefordner 和 Vivkers 提出并论证了 AF 火焰光谱法可作为一种新的分析方法。原子荧光技术具有原子发射光谱和原子吸收光谱两种技术的优点,把氢化物发生(Hydride generation,HG)与 AFS 结合提高了这种分析方法的使用价值。经过近 50 年的发展历程,目前氢化物-原子荧光仪器已经成为国内众多分析测试实验室的常规测试仪器。

原子荧光法的分析对象与原子吸收和原子发射光谱法相同,原则上可以进行数十种元素的定量分析。但迄今为止,原子荧光光谱法最成功的应用还是易于形成气态氢化物的 10 种元素(As、Sb、Bi、Se、Ge、Pb、Sn、Te、Cd、Zn)和 Hg。因此,本章重点介绍氢化物发生原子荧光光谱分析的联用技术。

3.4.1 基本原理

原子荧光光谱法是用激发光源照射含有一定浓度待测元素的原子蒸汽,从而使基态原子跃迁到激发态,然后由激发回到较低能态或基态,发出原子荧光。测定原子荧光的强度即可求得待测样品中该元素的含量。

氢化物发生原子荧光是利用碳族、氮族、氧族元素的氢化物是共价化合物,其中 As、Sb、Bi、Se、Ge、Pb、Sn、Te 等 8 种元素的氢化物具有挥发性,通常情况下为气态。借助载体流可以方便地将其导入原子光谱分析系统的原子化器或激发光源中,进行定量光谱测量。

3.4.2 仪器类型与结构流程

原子荧光光谱仪分两类,色散型和非色散型。主要结构包括激发光源、原子化器、单色器、检测器及信号处理显示系统。由于测量的是向各方向发射的原子荧光,为避免光源的影响,检测器与光源不在同一光路上,一般呈 90°,也可根据需要设定。

氢化物发生原子荧光分析方法是把氢化物发生与原子荧光联用的方法,主要仪器结构流程示意图如图 3.5 所示。原子荧光系统的主要结构及其作用与原子吸收光谱仪基本相同,氢化物发生系统是由进样系统、气-液分离系统、气路等组成。

3.4.2.1 进样系统

早期进样系统采用手动进样,由人员操作,测量精度受人为影响因素大,特点是不需要外接氢气。以后相继出现连续流动进样、流动注射进样、断续流动进样和顺序注射系统。现在基本采用断续流动进样系统,由蠕动泵、反应块、气-液分离器组成。启动蠕动泵,载流将管中的样品与还原剂同时推入反应模块,产生的氢化物和多余的氢气由载气带入原子化器,完成信号的测量。

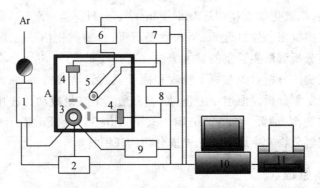

图 3.5　氢化物发生原子荧光光度计的示意图

1.气路系统；2.氢化物发生系统；3.原子化器；4.激发光源；5.光电倍增管；6.前放；
7.负高压；8.灯电源；9.炉温控制；10.控制及数据处理系统；11.打印机；A.光学系统

3.4.2.2　气-液分离系统

水蒸气随载气进入原子化器,对荧光信号测定有严重的影响,因此需要进行气-液分离。经一级气-液分离器后仍然会有水蒸气存在,在原子化器边上设计有二级气-液分离器,可以完全去除水蒸气。

3.4.2.3　气路

气路是指载气系统,载气可以用氩气或氮气,氩气的灵敏度优于氮气,载气流量可以通过手动或者计算机自动调节。

3.4.2.4　光源

原子荧光光谱采用高性能空心阴极灯,即在普通空心阴极灯中增加一对辅助电极或者在阴极外涂一层易发射电子的材料。这种结构的高强度空心阴极灯工作时辅助电极需要通过较大的电流,功耗较大,使用不便。我国有色金属研究院研制的高性能空心阴极灯,采用桶状空心阴极,阳极在后,辅助阴极在前的结构,工作时无需灯丝加热电流,合理调整两个阴极的电流分配达到最佳发射效率。不同厂家生产的高强度空心阴极灯结构有所不同,但原理基本相同,都是通过辅助放电来增加发射强度。

3.4.2.5　原子化器

目前原子荧光光谱仪器多采用石英管原子化器。按石英管原子化器的结构分普通石英管原子化器和屏蔽式石英管原子化器,屏蔽式石英管原子化器是双层石英管结构,内管通入样品和载气,外管通入屏蔽气,防止周围空气进入管中心样品原子化区,从而能有效地防止原子荧光猝灭,提高原子荧光灵敏度。按石英管原子化器火焰点燃方式有高温和低温两种,近年生产的 AFS 商品仪器广泛采用低温石英管原子化器。低温石英管原子化器在石英管原子化器上端设置一个点火装置,采用 20～30 W 高温加热丝或红外线加热器件,一直通电或者在进样时同步加热,以点燃进入石英管原子化器的 Ar-H$_2$ 火焰。

3.4.2.6　光学系统

原子光谱仪有色散型和非色散型两种光学系统。色散型原子光学系统由激发光源、原子化器、单色器及接收放大器组成;非色散型光学系统由激发光源、原子化器、滤光片及日盲光电倍增管组成。为了提高原子荧光辐射强度,通常在激发光源的入射光路采取措施,如采用全反射装置、双椭圆反射镜和卡塞格伦反射镜系统等。由于原子荧光辐射强度比较弱,谱线少,因此要求单色器有很强的集光本领,并不要求很高的分辨率,因此一般采用 200～300 mm 焦距的单色器即可满足要求。我国生产的氢化物原子荧光仪均采用非色散系统,单透镜聚焦。

3.4.2.7　检测器

AFS 仪器常用的检测器是日盲光电倍增管。日盲型光电倍增管(solar blind photomultipliers,SBP)是一种装置于空间卫星上进行紫外辐射探测,以及应用在原子荧光光度计和核酸蛋白检测仪上进行紫外光谱检测的光电转换器件,它所适用的紫外光谱范围为 165～350 nm,阴极材料常用 Cs-Te 及 Cs-I。氢化物发生-原子荧光光谱(hydride generation atomic fluorescence spectrometry,HG-AFS)所测元素的光谱,最短波长是 As(193.7 nm),最长波长 Bi(306.1 nm),正好落在日盲管的光谱响应区。

3.4.2.8　数据接收处理系统

AFS 的数据接收处理系统基本与原子吸收光谱仪器相同,大部分采用通用计算机控制,并配有专用的工作站系统。仪器的工作站系统主要包括自动控制系统、数据处理程序和数据输出等部分。

3.4.3　饲料中总砷的测定(GB/T 13079—2006)

目前我国现行的饲料中砷的测定方法国家标准中包含 3 个方法:银盐法、硼氢化物还原光度法和原子荧光光度法,其中银盐法为仲裁法,其他方法为快速法。原子荧光光度法的最低检测浓度为 0.010 mg/kg。本部分仅介绍氢化物原子荧光光度法。

3.4.3.1　适用范围

该方法适合于各种配合饲料、浓缩饲料、添加剂预混合饲料、单一饲料及饲料添加剂。

3.4.3.2 测定原理

样品经酸消解或干灰化破坏有机物,加入硫脲使五价砷预还原为三价砷,再加入硼氢化钠或硼氢化钾使还原生成砷化氢,由氩气载入石英原子化器中分解为原子态砷,在特制砷空心阴极灯的发射光激发下产生原子荧光,其荧光强度在固定条件下与被测液中的砷浓度成正比,与标准系列比较定量。

3.4.3.3 试剂与溶液

(1)氢氧化钠溶液,5 g/L。

(2)硼氢化钠($NaBH_4$)溶液(1%):称取硼氢化钠10.0 g,溶于5 g/L氢氧化钠溶液1 000 mL中,混合。现用现配。

(3)硫脲溶液,50 g/L。

(4)氢氧化钠溶液,100 g/L。

(5)氢氧化钠溶液,200 g/L。

(6)硫酸溶液,60 mL/L。

吸取6.0 mL硫酸,缓慢加入到约80 mL水中,冷却后用水稀释至100 mL。

(7)砷标准储备溶液,1.0 mg/mL。

精确称取0.660 g三氧化砷(110℃,干燥2 h),加200 g/L氢氧化钠溶液5 mL使之溶解,然后加入60 mL/L硫酸溶液25 mL中和,定容至500 mL。此溶液每毫升含1.00 mg砷,于塑料瓶中冷储。

(8)砷标准工作溶液,1.0 μg/mL。

准确吸取5.00 mL砷标准储备溶液于100 mL容量瓶中,加水定容,此溶液含砷50 μg/mL。准确吸取50 μg/mL砷标准溶液2.00 mL,于100 mL容量瓶中,加1 mL盐酸,加水定容,摇匀,此溶液每毫升相当于1.0 μg砷。

(9)浓盐酸。

(10)盐酸溶液,$c(HCl) = 3$ mol/L。

量取250.0 mL浓盐酸,倒入适量水中,用水稀释到1 L。

(11)硝酸镁溶液,150 g/L。

称取30 g硝酸镁[$Mg(NO_3)_2 \cdot 6H_2O$]溶于水中,并稀释至200 mL。

3.4.3.4 仪器和设备

(1)分析天平:感量0.000 1 g。

(2)可调式电炉。

(3)瓷坩埚:30 mL。

(4)高温炉:温控0~950℃。

(5)原子荧光光度计。

3.4.3.5   测定步骤

1.试样溶液制备

(1)盐酸溶样法。矿物元素饲料添加剂用盐酸溶样。称取试样 1~3 g(精确到 0.000 1 g)于 100 mL 高型烧杯中,加水少许湿润试样,慢慢滴加 3 mol/L 盐酸溶液 10 mL,待激烈反应过后,煮沸并转移到 50 mL 容量瓶中,向容量瓶中加入 50 g/L 硫脲溶液 2.5 mL,用水洗涤烧杯 3~4 次,洗液并入容量瓶中,用水定容,摇匀,待测。同时做试剂空白。

同时于相同条件下,做试剂空白实验。

(2)干灰化法。添加剂预混合饲料、浓缩饲料、配合饲料及饲料添加剂可选择干灰化法。

称取试样 2~5 g(精确到 0.000 1 g)于 30 mL 瓷坩埚中,加入 150 g/L 硝酸镁溶液 5 mL,混匀,于低温或沸水浴中蒸干,低温炭化至无烟后,然后转入高温炉于 550℃恒温灰化 3.5~4 h。取出冷却,缓慢加入 3 mol/L 盐酸溶液 10 mL,待激烈反应过后,煮沸并转移到 50 mL 容量瓶中,向容量瓶中加入 50 g/L 硫脲溶液 2.5 mL,用水洗涤坩埚 3~5 次,洗液并入容量瓶中,用水定容,摇匀,待测。同时于相同条件下,做试剂空白实验。

2.标准系列制备

准确吸取砷标准工作溶液(1.0 μg/mL)0.00 mL、0.10 mL、0.4 mL、1.00 mL、4.00 mL、10.00 mL 于 50 mL 容量瓶中(各相当于砷浓度 0 ng/mL、2.0 ng/mL、8.0 ng/mL、20.0 ng/mL、80.0 ng/mL、200.0 ng/mL),各加 1.5 mL 浓盐酸,50 g/L 硫脲溶液 2.5 mL,加水至刻度,摇匀,待测。

3.测定

仪器参考条件:光电倍增管电压,200~400 V;砷空心阴极灯电流,15~100 mA;原子化器温度,200℃;原子化器高度,8 mm;载气流量,300~600 mL/min;屏蔽气流量,80 0 mL/min;读数时间,7.0~15.0 s;延迟时间,1.0~1.5 s。

将标准溶液、试样溶液和空白溶液导入原子荧光光度计,读取荧光强度。

3.4.3.6   结果计算与表示

试样中总砷含量 X,以质量分数(mg/kg)表示,按式(3-4)计算。

$$X = \frac{(A_1 - A_3) \times V_1 \times 1\,000}{m \times V_2 \times 1\,000} \qquad (3\text{-}4)$$

式中:V_1 为试样消解液总体积,mL;V_2 为分取试液体积,mL;A_1 为试液中含砷量,μg;A_3 为试剂空白中砷含量,μg;m 为试样质量,g。

以平行样算术平均值为分析结果,结果表示到 0.01 mg/kg。当每千克试样中含砷量≥1.0 mg 时,结果保留 3 位有效数字。

3.4.3.7　允许差

在相同条件下获得分析结果的相对偏差不得超过 15%。

3.4.4　饲料中汞的测定(GB/T 13081—2006)

3.4.4.1　适用范围

该方法适用于配合饲料、浓缩饲料、预混合饲料及饲料添加剂中汞的测定。检出限 0.15 μg/kg。

3.4.4.2　测定原理

试样经酸加热消解后,在酸性介质中,试样中汞被硼氢化钾(KBH_4)或硼氢化钠($NaBH_4$)还原成原子态汞,由载气(氩气)带入原子化器中,在特制汞空心阴极灯照射下,基态汞原子被激发至高能态,在去活化回到基态时,发射出特征波长的荧光,其荧光强度与汞含量成正比,与标准系列比较定量。

3.4.4.3　试剂与溶液

除非另有说明,所用试剂为分析纯,实验用水符合 GB/T 6682 二级用水规定。

(1)浓硝酸:优级纯。

(2)过氧化氢:30%。

(3)浓硫酸:优级纯。

(4)混合酸液,硫酸＋硝酸＋水(1+1+8,$V+V+V$):量取 10 mL 浓硝酸和 10 mL 浓硫酸,缓缓倒入 80 mL 水中,冷却后小心混匀。

(5)硝酸溶液:量取 50 mL 浓硝酸,缓缓倒入 450 mL 水中,混匀。

(6)氢氧化钾溶液,5 g/L:称取 5.0 g 氢氧化钾,溶于水中,稀释至 1 000 mL,混匀。

(7)硼氢化钾溶液,5 g/L:称取 5.0 g 硼氢化钾,溶于 5.0 g/L 的氢氧化钾溶液中,并稀释至 1 000 mL,混匀,现用现配。

(8)汞标准储备溶液:选用国家标准物质-汞标准溶液(GBW 08617),此溶液每毫升相当于 1 000 μg 汞。

(9)汞标准工作溶液:吸取汞标准储备液 1 mL 于 100 mL 容量瓶中,用硝酸溶液稀释至刻度,混匀,此溶液浓度为 10 μg/mL。再分别吸取 10 μg/mL 汞标准溶液 1 mL 和 5 mL 于两个 100 mL 容量瓶中,用硝酸溶液稀释于刻度,混匀,溶液浓度分别为 100 ng/mL 和 500 ng/mL,分别用于测定低浓度试样和高浓度试样,制作标准曲线,现用现配。

3.4.4.4 仪器和设备

(1)高压消解罐:100 mL。

(2)微波消解炉。

(3)消化装置。

(4)原子荧光光度计。

3.4.4.5 测定步骤

1.试样消解

(1)高压消解法。称取 0.5～2.00 g 试样,精确到 0.000 1 g,置于聚四氟乙烯塑料内罐中,加 10 mL 浓硝酸,混匀后放置过夜,再加 15 mL 过氧化氢,盖上内盖放入不锈钢外套中,旋紧密封。然后将消解罐放入普通干燥箱(烘箱)中加热,升温至 120℃后保持恒温 2～3 h,至消解完全,冷至室温,用硝酸溶液洗涤消解罐并定容至 50 mL 容量瓶中,摇匀。同时做试剂空白试验。待测。

(2)微波消解法。称取 0.20～1.0 g 试样,精确到 0.000 1 g,置于消解罐中加入 2～10 mL 浓硝酸,2～4 mL 过氧化氢,盖好安全阀后,将消解罐放入微波炉消解系统中,根据不同种类的试样设置微波炉消解系统的最佳分析条件(表 3.4 和表 3.5),至消解完全,冷却后用硝酸溶液洗涤消解罐并定容至 50 mL 容量瓶中(低含量试样可定容至 25 mL 容量瓶)混匀待测。同时做试剂空白试验。

表 3.4 饲料试样微波消解条件

步骤	1	2	3
功率/%	50	75	90
压力/kPa	343	686	1 096
升压时间/min	30	30	30
保压时间/min	5	7	5
排风量/%	100	100	100

表 3.5 鱼油、鱼粉试样微波消解条件

步骤	1	2	3	4	5
功率/%	50	70	80	100	100
压力/kPa	343	514	686	959	1 234
升压时间/min	30	30	30	30	30
保压时间/min	5	5	5	7	5
排风量/%	100	100	100	100	100

2. 标准系列配制

(1)低浓度标准系列:分别吸取 100 ng/mL 汞标准使用液 0.50 mL、1.00 mL、2.00 mL、4.00 mL、5.00 mL 于 50 mL 容量瓶中,用硝酸溶液稀释至刻度,混匀。各自相当于汞浓度 1.0 ng/mL、2.0 ng/mL、4.0 ng/mL、8.0 ng/mL、10.0 ng/mL。此标准系列适用于一般试样测定。

(2)高浓度标准系列:分别吸取 500 ng/mL 汞标准使用液 0.50 mL、1.00 mL、2.00 mL、3.00 mL、4.00 mL 于 50 mL 容量瓶中,用硝酸溶液稀释至刻度混匀,各自相当于汞浓度 5.0 ng/mL、10.0 ng/mL、20.0 ng/mL、30.0 ng/mL、40.0 ng/mL。此标准系列适用于鱼粉及含汞量偏高的试样测定。

3. 测定步骤

(1)仪器参考条件:光电倍增管负高压,260 V;汞空心阴极灯电流,30 mA;原子化器,温度 300℃,高度 8.0 mm;氩气流速,载气 500 mL/min,屏蔽气 1 000 mL/min。

(2)测量方式:标准曲线法。

(3)读数方式,峰面积;读数延迟时间,1.0 s;读数时间,10.0 s;硼氢化钾溶液加液时间,8.0 s;标准或样液体积,2 mL。

(4)浓度测定方式:设定好仪器最佳条件,逐步将炉温升至所需温度后,稳定 10~20 min 后开始测量。连续用硝酸溶液进样,待读数稳定之后,转入标准系列测量,绘制标准曲线。转入试样测量,先用硝酸溶液进样,使读数基本回零,再分别测定试样空白和试样消化液,测不同的试样前都应清洗进样器。

3.4.4.6 结果计算与表示

试样中汞含量 $\omega(\mathrm{Hg})$,以质量分数(mg/kg)表示,按式(3-5)进行计算。

$$\omega(\mathrm{Hg}) = \frac{(c-c_0) \times V \times 1\,000}{m \times 1\,000 \times 1\,000} \tag{3-5}$$

式中:c 为试样溶液中汞的含量,ng/mL;c_0 为试剂空白液中汞的含量,ng/mL;V 为试样溶液总体积,mL;m 为试样质量,g。

每个试样平行测定 2 次,以其算术平均值为结果。结果表示到 0.001 mg/kg。

3.4.4.7 允许差

同一分析者对同一试样同时或快速连续地进行两次测定,所得结果之间的差值:

在汞含量小于或等于 0.020 mg/kg 时,不得超过平均值的 100%;汞含量大于 0.020 mg/kg 而小于 0.100 mg/kg 时,不得超过平均值的 50%;汞含量大于

0.100 mg/kg 时,不得超过平均值的 20%。

3.4.5　饲料中硒的测定(GB/T 13883—2008)

3.4.5.1　适用范围

该方法适用于配合饲料、浓缩饲料及添加剂预混合饲料中硒的测定。方法定量限为 0.01 mg/kg。

3.4.5.2　测定原理

试样经酸加热消化后,在盐酸介质中,将试样中的六价硒还原成四价硒,用硼氢化钠作为还原剂,将四价硒在盐酸介质中还原成硒化氢,由载气带入原子化器中进行原子化,在硒空心阴极灯照射下,基态硒原子被激发至高能态,在去活化回到基态时,发射出特征波长的荧光,其荧光强度与硒含量成正比,与标准系列比较定量。

3.4.5.3　试剂与溶液

除特别说明外,所用试剂均为分析纯,实验用水符合 GB/T 6682 中规定二级水要求

(1)硝酸:优级纯。

(2)高氯酸:优级纯。

(3)盐酸:优级纯。

(4)混合酸溶液:硝酸+高氯酸:4+1($V+V$)。

(5)氢氧化钠:优级纯。

(6)硒粉:光谱纯。

(7)硼氢化钠溶液(5 g/L):称取 5.0 g 硼氢化钠($NaBH_4$),溶于氢氧化钠溶液(5 g/L)中,然后定容至 1 L。

(8)铁氰化钾溶液(200 g/L):称取 20.0 g 铁氰化钾[$K_3Fe(CN)_6$],溶于100 mL 水中,混匀。

(9)硒标准储备液:准确称取 100.0 mg 光谱纯硒粉,溶于少量浓硝酸中,加2 mL 高氯酸,置沸水浴中加热 3～4 h 冷却后再加 8.4 mL 浓盐酸,再置沸水浴中煮 2 min,用水移入 1 L 容量瓶中,稀释至刻度,摇匀。其盐酸浓度为 0.1 mol/L,此储备液浓度为每毫升含 100 μg 硒。

(10)硒标准工作液:准确量取 1.00 mL 硒标准储备液(100 μg/mL)于 100 mL 容量瓶中,用水稀释至刻度,摇匀。此标准工作液为每毫升含 1 μg 硒。现用现配。

3.4.5.4　仪器设备

(1)分析天平:感量 0.000 1 g。

(2)原子荧光光度计。

(3)电热板。

(4)氩气或氮气。

3.4.5.5 测定步骤

1.试样的处理

称取试样 2.0 g,准确到 0.000 1 g,置于 100 mL 高型烧杯内,加 15.0 mL 混合酸溶液及几粒玻璃珠,盖上表面皿冷消化过夜。次日于电热板上加热,当溶液高氯酸冒烟时,再继续加热至剩余体积 2 mL 左右,切不可蒸干。冷却,再加 2.5 mL 浓盐酸,用水吹洗表面皿和杯壁,继续加热至高氯酸冒烟时,冷却,移入 50 mL 容量瓶中,用水稀释至刻度,摇匀,作为试样消化液。量取 20 mL 试样消化液于 50 mL 容量瓶中,加 8 mL 浓盐酸,加 2 mL 200 g/L 的铁氰化钾溶液,用水稀释至刻度,摇匀,待测。

同时在相同条件下,做试剂空白试验。

2.标准系列的制备

分别准确量取 0.0 mL、0.25 mL、0.50 mL、1.00 mL、2.00 mL、3.00 mL 硒标准工作液(1 μg/mL)于 50 mL 容量瓶中,加入 10 mL 水,加入 8 mL 浓盐酸,加 2 mL 200 g/L 的铁氰化钾溶液,用水稀释至刻度,摇匀。

3.仪器参考条件

光电倍增管负高压,340 V;硒空心阴极灯电流,60 mA;原子化温度,800 ℃;炉高,8 mm;载气流速,500 mL/min;屏蔽气流速,1 000 mL/min;测量方式,标准曲线法;读数方式,峰面积;延迟时间,1 s;读数时间,15 s;加液时间,8 s;进样体积,2 mL。

4.测量

设定好仪器最佳条件,待炉温升至设定温度后,稳定 15~20 min 开始测量。连续用标准系列的零瓶进样,待读数稳定之后,首先进行标准系列测量,绘制标准曲线。再转入试样测量,分别测量试剂空白和试样,在测量不同的试样前进样器应清洗。测其荧光强度,求出回归方程各参数或绘制出标准曲线。从标准曲线上查得溶液中含硒量。

3.4.5.6 结果计算和表示

试样中硒含量 $W(Se)$,以质量分数(mg/kg)表示,按式(3-6)计算。

$$W(Se) = \frac{(c-c_0) \times V_0 \times 1\ 000}{m \times V_1 \times 1\ 000 \times 1\ 000} = \frac{(c-c_0) \times V_0}{m \times V_1 \times 1\ 000} \tag{3-6}$$

式中:c 为试样溶液中硒的浓度,ng/mL;c_0 为试剂空白液中硒的浓度,ng/mL;V_0 为试样溶液总体积,mL;m 为试样质量,g;V_1 为分取试液的体积,mL。

测定结果用平行测定后的算术平均值表示,计算结果表示到 0.01 mg/kg。

3.4.5.7 允许差

在同一实验室,同一分析者对两次平行测定的结果,应符合以下相对偏差的要求：

当硒的含量小于或等于 0.20 mg/kg 时,相对偏差≤25%;当硒的含量大于 0.20 mg/kg 而小于 0.40 mg/kg 时,相对偏差≤20%;当硒的含量大于 0.40 mg/kg 时,相对偏差≤12%。

3.4.6　饲料中砷、汞、硒和镉同时测定

3.4.6.1　适用范围

该方法适用于配合饲料、饲料原料中砷、汞、硒和镉的测定。

3.4.6.2　测定原理

砷、汞、硒和镉四种元素形成的氢化物具有挥发性,试样经消化罐消解后,导入氢化物发生原子荧光光谱仪,选取不同浓度的盐酸作为反应体系。测量每个元素的荧光强度,与标准品溶液的荧光强度比较定量。

3.4.6.3　试剂与溶液

(1)砷、汞、硒、镉标准储备液浓度分别为:1 mg/mL、1 mg/mL、10 mg/mL、1 mg/mL。

(2)砷、汞、硒、镉标准工作液:用砷、汞、硒、镉标准储备液以水逐级稀释到 100 ng/mL、100 ng/mL、1 000 ng/mL、10 ng/mL。

(3)优级纯 HNO_3,HCl。

(4)还原剂:5% 的硫脲-抗坏血酸混合液和 10% 的硫脲溶液(现用现配),20 g/L 和 15 g/L 的硼氢化钾-氢氧化钠溶液(分别称取 2.0 g 和 1.5 g 硼氢化钾溶于 100 mL 氢氧化钠溶液 20 g/L 中,临用前现配)。

3.4.6.4　仪器和设备

所有的容器,包括配制标准溶液的吸管等在使用前用稀盐酸浸泡冲洗。主要设备如下:

(1)氢化物发生-原子荧光光度计,配有砷、汞、硒、镉空心阴极灯(原子荧光光谱分析专用)。

(2)四氟乙烯塑料消化罐。

(3)恒温烘箱,能控温 120～130℃。

(4)分析天平,精度 0.1 mg。

(5)其他常用玻璃仪器。

3.4.6.5　测定步骤

1.样品的消解

样品前处理采用消化罐消化方法。消化罐方法:精密称取饲料样品 1.0 g 左右于聚四氟乙烯塑料消化罐内,加入 8 mL 硝酸和 2 mL 高氯酸,混匀冷消化放置

过夜后,盖上罐盖旋紧密封。然后将消化罐放入电热烘箱中,加热,升温到 120～130℃保持 4～6 h 至消化完全。自然冷却到室温。将消解液用硝酸溶液(1+9,$V+V$)定量转移并定容到 50 mL 容量瓶中备用。同时做空白试验。

2.标准溶液的配制

砷、汞:分别精密吸取 100 ng/mL 的砷标准工作液 0 mL、1 mL、2 mL、4 mL、8 mL、10 mL 和100 ng/mL 的汞标准工作液 0 mL、0.4 mL、0.8 mL、1.2 mL、1.6 mL、2.0 mL 于六支 100 mL 的经硝酸浸泡过的洁净容量瓶中,各加入 8 mL 浓盐酸和 20 mL 5％硫脲-抗坏血酸的混合液,用水定容,此时配制的砷浓度分别为 0 ng/mL、1 ng/mL、2 ng/mL、4 ng/mL、8 ng/mL 和 10 ng/mL 标准系列和汞浓度为 0 ng/mL、0.4 ng/mL、0.8 ng/mL、1.2 ng/mL、1.6 ng/mL 和 2.0 ng/mL 的标准系列,酸度为 8％盐酸。

硒:精密吸取 0 mL、0.1 mL、0.2 mL、0.4 mL、0.8 mL 和 1.0 mL 的浓度为 1 000 ng/mL 的硒标准工作液于 6 个 100 mL 的经硝酸浸泡过的洁净容量瓶中,分别加入 20 mL 浓盐酸和 5 mL 5％硫脲-抗坏血酸的混合液,用去离子水定容至刻度,配制成硒浓度分别为 0 ng/mL、1 ng/mL、2 ng/mL、4 ng/mL、8 ng/mL 和 10 ng/mL 的硒标准工作液,酸度为 20％盐酸。

镉:精密移取 0 mL、1 mL、2 mL、4 mL、8 mL 和 10 mL 的浓度为 10 ng/mL 的镉标准工作液于 6 个 100 mL 的经硝酸浸泡过的洁净容量瓶中,分别加入 2 mL 浓盐酸和 2.0 mL 10％的硫脲掩蔽剂,用水定容至刻度,配制成镉浓度为 0 ng/mL、0.1 ng/mL、0.2 ng/mL、0.4 ng/mL、0.8 ng/mL 和 1.0 ng/mL 镉标准系列溶液,酸度为 2％盐酸。

3.砷、汞、硒、镉的测定

测量条件:按照仪器说明书要求调节原子荧光光谱的仪器条件,使测量达到最佳状态。推荐参数见表 3.6。

表 3.6　砷、汞、硒、镉的仪器工作条件

元素	负高压 /V	灯电流 /mA	原子化器高度 /mm	载气流量 /(mL/min)	屏蔽气流量 /(mL/min)
砷	300	50	8	400	900
汞	300	15	12	300	900
硒	330	80	8	400	900
镉	330	70	8	400	900

注:加还原剂时间 6.0 s,进样时间 16.0 s,读数时间 10 s,测量方式:标准曲线法,计数方式:峰面积。

还原剂条件：以 KBH₄ 作为还原剂，盐酸为载流，还原剂浓度及酸度条件见表3.7。

表3.7　砷、汞、硒、镉的酸度及还原剂浓度条件

元素	还原剂浓度/(g/L)	酸度/%
砷	20	8
汞	20	8
硒	16	20
镉	16	2

标准曲线的绘制：根据优化后的最佳仪器工作条件，将标准系列溶液分别引入氢化物发生系统中，测定砷、汞、硒和镉的原子荧光强度，得到砷、汞、硒和镉的标准曲线。

结果表示：由标准曲线、试样的质量和稀释度分别计算出砷、汞、硒和镉各元素的含量。

3.5　燃烧法碳、氢、氮和硫元素的分析

3.5.1　测定原理

样品在高温氧气环境中催化氧化和还原，其中的 C、N、H 和 S 元素被分别转化成 CO_2、氮氧化物、H_2O 和 SO_2，然后流经特异性吸附柱进行吸附，再分别解析，以热导检测器进行检测。根据标准参照样各元素质量与对应检测信号强度（峰面积）之间建立的校准曲线，对样品中各元素的含量进行定量。

3.5.2　仪器组成及工作流程

碳、氢、氮和硫分析仪一般由进样器、高温氧化与还原装置、气体吸附与解析装置、检测器、气路系统、仪器控制与数据处理系统等组成。图3.6是 vario MACRO 元素分析仪 CHNS 分析模式的简易流程示意图。

在通有适量氧气的条件下，样品在氧化管中高温氧化燃烧，C、H、N 和 S 元素分别转化成为 CO_2、H_2O、氮氧化物，及 SO_2 和 SO_3，然后在载气（He）的推动下进入装有铜的还原管，其中氮氧化物和 SO_3 分别被还原为 N_2 和 SO_2，剩余的氧气被吸收生成 CuO，少量的卤族元素也被置于还原管末端的银丝吸收，因此还原管出口的载气中仅含有 CO_2、H_2O、N_2 和 SO_2。其中 N_2 不被吸收，直接到达热导检测器被检测，SO_2、H_2O 和 CO_2 分别被 7、8、9（图3.6）吸附管吸附，然后依次对 9、8、7

三吸附管分别加热解析,完成对 CO_2、H_2O 和 SO_2 的检测。

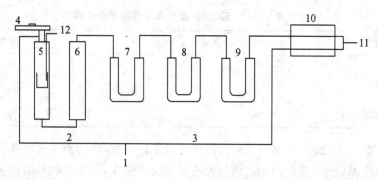

图 3.6 vario MACRO 元素分析仪 CHNS 分析模式简易流程示意图

1.载气入口;2.载气;3.载气(检测器参比);4.进样器;5.燃烧管;6.还原管;7.SO_2 吸收管;
8.H_2O 吸收管;9.CO_2 吸收管;10.热导检测器;11.载气出口;12.氧气入口

3.5.3 杜马斯燃烧法测定饲料原料中总氮含量(GB/T 24318—2009)

3.5.3.1 适用范围

该方法适用于饲料原料中总氮含量的测定和粗蛋白质含量计算,方法的检测限为 0.1 mg。

3.5.3.2 测定原理

在有氧环境下,样品在燃烧管中燃烧(约 900℃),所生成的干扰成分被一系列适当的吸收剂去除,样品中含氮物质被定量转化成分子氮后被热导检测器检测。

3.5.3.3 试剂与溶液

该方法所用试剂,除特殊说明外,均为分析纯。不同分析仪器所用试剂有所不同。

(1)载气:氮气(99.99%)或二氧化碳(99.99%)。

(2)燃烧气:氧气(99.99%)。

(3)氧化剂:根据仪器类型进行选择(氧化铜、氧化铝、氧化镁)。

(4)还原剂:根据仪器类型进行选择(铜、钨)。

(5)吸附剂:根据仪器类型进行选择(五氧化二磷、固体高氯酸镁、固体碳酸钠)。

(6)标准物:L-天冬氨酸、EDTA、乙酰苯胺,纯度不低于 99%。

3.5.3.4 仪器和设备

(1)分析天平,感量为 0.000 1 g。

(2)样品粉碎机或研钵,根据样品的特性选择。

(3)样本筛,孔径 0.8～1 mm(不含铁材料制成)。

(4)锡箔方片、无氮纸或锡囊。锡箔方片、无氮纸,部分仪器采用手工包样,部分仪器采用固体压样器制粒。采用适用杜马斯仪器的锡囊时,可根据样品量不同选择相应规格和结构的锡囊。

(5)杜马斯定氮仪,配有热导检测器。

(6)稳压电源,220～250 V。

3.5.3.5 测定步骤

1.校准

开机,根据各自仪器性能和样品特点设置适当的条件,燃烧温度一般为800～1 200℃。待仪器稳定后用天冬氨酸($C_4H_7NO_4$)或谷氨酸($C_5H_9NO_4$)标样做四次重复测定得到日校正因子。杜马斯仪器都带有氮的积分面积绝对氮含量校准曲线。但是,如果日校正因子的偏差大于 10%,或是更换了热导检测器,应重新绘制校准曲线。

用所得到的日校正因子对所测得的数据进行校正。

2.测试样品

根据样品含氮量,精密称量固体饲料样品0.1～0.3 g,包在杜马斯仪器专用的锡箔方片(或无氮纸)中,待测。

液体样品或水分高于 17% 的样品,取 10 mL 或 10 g 样品于干燥并恒重的瓷坩埚中,准确称量总质量后,于105～110℃干燥 1 h 以上。直至样品呈固体或半固体状时,再次准确称量总质量并记录。均匀搅拌样品后,取 0.2～0.5 g 包在各自杜马斯仪器适用的锡箔(或无氮纸)中,精密称量,待测。

对于含氮量大于 1% 的液体样品也可直接准确量取 0.3～0.5 mL(准确至0.01 mL)测定。将液体样品注入称量(去皮重)后的锡囊(内装无氮吸附剂)中,精密称量,待测。

3.测定

仪器在测定条件下,按照说明书放入待测物质进行测定。根据仪器及待测物的不同,待测样品将在800～1 200℃的标准化条件下进行定量燃烧。仪器自动将检测信号放大、转换,并将数据传输到外接的微处理器进行处理。

3.5.3.6 结果计算与表示

(1)直接进样分析样品的总氮含量。仪器自行计算给出结果,以质量百分数表示。

(2)经浓缩和干燥处理后分析样品的总氮含量。试样中氮含量结果按式(3-7)

计算。

$$\omega(\mathrm{N})=\omega\times\frac{m_2-m}{m_1-m}\qquad\qquad(3\text{-}7)$$

式中：$\omega(\mathrm{N})$ 为样品中总氮含量，%；ω 为仪器显示测试样品的总氮含量，%；m_2 为坩埚＋样品干燥后的质量，g；m 为坩埚的质量，g；m_1 为坩埚＋样品的质量，g。

计算结果表示为 3 位有效数字。

3.5.3.7　重复性

同一实验室、同一操作者使用同一仪器、同样的方法、同样的测量物质在较短的时间内所进行的两个独立测量的结果之间的绝对差，5%案例不能大于方法标准附录给出的重复性限 r 值。

3.5.3.8　再现性

不同的实验室、不同的操作者使用不同的仪器、同样的方法、同样的测量物质进行的两个独立测量的结果之间的绝对差，5%案例不能大于方法标准附录给出的再现性限 R 值。

附：vario MACRO CHNS 元素分析仪操作简介

1. 开机步骤

开机前应打开操作程序菜单，检查 Options＞Maintenance 中提示的各更换件测试次数的剩余是否还能满足此次测试，通常最应该注意的是还原管、干燥管（可通过观察其颜色变化判断）以及灰分管。如需检漏请在未开主机前将操作程序中 Options＞Parameters 中 Furnace 1、Furnace 2、Furnace 3 的温度都设置为 0，退出操作程序，再按照以下步骤进行正常的开机。

（1）开启计算机，进入 Windows 状态。

（2）拔掉主机尾气的堵头。

（3）将主机的进样盘拿开后，开启主机电源。

（4）待进样盘底座自检转动完毕（即自转至零位）后，将进样盘手动调到零位后放回原处。

（5）打开 He 气和 O_2 气，将气体钢瓶上减压阀输出压力调至：He：0.2 MPa；O_2：0.25 MPa。

（6）启动 Varioel 操作软件。

2. 操作程序

（1）选择标样（检查操作模式是否正确）。进入操作程序 Standards 的窗口，在

出现的对话框中确认要使用标样的名称,如没有需使用的标样请在此对话框中定义,例如:

①CHNS 模式:Sulfadiazine(可缩写为 sulf)磺胺嘧啶,输入 CHNS% 的理论值。

②O 模式:Benzoic Acid(可缩写为 ben)苯甲酸,输入 O% 的理论值。

③做日常样品测试时,选择使用 Factor and/or monitor sample 功能。

④重新制作标准曲线的标样测试时,选择使用 Calibration Sample 功能。

(2)炉温设定。进入操作程序 Options＞Parameters,输入和/或确认加热炉设定温度,其中:

①CHNS 模式:Furnace 1(右),1 150℃;Furnace 2(中),850℃;Furnace 3(左),0℃。

②O 模式:Furnace 1(右):1 150℃;Furnace 2(中):0℃;Furnace 3(左):0℃。

(3)样品名称、质量和通氧方法的输入。

①进入操作程序 Edit＞Input 功能的对话框;或在要输入样品信息的相关行双击鼠标左键,同样可出现 Input 功能的对话框。

②在其中的 Name、Weight 栏输入样品名称和质量,在 Method 栏右＜＜＜中选择合适的通氧方法。

(4)建议样品测定顺序。

①测试空白值,在 Name 输入 blank,在 Weight 栏输入假设样品重,在 Method 栏选 Blank。测试次数根据各元素的积分面积稳定值到:N(Area),C(Area),S(Area)都小于 100;H(Area)＜1 000;O(Area)＜500。

②做 2～3 个条件化测试,输入样品名 run,使用标样,约 40 mg,选择通氧方法 std-CHNS。

③做 3～4 个磺胺嘧啶标样测试,输入样品名 Sulfadiazine(或输入在 Standards 中已缩写的 sulf),精确称重约 40 mg,选择通氧方法 std-CHNS。

④以下可进行 20～30 次样品测试(根据样品性质决定样品量和通氧方法)。

⑤再做 3～4 个 Sulfadiazine 磺胺嘧啶标样测试,与③相同。

⑥ 以下又可进行 20～30 个次的样品测试(同上)。

以下可从步骤③循环执行。

(5)数据计算(用标样测试值做日校正因子修正)。

①进入 Math.＞Factor Setup,在对话框中选用 Compute Factors Sequentially 功能。

②检查标样测试几次的数据是否平行,若平行,点击 Math.＞Factor,完成校

正因子计算。

③若标样几次测试的数据存在不平行,可选择平行标样数据行上(做标记)(在选定数据行点击鼠标右键,对所做标记的去除可在相应行上点鼠标右键),再进入 Math.＞Factor Setup,激活 Compute Factros From Tagged Standards only,之后点 Math.＞Factor 完成校正因子计算。

3.设定分析结束后自动启动睡眠

(1)进入 Options＞ Sleep / Wake Up 功能对话框。

(2)使用 Activate reduced Gas flow 功能,在 Gas flow reduction to 中输入需要的值(建议 10%)。

(3)使用 Activate sleep Temperature,并在以下各 Reduce Furnace** to 中输入需要降低到的温度。

(4)使用 Sleeping at end of Samples 功能。

(5)点击 OK,就可在样品分析结束后(样品质量为 0),仪器自动进入睡眠状态。

(6)启动 Auto 进行样品分析,若启动 Single 执行测试,则以上功能无效。

4.检漏

更换仪器中任何管路中的备件或重新装填试剂或打开管路中任何接口,或仪器长时间未开机使用,或仪器在高温下断电十几分钟以上,都需要执行检漏测试。

进入 Options＞ Miscelleaneous ＞Rough Leak Check,将出现检漏自动测试的对话框,将 He 减压阀的压力降低到与程序对话框中一致,请按照其中的提示执行后,激活这个功能后点击对话框中 OK 检漏开始,检漏测试后会文字提示有没有通过检漏测试。

如果检漏没有通过,可先将重新连接的管路接口仔细检查后再连接好,重新进行检漏测试。

如果需要判断泄漏发生之处,请进入 Options＞Miscelleaneous＞Fine Leak Check,在对话图框中通过点击"《"或"》"选择需要检漏的区域(检查图中蓝颜色的管路部分),按图中提示选用检漏工具包中相关号的工具,将管路口堵上或连接上,点击"start"检测该蓝色管路区域是否有泄漏。

5.关机步骤

(1)样品自动分析结束后,如设定睡眠功能,则仪器自动降温,或在 Sleep/Wake Up 功能对话框中手动启动睡眠(点 Sleep Now),待 3 个加热炉都降温至 100℃以下。

(2)关闭 He 气和 O_2 气。

(3)退出 varioel 操作软件(执行 File 中的 Exit)。

(4)关闭主机电源,开启主机加热炉室的门,让其长时间散去余热。

(5)将主机后面的尾气出口堵住。

(6)关闭计算机、打印机和天平等外围设备。

思考题

1.简述原子吸收光谱、发射光谱和原子荧光光谱的分析原理。

2.简述典型原子吸收光谱仪的构成。

3.简述原子吸收光谱法测定饲料中铁、铜等元素的主要步骤。

4.简述燃烧法测定饲料中碳、氢、氮、硫等的测定原理。

4 液相色谱法饲料中氨基酸和维生素分析技术

【内容提要】

本章系统介绍饲料中氨基酸和维生素分析技术的现状、液相色谱分析的基础知识;采用离子交换色谱法、高效液相色谱法测定饲料中氨基酸和蛋氨酸羟基类似物的原理、步骤;高效液相色谱法饲料中维生素的测定和脂溶性维生素同步检测技术。

4.1 概述

饲料样品中的氨基酸和维生素经过水解等样品前处理后,主要以色谱分离分析为主,包括应用离子色谱、反相高效液相色谱等技术进行测定。饲料级添加剂氨基酸和维生素由于其含量较高,通常采用常规化学分析方法进行测定。

4.1.1 氨基酸分析

氨基酸是组成蛋白质的基本单位,也是蛋白质的分解产物。在自然界中常见的氨基酸有 20 余种。各种氨基酸在动物体内起着不同的作用。缺少某种氨基酸,特别是必需氨基酸,或各种氨基酸配比不当,都会影响动物的正常生长发育。因此,氨基酸的测定在动物饲养、营养生理和蛋白质代谢、理想蛋白质模型的研究以及生产实践中都有重要意义。

氨基酸的分析主要包括两类:一是饲料级氨基酸添加剂中氨基酸含量的测定;二是对饲料原料和各种配合饲料产品中以蛋白质形式存在或游离氨基酸含量的测定。目前,关于氨基酸添加剂含量的测定一般采用简单的化学分析法,而饲料原料和各种配合饲料产品中氨基酸的测定则需要通过一定的前处理方法,如酸水解、氧化酸水解和碱水解等,将以结合态存在的氨基酸变成游离的氨基酸,然后通过离子交换树脂(氨基酸自动分析仪)或高效液相色谱分离技术进行分离测定。

近年来,由于高效液相色谱技术的迅速发展,为氨基酸分析开辟了新的领域。

目前,已有许多学者对柱前、柱后的衍生技术进行了大量研究,提出许多氨基酸的 HPLC 方法。常用化学衍生剂主要包括:丹磺酸法(Dansyl chloride,DNS),邻苯二甲醛法(O-phthaldehyde,OPA),氯甲酸-9-芴基甲酯(9-fluorenylmethyl choroformate,FMOC-Cl)和异硫氰酸苯酯(Phenylis othiocyante,PITC)等。1993 年,氨基酸分析专家 S. A. Cohen 等人合成了一种新的柱前衍生剂:6-氨基喹啉-N-羟基琥珀酰亚胺基-氨基甲酸酯(AQC),并将其用于氨基酸分析。这些方法的应用,缩短了氨基酸分析所需要的时间,提高了分析的灵敏度,可在 1×10^{-9} g 水平上进行检测,目前已成为氨基酸的一种有效分离技术。

4.1.2 维生素分析

维生素是一组化学结构不同,生理作用和营养功能各异的化合物。维生素既非供能物质,也非动物体组织的结构成分,它主要用于控制和调节机体的物质代谢。动物对维生素的需要量极微,但其生理、营养作用显著。在现代化集约化饲养条件下,要求动物以最高效率进行生产(如肉用仔鸡、高产蛋鸡、实行早期断奶的仔猪以及高产奶牛等),因此,在动物饲料中添加适量合成的维生素,以补充动物体内这些营养成分的不足,能明显促进畜禽生长,增强畜禽体质,产生显著的经济效益。

当前,已列入饲料添加剂的维生素约有 15 种,一般分为两类:一类是脂溶性维生素,包括维生素 A、维生素 D_3、维生素 E、维生素 K_3;另一类是水溶性维生素,包括 B 族维生素[维生素 B_1(硫胺素)、B_2(核黄素)、B_6(吡哆醇)、B_{12}(氰钴胺)、烟酸、泛酸、叶酸、生物素、肌醇和胆碱和维生素 C(抗坏血酸)]等。维生素的测定包括饲料中维生素和维生素添加剂两种类型。维生素的测定方法通常主要有分光光度法、荧光光度法和色谱法。分光光度法和荧光光度法具有操作简单,不需要借助大型仪器的优点,但分光光度法显色不稳定,结果重复性差,准确性低;而荧光测定法,由于样品中常含有其他具有荧光性质的物质,使维生素的测定受到干扰。色谱法需要借助高效液相色谱等大型仪器,但该法具有分离效果好、灵敏度高、特异性强的特点,因此被越来越多用于维生素尤其是饲料中低含量维生素的分析。很多方法已经成为我国颁布实施的维生素检测国家或行业方法。

4.2 液相色谱法

液相色谱(liquid chromatography,LC)是以液体作为流动相的一类色谱形式。采用普通规格的固定相及流动相在常压条件下分离的液相色谱法为经典液相色谱法。经典液相色谱法采用的"色谱柱"通常是一根直径 $1\sim2$ cm,长度为 $1\sim$ 2 m 的玻璃柱,柱内填充直径一般大于 $100\ \mu m$ 的固定相颗粒。色谱分离依靠大量淋洗液在重力作用下流经色谱柱,分离组分在固定相上质量传递过程缓慢,分离时间长,柱效低,通常不配备在线检测器,所以一般作为分离手段使用。高效液相色谱法(high performance liquid chromatography,HPLC)是在经典液相色谱法基础上发展起来的一种新型分离和分析技术,随着柱填料制备技术的发展,化学键合型固定相的出现,柱填充技术的进步以及高压输液泵的研制,分离效率高、分析速度快的高效液相色谱迅速发展起来,并于 1969 年实现仪器的商品化。

　　HPLC 应用范围广,由于其对被检测物质的活性影响小,只要求样品能制成溶液,而不需要气化等,因此几乎可以测定饲料中所有的非挥发性物质,如氨基酸、维生素、糖、有机酸等。高灵敏度的 HPLC 还可以测定很多其他方法难以测定的饲料中的残留物质,如农药、兽药、真菌毒素和环境污染物等,在饲料分析中发挥着重要作用。

4.2.1　基本概念

4.2.1.1　色谱分离

　　液相色谱中存在有两相,一相是色谱柱内的填料颗粒即固定相,另一相是作为载体的流动相。由于试样中的不同组分分子与固定相、流动相相互作用的差异,不同的组分在色谱柱中的移动速度不同从而实现分离。

　　1. 色谱峰

　　样品被流动相带入色谱柱后,流经检测器,所得到的信号-洗脱时间曲线称为色谱流出曲线,即色谱图,流出曲线上的突出部分称为色谱峰。图 4.1 为一典型的色谱峰,根据色谱峰可计算各种色谱参数,横坐标为时间,纵坐标为检测器响应值,峰顶所对应的时间称为保留时间 t_R,反映该组分在柱内停留时间的长短,具有一定的特征性,被分离的物质通过不同的保留时间予以区分。峰高一半处的宽度记为 W,通常用它来代表峰宽,反映谱带在迁移过程中受扩散和传质等因素的影响而展宽的程度。保留时间和峰宽是高效液相色谱中的两个基本参数,色谱中其他的一些物理量均和它们有关,并从它们导出。一般色谱峰为对称型正态分布曲线。不对称色谱峰有两种:拖尾峰和前延峰。

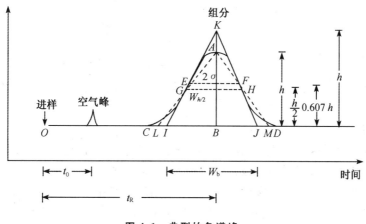

图 4.1 典型的色谱峰

2.基线

检测器中只有流动相通过或虽有组分通过而不能为检测器所检出时,所给出的流出曲线称为基线。基线反映仪器即操作条件的恒定程度,主要与流动相中的杂质等因素有关。

4.2.1.2 保留时间

1.保留时间 t_R

从进样开始到某个组分的色谱峰顶的时间间隔,称为该组分的保留时间。

2.死时间 t_0

不被固定相保留的组分的保留时间,称为死时间。

3.校正保留时间 t_R'

组分由于溶解于固定相或被吸附等缘故,而比不溶解或不被吸附的组分在柱中多停留的时间,称为校正保留时间。在实验条件(温度、固定相等)一定时,校正保留时间只决定于组分的性质,它与保留时间关系为 $t_R' = t_R - t_0$。

4.2.1.3 柱效

1. 谱带宽度

由展宽所产生的谱带宽度是色谱中的一个基本参数。在色谱分离中,谱带宽度越窄,表明柱效越高;反之,则越低。谱带宽度有下述三种表示方式。

(1)标准偏差(σ)。对于标准正态分布曲线,在拐点处的宽度之半称为标准偏差,即正常峰的标准偏差为峰高的 0.607 倍处的峰宽之半。标准偏差的大小说明组分在流出色谱柱过程中的分散程度。

(2)半峰宽($W_{h/2}$)。色谱峰峰高之一半处的峰宽称为半峰宽,也称为半高峰宽或半宽度。其值与标准偏差有如下关系。

$$W_{h/2} = 2.355\sigma \tag{4-1}$$

（3）峰宽（W）。通过色谱峰两侧的拐点作切线在基线上所截的距离，称为峰宽或基线峰宽。由于作切线后为等腰三角形，底边为峰宽，而 σ 为等腰三角形高度之半处的宽度之半。所以 $W = 4\sigma$。

2.理论塔板数（n）与理论塔板高度（H）

色谱分离的效率称柱效，用塔板数表示。塔板的概念起源于精馏，由 Martin 通过塔板理论引入色谱中。根据塔板理论，色谱柱被近似地看成是使物质在两相中达到平衡并进而实现分离的手段，而把使物质在两相之间达到平衡的一小段色谱柱看成是一个理论塔板，用塔板数 n 衡量分离效率的高低，一个塔板所对应的色谱柱的长度称为理论塔板高度。尽管塔板本身是个虚拟的概念，但是塔板数 n 的多少却大体成功地反映了分离的优劣。理论塔板数可以由色谱峰的保留时间和谱带宽度计算。

$$n = (t_R/\sigma)^2 = 5.54(t_R/W_{h/2})^2 = 16(t_R/W)^2 \tag{4-2}$$

若用校正保留时间 t_R' 来计算塔板数，所得值称为有效理论塔板数 n 有效。

$$n_{有效} = (t_R'/\sigma)^2 = 5.54(t_R'/W_{h/2})^2 = 16(t_R'/W)^2 \tag{4-3}$$

理论塔板高度定义为每单位柱长的方差，用 H 表示。

$$H = \sigma^2/L \tag{4-4}$$

实际计算时往往用柱长 L 和理论塔板数计算。

$$H = L/n \tag{4-5}$$

$$H_{有效} = L/n_{有效} \tag{4-6}$$

4.2.2　液相色谱的类型及分离原理

根据色谱分离机制的不同，高效液相色谱法可分为以下几种主要类型：液-液分配色谱法、液固吸附色谱法、离子交换色谱法、离子对色谱法、亲和色谱和空间排阻色谱法等。

4.2.2.1　液-液分配色谱法

流动相和固定相都是液体，其中一种液相作为流动相，而另一种液相则涂渍在载体或硅胶上作为固定相。因试样组分在固定相和流动相之间的相对溶解度存在差异而在两相间进行不同分配得以分离的方法称为液-液分配色谱法。依据固定相和流动相的相对极性的不同液-液分配色谱可分为正相色谱法和反相色谱法。

1. 正相色谱法

流动相极性小于固定相极性的称为正相色谱法。由于固定相是极性填料,流动相是非极性或弱极性溶剂,可用来分离极性较强的水溶性样品,样品中极性小的组分先流出,极性大的组分后流出。由于固定液易流失,现已采用正相键合相色谱替代,常用氰基或氨基化学键合相。氰基键合相以硅胶为载体,用氰乙基取代硅胶的羟基,形成氰基化学键合相。分离机制主要靠诱导作用力,分离对象主要是可诱导极化的化合物或极性化合物。氨基键合相是用丙氨基取代硅胶的羟基而成,分离机制主要为诱导作用力和氢键作用力,主要用于分析糖类物质。

2. 反相色谱法

流动相极性大于固定相极性的称为反相色谱法。固定相载体上涂布的是极性较弱或非极性的固定液,用极性较强的溶剂作为流动相。极性大的组分先流出色谱柱,极性小的组分后流出。目前反相化学键合相色谱应用最广。典型的反相键合相色谱法是将十八烷基键合到硅胶表面所得的 ODS 柱上,采用甲醇-水或乙腈-水为流动相,分离非极性和中等极性的化合物。其分离机制常用疏水作用力揭示。

4.2.2.2 液-固吸附色谱法

流动相为液体,固定相为吸附剂,根据吸附作用不同而进行分离的称为液固吸附色谱法。吸附剂是一些多孔的固体颗粒物质,其表面有许多活性吸附中心,吸附剂对不同极性的物质有不同的吸附力,各组分在固定相上的吸附能力的差异进行分离。液固吸附色谱法中,硅胶是最常用的吸附剂,流动相常用以烷烃为底剂的二元或多元溶剂系统,适用于分离相对分子质量中等的油溶性试样,对具有不同官能团的化合物和异构体有较高的选择性。

4.2.2.3 离子交换色谱法

以离子交换树脂为固定相,其上可电离的离子与流动相中具有相同电荷的溶质离子进行可逆交换,依据这些离子对交换剂具有的不同亲和力而得以分离的称为离子交换色谱法。离子交换树脂分为阳离子交换树脂和阴离子交换树脂。常用的离子交换剂有以交联聚苯乙烯为基体的离子交换树脂和以硅胶为基体的键合离子交换剂。流动相为含水的缓冲液,主要用于分离离子或可离解的化合物,如无机离子、有机酸、有机碱、氨基酸、核酸和蛋白质等。

4.2.2.4 离子对色谱法

在流动相中加入与溶质分子电荷相反的离子对试剂,来分离离子型或可离子化的化合物的方法称为离子对色谱法。多采用以 C8 或 C18 键合相为固定相,用含有离子对试剂的有机溶剂(甲醇或乙腈)-水溶液为流动相。用于阴离子分离的离子对试剂有烷基铵类,如氢氧化四丁基铵、氢氧化十六烷基三甲铵等;用于阳离子分离的离子对试剂有烷基磺酸类,如己酸磺酸钠等。离子对试剂的烷基碳链越长,生成的离子对与固定相的亲和力越大,组分的保留值也越大。离子对试剂的浓度是控制反相离子对色谱溶质保留值的主要因素,可在较大范围内改变分离的选择性。反相离子对色谱法兼有反相色谱和离子交换色谱共同的优点,还可借助离子对的生成给试样引入紫外吸收或发荧光的基团,以提高检测灵敏度,适用于有机酸、碱、盐以及用离子交换色谱法无法分离的离子和非离子混合物的分离。

4.2.2.5　空间排阻色谱法

空间排阻色谱是以凝胶作为固定相,根据溶质分子尺寸(分子量、有效体积、流体力学体积)的差别进行分离的方法。凝胶色谱适合于分离相对分子质量大于2 000 的化合物,在一定条件下也可以分离相对分子质量仅 200 的化合物。原则上凡是能溶于有机溶剂和水中的样品,大都可以用凝胶色谱分离。凝胶色谱应用范围广泛,特别是在生物化学和材料科学领域占有重要地位。凝胶色谱按流动相的不同分为两类:以有机溶剂为流动相的,称为凝胶渗透色谱;以水为流动相的,称为凝胶过滤色谱,二者的分离机制相同,主要按其分子尺寸与凝胶的孔径大小之间的相对关系来分离。

4.2.2.6　亲和色谱法

亲和色谱也称为亲和层析,是利用或模拟物分子之间的专一性作用,如抗原与抗体、酶与抑制剂、激素或药物与细胞受体等的专一性亲和能力,从复杂生物样品中分离和分析特殊物质的一种色谱方法。亲和色谱在凝胶过滤色谱柱上连接与待分离的物质有特异性结合能力的分子,并且这种结合具有可逆性,再改变流动相条件时二者还能相互分离。亲和色谱在饲料分析中常常用来分析真菌毒素、违禁药物等,由于其选择性高,因此有时也用来从混合物中纯化或浓缩某种物质。

4.2.3　仪器类型与结构组成

吸附、分配、离子交换和凝胶色谱法是四种基本类型色谱法,其中以反相高效液相色谱法应用最广,毛细管电色谱法、亲和色谱法是比较新的色谱分析方法。本章以反相液相色谱为例,重点介绍高效液相色谱仪器的主要组成部分。包括储液器、高压输液泵、进样装置、色谱柱、检测器、数据接收和处理系统等(图 4.2)。

4.2.3.1　储液器与流动相

储液器用于储存流动相。一般选择对使用溶剂惰性、能耐压力、便于脱气、容积足够大(0.5~2 L)的容器,容器材料应耐腐蚀,可选择不锈钢、氟塑料或特种塑料聚醚酮。储液器放置位置要高于高压泵体,以保持一定的输液静压差,在使用过程中储液器应保持密闭,防止溶剂蒸发或者其他物质重新溶解于流动相中。溶剂必须经一定孔径滤膜过滤后才能注入储液器中,一般使用 0.45 μm 滤膜。

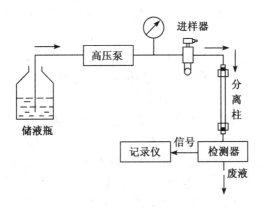

图 4.2 高效液相色谱仪的组成

流动相在使用前必须脱气处理,以除去其中溶解的气体,以免造成检测器噪声增大,基线不稳定。常用的脱气方法有超声波脱气法、氮气或氦气脱气法、加热回流法、抽真空脱气法和在线真空脱气法等。超声波脱气法比较简单,将流动相瓶置于超声波清洗槽中,以水为介质,超声 30～60 min,必要时可适当加温或抽真空;氮气或氦气脱气法,将气体经过滤器导入流动相中,保持压力 0.5 kg/cm² 10～15 min,也可适当加温或抽真空辅助脱气;在线真空脱气是一些较新型号的仪器均装有在线脱气机,可以满足正常流速下脱气的需要。

4.2.3.2 高压输液泵及梯度洗脱装置

高压输液泵的主要功能是驱动流动相和样品通过色谱分离柱和检测系统,是液相色谱仪中最重要的部件之一。泵性能的好坏直接影响到整个系统的质量和分析结果的可靠性。一般要求输液泵流量稳定,精度<0.5%,最大输出压力 40 MPa以上,流速范围在 0.01～10 mL/min,压力波动小,易于清洗和更换溶剂。一般一台液相色谱仪配备有多个输液泵,这样有利于进行梯度洗脱。所谓梯度洗脱,是将两种或两种以上不同极性的溶剂,在分离过程中按一定程序连续地改变浓度配比和流动相极性以实现更好的分离效果。采用不同的泵分别将不同极性的溶剂输入混合器,经充分混合后进入色谱柱。梯度洗脱分为低压和高压梯度洗脱两类。低压梯度洗脱是在流动相进入高压泵前,通过程控比例阀将不同极性的流动相先进行低压混合,再由一台高压输液泵输送至色谱柱。高压梯度洗脱是采用两台或多台输液泵对不同溶剂加压后,按一定比例输入混合器,经充分混合后再输送至色谱柱。日常应注意对高压输液泵的维护:使用高质量试剂和 HPLC 溶剂;在输出流

动相连接管路,插入储液器一段通常连有多孔不锈钢过滤器或由玻璃制成的专用膜过滤器,保证流动相和溶剂的再次过滤;使用前排除系统中的空气;工作结束后从泵中洗去缓冲液,防止水或腐蚀性溶剂滞留在泵中等,防止故障的发生,延缓泵的使用寿命。

4.2.3.3　进样器

进样器用来将待分析的样品引入色谱系统。好的进样器要求死体积小、重复性好,能保证中心进样,对色谱柱系统流量造成的波动小。早期进样器多采用隔膜进样或停流进样,目前商品化液相色谱多采用六通阀进样或自动进样器。六通进样阀(图 4.3)可直接向压力系统内进样而不必停止流动相的流动。当六通阀处于进样位置时,样品用注射器注射入定量环。转至进柱位置时,定量环内的样品被流动相带入色谱柱。进样体积由定量环严格控制,进样准确、重现性好。如有大量样品需进行分析,则可采用自动进样器实现自动控制。自动进样器在计算机控制下可自动完成取样、进样、清洗等一系列操作,操作者只需将样品按顺序装入储样装置中即可,一次可进行几十个或上百个样品的分析。自动进样的样品量可以连续调节,进样重复性高,非常适用于大量样品的常规分析。

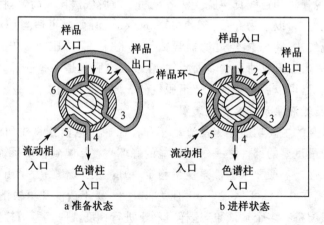

a 准备状态　　　　　　　b 进样状态

图 4.3　高压六通阀进样

4.2.3.4　色谱柱

色谱柱的功能是分离样品中的各个组分。色谱柱的结构为一根空心柱管,两端连接烧结过的滤片和螺帽,内填一定粒径的固定相。其长度一般为 250 mm、150 mm、100 mm 或 50 mm,内径 4.6 mm 或 2.1 mm,填料的粒径有 1.8~5 μm。其中以 5 μm 的色谱填料使用最广。填料固定相的类型决定了 HPLC 方法的分离原理。一般烷基键合相如 C8、C18 等用于反相和离子对色谱;酚型柱和氟代填料柱为专用型柱;键合氨基和氰基柱既可用于反相也可用于用正相色谱;硅胶柱主要用于正相;扩孔的硅胶可以用于凝胶和排阻色谱;羟基柱可以用于正相和排阻色谱;聚苯乙烯类可以用于反相、排阻和离子交换色谱;用于离子交换的填料还有键合离子型填料。色谱柱的正确使用和维护十分重要,稍有不慎就会降低柱效、缩短使用寿命甚至损坏,通常色谱柱的寿命在正确使用时可达 2 年以上。以硅胶为基质的填料,最好在 pH 2~7.5 使用。每次工作结束后,最好用洗脱能力强的洗脱液冲洗,如 ODS 柱宜用甲醇冲洗至基线平衡。当采用盐缓冲溶液作流动相时,使用完后应用无盐流动相冲洗。含卤族元素(氟、氯、溴)的化合物可能会腐蚀不锈钢管道,不宜长期与之接触。

在色谱操作过程中,需注意下列问题,以维护色谱柱:

(1)避免压力和温度的急剧变化及任何机械振动。温度的突然变化或者使色谱柱从高处掉下都会影响柱内的填充情况;柱压的突然升高或降低也会冲动柱内填料,因此在调节流速时应该缓慢进行。

(2)应逐渐改变溶剂的组成,特别是反相色谱中,不应直接从有机溶剂改变为 100% 水相,反之亦然。

(3)选择使用适宜的流动相(尤其是 pH 值),以避免固定相被破坏。

(4)避免将基质复杂的样品尤其是生物样品直接注入柱内,需要对样品进行预处理或者在进样器和色谱柱之间连接一保护柱。保护柱一般是填有相似固定相的短柱。保护柱可以而且应该经常更换。

(5)经常用强溶剂冲洗色谱柱,清除保留在柱内的杂质。在进行清洗时,对流路的系统中流动相的置换应以相混溶的溶剂逐渐过渡,每种流动相的体积应是柱体积的 20 倍左右,及常规分析需要 50~75 mL。

(6)保存色谱柱时应将柱内充满乙腈或甲醇,柱接头要拧紧,防止溶剂挥发干燥,绝对禁止将缓冲溶液留在柱内静置过夜或更长时间。

(7)色谱柱使用过程中,如果压力升高,一种可能是烧结滤片被堵塞,这时应更换滤片或将其取出进行清洗;另一种可能是大分子进入柱内,使柱头被污染;如果柱效降低或色谱峰变形,则可能柱头出现塌陷,死体积增大。

4.2.3.5 检测器

1. 检测器的基本特性

检测器是液相色谱仪的关键部件之一,其作用是监测被分析组分在柱流出液中浓度的变化,并转化为光学或电信号来进行定性和定量分析。一般液相色谱的检测器要求灵敏度高、线性范围广、响应快、稳定性好、对流量、流动相组成和温度的变化响应不敏感,可靠性好、操作简单、噪声低、死体积小、不会带来太大的柱外谱带扩张等。检测器的线性范围、灵敏度、检测限和柱外效应 4 个基本特性直接影响色谱定量分析的准确度、精密度和再现性。

(1)线性范围。是指检测器的响应信号与组分含量成直线关系的范围。线性范围可通过实验进行测定,一般要求检测器的线性范围尽可能大些,能同时测定主成分和痕量成分。

(2)灵敏度。表示一定量的样品物质通过检测器时所给出的信号大小。对浓度型检测器,它表示单位浓度的样品所产生的电信号的大小,单位为 mV·mL/g。对质量型检测器,它表示在单位时间内通过检测器的单位质量的样品所产生的电信号的大小,单位为 mV·s/g。

(3)检测限。检测限指产生可辨别的信号(通常用 3 倍噪声表示)时进入检测器的某组分的量。对浓度型检测器指在流动相中的浓度,单位为 g/mL 或 mg/mL;对质量型检测器指的是单位时间内进入检测器的量,单位 g/s 或 mg/s。检测限是检测器的一个主要性能指标,其数值越小,检测器性能越好。

(4)柱外效应。分析方法的检测限除了与检测器的噪声和灵敏度有关外,还与色谱条件、色谱柱和泵的稳定性及各种柱外因素引起的峰展宽有关。此外还要求池体积小,受温度和流速的影响小,能适合梯度洗脱检测等。

2.常用的液相色谱检测器

目前最常用的液相色谱检测器有紫外-可见光检测器、荧光检测器、示差折光检测器、电化学检测器和蒸发光散射检测器等。

(1)紫外-可见光检测器。紫外-可见光检测器(UVD)是应用最早和最广泛的 HPLC 检测器,分为固定波长、可变波长和光电二极管阵列检测三种类型,目前绝大多数 HPLC 系统配备光电二极管阵列检测器(PDA)。UVD 对环境温度、流动相组成和流速变化不敏感,能适应等度和梯度洗脱,对强紫外吸收的物质的检测限可以达到 1 ng 以下。UVD 的检测依据 Beer 定律,即特定组分对固定波长紫外可见光的吸光度与该组分的浓度成正比,与光程长度成正比。当固定波长,给定检测池体积后,吸光度与组分浓度呈线性关系。对于已知化合物的分析,可以先在光谱仪上进行紫外扫描,再从谱图上确定最大吸收波长。而对于未知化合物则无法事先选定合适的波长。PDA 检测器是 20 世纪 80 年代出现的一种光学多通道检测器,采用这种检测器可以同时接受整个谱区的吸收信息,并对每一瞬间的色谱流出物进行扫描,在一次色谱操作过程中可以获取综合的吸收度、保留时间和各组分 UV 光谱的三维谱图。与普通 UVD 相比,PDA 明显增加了对组分的定性功能,如判断色谱峰纯度、重叠峰的辨识和分解、UV 谱的比较和检索功能等。

　　(2)荧光检测器。很多物质在紫外光的照射下,吸收特定波长的光,使外层电子从基态跃迁到激发态。当处于第一激发态的电子回基态时,会发射比原来吸收的光波长更长的光,即荧光。荧光强度与激发光强度、量子效率和样品浓度成正比,根据此原理可以用来测定能产生荧光或其衍生后能发荧光的物质。一般荧光检测器的灵敏度较紫外可见光检测灵敏度高1~2个数量级,选择性更强,但具有荧光性质的物质较少。对许多不发光的物质,可以通过化学衍生法转变成发荧光的物质,然后进行检测。荧光衍生化除可提高检测灵敏度和特异性外,还可以改善被分析组分色谱分离性能。

　　(3)示差折光检测器。示差折光检测器是基于测定色谱流出物与流动相的折射率之差而测定样品的浓度。凡是折射率与流动相有差异的样品,均可以用该检测器进行检测,是一种通用型检测器,但只有少数物质的检测灵敏度较高。折射率对温度的变化比较敏感,因此检测器必须恒温,以便获得精确的结果。

　　(4)电化学检测器。对于具有电活性的物质,在液相色谱中可采用电化学检测。常用电化学检测器包括电导检测器和安培检测器。电导检测器是一种选择性检测器,主要用于离子色谱法,用于检测阳离子或阴离子。检测原理是基于组分在某些介质中电离后电导的变化来测定其含量。检测池内有一对平行的铂电极,构成电桥的一个测量臂。当电离组分通过时,其电导值和流动相电导值之差被记录,得色谱图。电导检测器对温度和流速敏感,不能用于梯度洗脱。

　　安培检测器用于测定能氧化、还原的物质,检测池相当于一个微型电解池。其检测原理是基于组分通过电极表面时,当两电极间施加大于该组分的氧化(或还原)电位的恒定电压时,组分被电解而产生电流,服从法拉第定律。安培检测器的灵敏度高,尤其适合于痕量组分的分析。应用范围广,凡是具有氧化还原活性的物质都能进行检测。但是,安培检测器的干扰比较多,如生物样品或流动相中的杂质、流动相中溶解的氧气、还有温度的变化等都会有较大的影响。

　　(5)蒸发光散射检测器。蒸发光散射检测器是20世纪90年代出现的新型通用质量检测器,理论上可用于挥发性低于流动相的任何组分的检测。基本原理是将流出色谱柱的流动相及组分引入已通入气体的蒸发室,加热使流动相蒸发而除去,样品组分在蒸发室内形成气溶胶而后进入检测室,用强光或激光照射气溶胶而产生光散射,测定散射光强度而获得组分浓度信号。主要用于糖类、高级脂肪酸、磷脂、维生素等化合物的分析,是一种正在迅速发展中的检测器。

4.3　饲料中氨基酸分析

4.3.1　离子交换氨基酸自动分析仪法

4.3.1.1　仪器设备及分析原理

　　离子交换层析法分离氨基酸是氨基酸分析的经典方法,分离后的氨基酸与茚三酮在柱后进行反应,然后根据反应产物颜色的深浅比色定量测定。

　　氨基酸自动分析仪早在 1951 年由 Stein 及 Moore 两人发明,后来经 Spackman,Stein 和 Moore 加以改进。由于氨基酸自动分析仪是根据氨基酸的特点专门设计的专用 HPLC,具有分离效果好、准确度高等特点,因此比较普遍用于氨基酸的测定。但与一般 HPLC 相比,设备价格比较昂贵。氨基酸分析仪主要由日本、美国、英国和德国等国家生产。目前在饲料分析中使用比较普遍的氨基酸自动分析仪为日本日立(Hitachi)系列产品。日立氨基酸自动分析仪到目前为止有四代产品,分别为 835-50 型、L-8500 型、L-8800 型和 L-8900 型。下面以 L-8800 型氨基酸自动分析仪为例分离测定原理和数据处理。

　　1.分离测定原理

　　(1)离子交换树脂。用于氨基酸分析仪的,一般是合成的离子交换树脂,在合成树脂上,由于连接着酸根和碱根,故有阳离子交换剂和阴离子交换剂之别。树脂多为各厂商的专利产品,售价昂贵。

　　(2)分离原理。不同氨基酸对树脂的亲和力不同,其强弱顺序为:碱性氨基酸＞芳香族氨基酸＞中性氨基酸＞酸性氨基酸及羟基氨基酸。因此,氨基酸分离时便有先后顺序,一般酸性及含 OH 基(脯氨酸)的氨基酸最先洗脱,然后是中性氨基酸,最后是碱性氨基酸。

　　(3)氨基酸分离出峰顺序。L-8800 型氨基酸自动分析仪的出峰顺序如图 4.4 所示。天门冬氨酸(Asp)—苏氨酸(Thr)—丝氨酸(Ser)—谷氨酸(Glu)—脯氨酸(Pro)—甘氨酸(Gly)—丙氨酸(Ala)—半胱氨酸(Cys)—缬氨酸(Val)—蛋氨酸(Met)—异亮氨酸(Ile)—亮氨酸(Leu)—酪氨酸(Tyr)—苯丙氨酸(Phe)—赖氨酸(Lys)—氨(NH₃)—组氨酸(His)—精氨酸(Arg)。

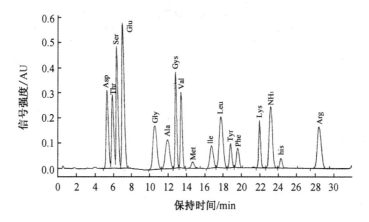

图 4.4 L-8800 型氨基酸自动分析仪的出峰顺序

分析条件：1. 分析柱(4.6 mm×60 mm)；2. 树脂(No.2622)；3. 温度(57℃)；4. 流量(0.4 mL/min)；
5. 缓冲液(缓冲液 1~4)；6. 分析时间(31 min)；7. 循环时间(53 min)；8. 毛发水解液

(4)氨基酸的洗脱是用不同 pH 的缓冲液来进行的，一般标准分析(蛋白质水解物)采用柠檬酸钠盐作缓冲溶液，如果分析生理体液(尿、血浆、乳汁、脑脊髓液及植物组织提取液)，则采用柠檬酸锂盐作缓冲液，因为天门冬酰胺及谷氨酰胺于钠盐缓冲液中，在图谱上不能与天门冬氨酸和谷氨酸分开，两者重叠成一个峰，不能得出各自的结果。

标准分析(蛋白质水解分析)一般采用 4 种缓冲液，缓冲液的配制如表 4.1所示。

①缓冲液 1 的 pH 为 3.3，主要用于酸性氨基酸的洗脱。

②缓冲液 2 的 pH 为 3.3，主要用于中性氨基酸的洗脱。与缓冲液 1 相比，缓冲液 2 中乙醇含量较少。

③缓冲液 3 的 pH 为 4.3，主要用于异亮氨酸、亮氨酸、酪氨酸和苯丙氨酸的洗脱。

④缓冲液 4 的 pH 为 4.9，主要用于碱性氨基酸的洗脱。

除了上述 4 种缓冲液外，所有的氨基酸分析仪都配有再生液，内含较浓的氢氧化钠，用作柱子的再生。每做完一个样品，仪器自动吸入再生液，将柱子冲洗干净后，再接着做下一个样品。各种缓冲液和再生液的配制参见仪器说明书。

洗脱出来的氨基酸，与茚三酮溶液结合，在一定温度条件下，便呈颜色反应，一般氨基酸呈紫色，但脯氨酸是黄色，所以氨基酸自动分析仪一般都设有两个通道：一个通道是 570 nm 波长，另一个通道为 440 nm 波长。日立 L-8900 氨基酸自动分析仪的光谱仪与一般光度计不同，它的单色器是一种凹面光栅，比色效果较为稳定。

表 4.1   日立 L-8800 氨基酸自动分析仪缓冲溶液的配制

名称	pH-1	pH-2	pH-3	pH-4	RH-RG
缓冲液储液桶	B_1	B_2	B_3	B_4	B_5
钠浓度/(mol/L)	0.16	0.2	0.2	1.2	0.2
超纯水/mL	700	700	700	700	700
二水柠檬酸三钠/g	6.19	7.74	13.31	26.67	—
氢氧化钠/g	—	—	—	—	8.00
氯化钠/g	5.66	7.07	3.74	54.35	—
一水柠檬酸/g	19.80	22.00	12.80	6.10	—
乙醇/mL	130.0	20.0	4.0	—	100.0
苯甲醇/mL	—	—	—	5.0	—
硫二甘醇/mL	5.0	5.0	5.0	—	—
Brij-35*	4.0	4.0	4.0	4.0	4.0
pH	3.3	3.2	4.0	4.9	—
总体积/mL	1 000	1 000	1 000	1 000	1 000
辛酸/mL	0.1	0.1	0.1	0.1	0.1

* 表面活性剂 Brij-35 的配制:取 25 g 溶于 100 mL 纯水中。

因为茚三酮在 pH 5.5 时才适于颜色反应,所以试样上机溶液的 pH 要调整至 2.2,通过柱子后 pH 就可变成 5.5,茚三酮溶液配制如表 4.2 所示。另外,茚三酮实际在光和空气中极不稳定,光及空气易使茚三酮氧化,故新配制的茚三酮溶液要先充氮气,除去氧气,再加还原剂,以防止氧化。常用的稳定剂有三氯化钛、氯化亚锡和硼氢化钠等。用三氯化钛做还原剂,加入后 1 h 就可稳定,且不产生沉淀,而氯化亚锡则需要 24 h 才能稳定。日立 L-8800 氨基酸分析仪推荐采用硼氢化钠做还原剂。

表 4.2   茚三酮溶液的配制

储液桶	步骤	试剂	数量
R₂ 茚三酮缓冲液	1	超纯水	336 mL
	2	醋酸钠	204 g
	3	冰醋酸	123 mL
	4	乙二醇甲醚	401 mL
	5	合计	1 000 mL
	6	鼓泡	最少 10 min
R₁ 茚三酮	1	乙二醇甲醚	979 mL
	2	茚三酮	39 g
	3	鼓泡,溶解	最少 5 min
	4	硼氢化钠	81 mg
	5	鼓泡	最少 30 min

2.数据采集和处理

日立 L-8800 氨基酸自动分析仪采用 32 位操作系统——Windows NT 管理系统,使用操作软件进行数据自动采集和数据处理。

4.3.1.2　普通酸水解法(盐酸水解法)

1.适用范围

该方法适合于饲料原料、配合饲料和浓缩饲料中除了色氨酸、含硫氨基酸以外15 种氨基酸的准确测定。

2.测定原理

常规(直接)水解法是使饲料蛋白在 110℃、6 mol/L 盐酸溶液作用下,水解成单一氨基酸,再经离子交换色谱法分离,并以茚三酮做柱后衍生测定。水解过程中色氨酸全部破坏,不能测量。胱氨酸和蛋氨酸部分氧化,测定结果偏低。

3.试剂与溶液

(1)6 mol/L 盐酸溶液。

(2)液氮。

(3)稀释用柠檬酸缓冲溶液,pH 2.2,$c(Na^+)=0.2$ mol/L:称取柠檬酸钠19.6 g,用水溶解后加入优级纯盐酸 16.5 mL,硫二甘醇 5.0 mL,苯酚 1 g,加水定容至 1 000 mL,摇匀,用 G₄ 垂熔玻璃砂芯漏斗过滤,备用。

(4)不同 pH 和离子强度的洗脱用柠檬酸钠缓冲液:按氨基酸分析仪器说明书配制。

(5)茚三酮溶液:按氨基酸仪器说明书配制。

(6)氨基酸混合标准储备液:含 L-天门冬氨酸、L-苏氨酸等 17 种常规蛋白水解液分析用层析纯氨基酸,各组分浓度 c(氨基酸)=2.5(或 2.00) μmol/mL。

(7)混合氨基酸标准工作液:吸取一定量的氨基酸混合标准储备液置于 50 mL容量瓶中,以稀释用柠檬酸钠缓冲液定容,混匀,使各氨基酸组分浓度 c(氨基酸)=100 nmol/mL。

4.仪器和设备

(1)实验室用样品粉碎机。

(2)样品筛,孔径 0.25 mm。

(3)分析天平,感量 0.000 1 g。

(4)真空泵。

(5)喷灯。

(6)恒温箱或水解炉。

(7)旋转蒸发器或浓缩器,可在室温 65℃调温,控温精度±1℃,真空度可低至

3.3×10^3 Pa。

(8)氨基酸自动分析仪,茚三酮柱后衍生离子交换色谱仪,要求各氨基酸的分辨率大于 90%。

5.测定步骤

(1)样品处理。称取 $50 \sim 100$ mg 的试样(含蛋白 $7.5 \sim 25$ mg,准确至 0.1 mg)于 20 mL 安瓿或 30 mL 具塞玻璃水解管中,加 6.0 mol/L 盐酸溶液 10.00 mL,置液氮或干冰(丙酮)中冷冻,然后,抽真空至 7 Pa(小于或等于 5×10^{-2} mm 汞柱)后封口或充氮气,塞紧,将水解管放在(110 ± 1)℃恒温干燥箱中,水解 $22 \sim 24$ h。冷却,混匀,开管,过滤,用移液管吸取适量的滤液,置旋转蒸发器或浓缩器中,60℃,抽真空,蒸发至干。必要时,加少许水,重复蒸干 $1 \sim 2$ 次。加入 $3 \sim 5$ mL pH 2.2 稀释上机用柠檬酸钠缓冲液,使样液中氨基酸浓度达 $50 \sim 250$ nmol/mL,摇匀,过滤或离心,取上清液上机测定。

(2)测定。用相应的混合氨基酸标准工作液按仪器说明书调整仪器操作参数和(或)洗脱用柠檬酸钠的 pH,使各氨基酸分辨率$\geqslant 85\%$,注入制备好的试样水解液和相应的氨基酸混合标准工作液,进行分析测定。酸解液每 10 个单样为一组,组间插入混合氨基酸标准工作液进行校准。

6.结果计算与表示

试样中某氨基酸质量分数按式(4-7)计算。

$$\omega(\text{某氨基酸}) = \frac{\rho(\text{某氨基酸})}{m} \times 10^{-6} \times D \tag{4-7}$$

式中:ρ 为上机水解液中氨基酸的质量体积分数,ng/mL;m 为试样质量,mg;D 为试样稀释倍数。

以两个平行试样测定结果的算术平均值报告,保留 2 位小数。

7.允许差

对于氨基酸含量高于 0.5% 时,两个平行试样测定值的相对偏差不大于 5%;含量低于 0.5% 时,不大于 0.2% 时,两个平行试样测定值相差不大于 0.03%;含量低于等于 0.2%,相对偏差不大于 5%。

4.3.1.3　氧化-酸水解法

1.适用范围

该方法主要适用于含硫氨基酸(胱氨酸和蛋氨酸)的准确分析测定。此法还可以测定芳香氨基酸(酪氨酸、苯丙氨酸)及组氨酸以外的氨基酸测定。

在以偏重亚硫酸钠做氧化终止剂时,酪氨酸被氧化,不能准确测定。酪氨酸、苯丙氨酸和组氨酸则在以氢溴酸作终止剂时被氧化,不能准确测定。

2.测定原理

由于在蛋白质酸水解过程中,常伴有(半)胱氨酸和蛋氨酸的损失。通常可用"过甲酸"氧化,使胱氨酸及蛋氨酸分别转变成半胱磺酸及甲硫氨酸砜,这两种化合物在酸水解中是稳定的,且易于与其他氨基酸分离。然后用氢溴酸或偏重亚硫酸钠终止反应,然后进行普通酸水解,再经离子交换色谱法分离,并以茚三酮做柱后衍生测定。蛋氨酸、半胱氨酸与过甲酸的反应式如下:

$$\underset{\text{半胱氨酸}}{\overset{\overset{\displaystyle SH}{|}\ \overset{\displaystyle NH_2}{|}\ \overset{\displaystyle O}{\|}}{CH_2-C-C-OH}}+\underset{\text{过甲酸}}{\overset{\overset{\displaystyle O}{\|}}{3H-C-C-OH}} \rightarrow \underset{\text{半胱磺酸}}{\overset{\overset{\displaystyle SO_3H}{|}\ \overset{\displaystyle NH_2}{|}\ \overset{\displaystyle O}{\|}}{CH_2-CH-C-OH}}+\underset{\text{甲酸}}{\overset{\overset{\displaystyle O}{\|}}{3H-C-OH}}$$

$$\underset{\text{蛋氨酸(甲硫氨酸)}}{CH_3-S-CH_2-CH_2-\underset{\overset{\displaystyle |}{NH_2}}{CH}-COOH}+\text{过甲酸}\longrightarrow$$

$$\underset{\text{甲硫氨酸砜}}{\overset{\overset{\displaystyle O}{\|}}{\underset{\overset{\displaystyle \|}{O}}{CH_3-S-CH_2-CH_2-\underset{\overset{\displaystyle |}{NH_2}}{CH}-COOH}}}+\text{甲酸}$$

3.试剂与溶液

(1)过甲酸溶液。

①常规过甲酸溶液:将30%过氧化氢与88%甲酸按(1+9,V+V)混合,于室温下放置1 h,置冰水浴中冷却30 min,临用前配制。

②浓缩饲料用过甲酸溶液:将常规过甲酸溶液中按3 mg/mL加入硝酸银即可。此溶液适用于氯化钠含量小于3%的浓缩饲料。

③当浓缩饲料中氯化钠含量大于3%时,氧化剂中硝酸银浓度可按式(4-8)计算。

$$\rho_R \geqslant 1.454 \times m \times \omega_N \tag{4-8}$$

式中:ρ_R 为过甲酸中硝酸银的浓度,mg/mL;ω_N 为样品中氯化钠的质量分数;m 为试样质量,mg。

甲酸与过甲酸反应式如下:

$$HCOOH + H_2O_2 \longrightarrow H{-}\overset{\overset{\displaystyle O}{\|}}{C}{-}O{-}OH + H_2O$$

甲酸　　过氧化氢　　　过甲酸　　　　　水

(2)氧化终止剂。

①48%氢溴酸。

②偏重亚硫酸钠溶液:33.6 g 偏重亚硫酸钠加水定容至 100 mL。

(3)其他试剂与溶液同普通酸水解法。

4.仪器和设备

同普通酸水解法。

5.测定步骤

(1) 样品处理:称取试样 50～75 mg(含蛋白质 7.5～25 mg)(准确至 0.000 1 g),置于旋转蒸发器 20 mL 浓缩瓶或浓缩管中,于冰水浴中冷却 30 min 后,加入已经冷却过的过甲酸溶液 2 mL,加液时,需将样品全部浸湿,但不要摇动,盖好瓶塞,连同水浴一道于 0℃冰箱中,反应 16 h。

(2)氧化反应终止:以下步骤依使用不同的氧化终止剂而不同。

①若以氢溴酸为终止剂,于各管中加入氢溴酸 0.3 mL,振摇,放回水浴,静置 30 min,然后移到旋转蒸发器或浓缩器上,在 60℃、低于 3.3×10^3 Pa 下浓缩至干。用 6 mol/L 盐酸溶液约 15 mL 将残渣定量转移到 20 mL 安培中,封口,置恒温烘箱中,(110±3)℃下水解 22～24 h。

取出安培或水解管,冷却,用水将内容物定量转移至 50 mL 容量瓶中,定容。充分混匀,过滤,取 1～2 mL 滤液,置旋转蒸发器或浓缩器中,在低于 50℃的条件下,减压蒸发至干。加少许水重复蒸干 2～3 次。准确加入一定体积(2～5 mL)的稀释上机用柠檬酸钠缓冲液振摇,充分溶解后离心,取上清液供仪器测定用。

②若以偏重亚硫酸钠为终止剂,则于样品氧化液中加入偏重亚硫酸钠溶液 0.5 mL,充分摇匀后,直接加入 6 mol/L 盐酸溶液 17.5 mL,置于(110±3)℃水解 22～24 h。

取出水解管,冷却,用水将内容物转移到 50 mL 容量瓶中,用氢氧化钠溶液中和至 pH 约 2.2,并用稀释上机用缓冲液定容,离心,取上清液供仪器测定用。

计算与分析结果表示同普通酸水解法。

4.3.1.4 碱水解法

1.适用范围

该方法适合于饲料原料、配合饲料和浓缩饲料中色氨酸的测定。

2.测定原理

饲料蛋白在110℃、碱的作用下水解,水解出的色氨酸可用离子交换色谱或高效反相色谱分离测定。

3.试剂与溶液

(1)4 mol/L 氢氧化锂溶液:称取一水合氢氧化锂 167.8 g,用水溶解并稀释至1 000 mL。使用前取适量超声或通氮气脱气。

(2)液氮。

(3)6 mol/L 盐酸溶液。

(4)稀释用柠檬酸缓冲溶液,pH 4.3,$c(Na^+)=0.2$ mol/L:称取柠檬酸钠14.71 g,氯化钠 2.92 g 和柠檬酸 10.50 g,溶于 500 mL 水,加入硫二甘醇 5.0 mL和辛酸 0.1 mL,加水定容至 1 000 mL,摇匀。

(5)不同 pH 和离子强度的洗脱用柠檬酸钠缓冲液:按氨基酸分析仪器说明书配制。

(6)茚三酮溶液:按氨基酸仪器说明书配制。

(7)L-色氨酸标准储备液:准确称取层析纯 L-色氨酸 102.0 mg,加少许水和数滴 0.1 mol/L 氢氧化钠溶液,使之溶解,定量转移至 100 mL 容量瓶中,加水至刻度。$c(色氨酸)=5.0$ μmol/mL。

(8)氨基酸混合标准储备液:含 L-天门冬氨酸、L-苏氨酸等 17 种常规蛋白水解液分析用层析纯氨基酸,各组分浓度 $c(氨基酸)=2.5$(或 2.00) μmol/mL。

(9)混合氨基酸标准工作液:准确吸取 2.00 mL L-色氨酸标准储备液和适量的氨基酸混合标准储备液,置于 50 mL 容量瓶中,用 pH 4.3 柠檬酸钠缓冲液定容。该溶液色氨酸浓度为 200 nmol/mL,而其他氨基酸浓度为 100 nmol/mL。

4.仪器和设备

(1)聚四氟乙烯衬管。

(2)其他同普通酸水解法。

5.样品制备

样品制备同普通酸水解法。对于粗脂肪含量大于、等于 5%的样品,需将脱脂后的样品风干、混匀,装入密闭容器中备用。而对粗脂肪小于 5%的样品,则可直接称量未脱脂样品。

6.分析测定

(1)称取 50～100 mg 的试样(准确至 0.000 1 g),置于聚四氟乙烯衬管中,加1.50 mL 碱解剂,于液氮或干冰乙醇(丙酮)中,冷冻,而后将衬管插入水解玻管,抽真空至 7 Pa 或充氮(至少 5 min),封管。然后,将水解管放入(110±1)℃恒温干燥箱,水解 20 h,取出水解管,冷至室温,开管,用稀释上机用柠檬酸钠缓冲液将水解液定时地转移到 10 mL 或 25 mL 容量瓶中,加入盐酸溶液约 1.00 mL 中和,并用上述缓冲液定容。离心或用 0.45 μm 滤膜过滤后,取清液储于冰箱中,待上机测定使用。

(2)测定。用相应的混合氨基酸标准工作液按仪器说明书调整仪器操作参数和(或)洗脱用柠檬酸钠的 pH,使各氨基酸分辨率≥85%,注入制备好的试样水解液和相应的氨基酸混合标准工作液,进行分析测定。碱解液每 6 个单样为一组,组间插入混合氨基酸标准工作液进行校准。

7.结果计算与表示

试样中色氨酸的质量分数分别按式(4-9)和式(4-10)计算。

$$\omega_1(\mathrm{Trp}) = \frac{\rho_1}{m_1} \times 10^{-6} \times D \tag{4-9}$$

$$\omega_2(\mathrm{Trp}) = \frac{\rho_2}{m_2[1-\omega(\mathrm{EE})]} \times 10^{-6} \times D \tag{4-10}$$

式中:$\omega_1(\mathrm{Trp})$ 为用未脱脂试样测定的色氨酸的质量分数;$\omega_2(\mathrm{Trp})$ 为用脱脂试样测定的色氨酸的质量分数;ρ_1 为每毫升上机水解液中氨基酸的含量,ng/mL;ρ_2 为每毫升上机液中色氨酸的含量,ng/mL;m 为试样质量,mg;D 为试样稀释倍数;ω(EE)为试样中脂肪的质量分数。

以两行试样测定结果的算术平均值报告,保留 2 位小数。

8.允许差

氨基酸含量高于 0.5% 时,两个平行试样测定值的相对偏差不大于 5%;含量低于 0.5% 时,高于 0.2% 时,两个平行试样测定值相差不大于 0.03%;含量低于等于 0.2%,两个平行试样测定值相对偏差不大于 5%。

4.3.1.5　酸提取法

1.适用范围

本方法适用于配合饲料、浓缩饲料和预混合饲料中添加的赖氨酸、蛋氨酸、苏氨酸、色氨酸等游离氨基酸的测定。

2.测定原理

饲料中添加的游离氨基酸以稀盐酸提取,经离子交换色谱分离、测定。

3.试剂与溶液配制

(1)提取剂,0.1 mol/L 盐酸溶液:取 8.3 mL 优级纯盐酸,用水定容至 1 000 mL,混匀。

(2)不同 pH 和离子强度的洗脱用柠檬酸缓冲液:按仪器说明书配制。

(3)茚三酮溶液:按仪器说明书配制。

(4)蛋氨酸、赖氨酸和苏氨酸标准储备液:3 个 100 mL 烧杯中,分别称取蛋氨酸 93.3 mg、赖氨酸盐酸盐 114.2 mg 和苏氨酸 74.4 mg,加水约 50 mL 和数滴盐酸盐溶解,定量地转移至各自的 250 mL 容量瓶中,并用水定容。该液各氨基酸浓度 c(氨基酸)=2.50 μmol/mL。

(5)混合氨基酸标准工作液:分别吸取蛋氨酸、赖氨酸和苏氨酸标准储备液各 1.00 mL 于同样的 25 mL 容量瓶中,用水稀释至刻度。该液各氨基酸的浓度 c(氨基酸)=100 nmol/mL。

4.仪器设备

同普通酸水解法。

5.样品制备

同普通酸水解法。

6.分析步骤

(1)样品处理。称取 1~2 g 试样(蛋氨酸含量≤4 mg,赖氨酸可略高),加 0.1 mol/L 盐酸溶液 30 mL,搅拌提取 15 min,沉淀片刻,将上清液过滤到 100 mL 容量瓶中,残渣加水 25 mL,搅拌 3 min。重复提取 2 次,再将上清液过滤到容量瓶中,用水冲洗提取瓶和滤纸上的残渣,并定容。摇匀,取上清液供上机测定。若试样提取过程中,过滤太慢,也可 4 000 r/min 下离心 10 min。测定赖氨酸时,预混料和浓缩饲料基质会有较大干扰,应针对待测试样同时做添加回收率试验,以校准测定结果。

(2)测定。用相应的混合氨基酸标准工作液按仪器说明书调整仪器操作参数,使各氨基酸分辨率≥85%,注入制备好的试样水解液和相应的氨基酸混合标准工作液,进行分析测定。酸提取液每 6 个单样为一组,组间插入混合氨基酸标准工作液进行校准。

7.计算与分析结果表示

同普通酸水解法。

4.3.2　饲料中蛋氨酸羟基类似物的测定(GB/T 19371.2—2007)

4.3.2.1　适用范围

该方法适用于配合饲料和浓缩饲料中液态蛋氨酸羟基类似物的测定,也适用于配合饲料、浓缩饲料和添加剂预混合饲料中羟基蛋氨酸钙的测定。方法定量限为 0.03%。

4.3.2.2 测定原理

用10％的乙腈水溶液提取样品中的蛋氨酸羟基类似物,用氢氧化钾将蛋氨酸羟基类似物水解为有活性的单体,磷酸调节水溶液的 pH 值。反相高效液相色谱分离,紫外检测器 214 nm 处测定蛋氨酸羟基类似物含量。由蛋氨酸羟基类似物含量可以换算出羟基蛋氨酸钙的含量。

4.3.2.3 试剂与溶液

以下所有试剂,除特别注明外均为优级纯试剂,实验用水符合 GB/T 6682 一级用水的规定。

(1)乙腈:色谱纯。

(2)提取剂:10％乙腈水溶液。

(3)氢氧化钾溶液:500 g/L。

(4)磷酸溶液:1+1($V+V$)。

(5)HPLC 流动相:5％乙腈水溶液,每升加入 0.5 mL 三氟乙酸。

(6)蛋氨酸羟基类似物标准样品:除非购买标样,否则需按 GB/T 19371.1—2003 准确测定含量。

4.3.2.4 仪器和设备

(1)振荡器:水平方向振荡,频率 250～300 r/min。

(2)超声水浴。

(3)HPLC 系统,由下述部件组成。

(4)紫外检测器,适合在 210 nm 处测定。

(5)分析柱:填有粒度为 5 μm 键合硅胶的 C18 柱或性能相当的其他分析柱。柱温为室温。

4.3.2.5 分析步骤

1. 提取

称取适量制备好的试样 2～5 g(精确至 0.000 1 g),置于 150 mL 具塞三角瓶中,准确加入一定量的提取液,一般 50～100 mL,混合后置于振荡器上剧烈振荡 30 min 或置于超声水浴中提取 30 min,静置 10 min,离心或过滤,滤液备用。

2. 水解

准确移取滤液 5 mL 于 10 mL 具塞试管中,准确加入 500 g/L 氢氧化钾溶液 0.1 mL,手摇至少 10 s;准确加入 1+1($V+V$)磷酸溶液 0.2 mL,手摇至少 10 s,水解液离心或过滤,滤液过 0.45 μm 滤膜后备用。

3. 标准溶液

准确称取 0.113 6 g 液态蛋氨酸羟基类似物(88.00％)标准样品,用提取剂定容至 100 mL,蛋氨酸羟基类似物浓度为 1.00 mg/mL。

　　准确吸取 2.5、5.0、10.0、20.0 mL 以上溶液至 50 mL 容量瓶,用提取剂定容至刻度后摇匀,此标准系列的浓度为 0.05、0.10、0.20、0.40、1.00 mg/mL。

　　用以上标准系列与试样提取液同时做水解,测定。

　　4. HPLC 测定

　　(1)色谱条件:流速,1.0 mL/min;检测波长,210 nm;进样量,20~50 μL。

　　(2)测定:向 HPLC 分析仪连续注入蛋氨酸羟基类似物标准溶液,直至得到基线平稳、峰形对称且峰面积能够重现的色谱峰。依次注入标准及试样水解液,积分得到峰面积,用标准系列进行单点或多点校准。

4.3.2.6　结果计算与表示

　　试样中蛋氨酸羟基类似物的含量 X_1,以质量分数(%)表示,按式(4-11)计算。

$$X_1 = \frac{c \times V}{m \times 1\,000} \times 100 \tag{4-11}$$

　　试样中羟基蛋氨酸钙的含量 X_2:以质量分数(%)表示,按式(4-12)计算。

$$X_2 = \frac{c \times V}{m \times 1\,000} \times \frac{338.4}{300.4} \times 100 \tag{4-12}$$

式中:c 为由标准曲线查得的试样测定液中蛋氨酸羟基类似物的浓度,mg/mL;V 为加到试样中的提取液体积,mL;m 为试样质量,g;338.4 为羟基蛋氨酸钙的分子质量;300.4 为羟基蛋氨酸的分子质量。

　　平行测定结果用算术平均值表示,结果表示至小数点后 2 位。

4.3.2.7　允许差

　　当含量小于 0.5% 时,两个平行试样测定值相差不大于 0.05;当含量大于或等于 0.5%时,两个平行试样测定值的相对偏差不大于 5%。

4.4　饲料中维生素分析

4.4.1　饲料中维生素 A 的测定(GB/T 17817—1999)

4.4.1.1　适用范围

　　该方法适用于配合饲料、浓缩饲料、复合预混料和维生素预混料中维生素 A 的测定。测量范围为每千克样品中含维生素 A 在 1 000 IU 以上。

4.4.1.2 测定原理

用碱溶液皂化试样,乙醚提取未皂化的化合物,蒸发乙醚并将残渣溶解于正己烷中,将正己烷提取物注入用硅胶填充的高效液相色谱柱,用紫外检测器测定,外标法计算维生素 A 含量。

4.4.1.3 试剂和溶液

除特殊注明外,该方法所用试剂均为分析纯,水为蒸馏水,色谱用水为去离子水。

(1)无水乙醚(无过氧化物)。

①过氧化物检查方法:用 5 mL 乙醚加 1 mL 10%碘化钾溶液,振摇 1 min,如有过氧化物则放出游离碘,水层呈黄色。若加 0.5%淀粉指示液,水层呈蓝色。该乙醚需处理后使用。

②去除过氧化物的方法:乙醚用 5%硫代硫酸钠溶液振摇,静置,分取乙醚层,再用蒸馏水振摇洗涤两次,重蒸,弃去首尾 5%部分,收集馏出的乙醚,再检查过氧化物,应符合规定。

(2)乙醇。

(3)正己烷:重蒸馏(或光谱纯)。

(4)异丙醇:重蒸馏。

(5)甲醇:优级纯。

(6)2,6-二叔丁基对甲酚(BHT)。

(7)无水硫酸钠。

(8)氢氧化钾溶液,500 g/L。

(9)抗坏血酸乙醇溶液,5 g/L:取 0.5 g 抗坏血酸结晶纯品溶解于 4 mL 温热的水中,用乙醇稀释至 100 mL,临用前配制。

(10)维生素 A 标准溶液。

①维生素 A 标准储备液:准确称取维生素 A 乙酸酯油剂(每克含 1.00×10^6 IU) 0.100 0 g 或结晶纯品 0.034 4 g(符合中国药典)于皂化瓶中,皂化和提取,将乙醚提取液全部浓缩蒸发至干,用正己烷溶解残渣置入 100 mL 棕色容量瓶中并稀释至刻度,混匀,4℃保存。该储备液浓度为每毫升含 1 000 IU 维生素 A。

②维生素 A 标准工作液:准确吸取 1.00 mL 维生素 A 标准储备液,用正己烷稀释 100 倍;若用反相色谱测定,将 1.00 mL 维生素 A 标准储备液置入 10 mL 棕色小容量瓶中,用氮气吹干,用甲醇溶解并稀释至刻度,混匀,再按 1:10 比例稀释。该标准工作液浓度为每毫升含 10 IU 维生素 A。

(11)酚酞指示剂乙醇溶液,10 g/L。

(12)氮气,99.9%。

4.4.1.4　仪器和设备

(1)圆底烧瓶,带回流冷凝器。

(2)恒温水浴或电热套。

(3)旋转蒸发器。

(4)超纯水器(或全磨口玻璃蒸馏器)。

(5)高效液相色谱仪,带紫外检测器。

4.4.1.5　测定步骤

1.试验溶液的制备

(1)皂化。称取配合饲料或浓缩饲料 10 g,精确至 0.001 g。维生素预混料或添加剂复合预混料 1～5 g,精确至 0.000 1 g。置入 250 mL 圆底烧瓶中,加 50 mL 抗坏血酸乙醇溶液,使试样完全分散、浸湿,加 10 mL 氢氧化钾溶液,混匀。置于沸水浴上回流 30 min,不时振荡防止试样黏附在瓶壁上,皂化结束,分别用 5 mL 乙醇、5 mL 水自冷凝管顶端冲洗其内部,取出烧瓶冷却至约 40℃。

(2)提取。定量转移全部皂化液于盛有 100 mL 乙醚的 500 mL 分液漏斗中,用 30～50 mL 水分 2～3 次冲洗圆底烧瓶并入分液漏斗,加盖、放气、随后混合,激烈振荡 2 min,静置分层。转移水相于第二个分液漏斗中,分次用 100 mL、60 mL 乙醚重复提取两次,弃去水相,合并三次乙醚相。用水每次 100 mL 洗涤乙醚提取液至中性,初次水洗时轻轻旋摇,防止乳化。乙醚提取液通过无水硫酸钠脱水,转移到 250 mL 棕色容量瓶中,加 100 mg BHT 使之溶解,用乙醚定容至刻度(V_{ex})。以上操作均在避光通风柜内进行。

(3)浓缩。从乙醚提取液(V_{ex})中分取一定体积(V_{ri})(依据样品标示量,称样量和提取液量确定分取量),置于旋转蒸发器烧瓶中,在水浴温度约 50℃,部分真空条件下蒸发至干或用氮气吹干,残渣用正己烷溶解(反相色谱用甲醇溶解),并稀释至 10 mL (V_{en}),使其维生素 A 最后浓度为每毫升 5～10 IU,离心或通过 0.45 μm 过滤膜过滤,收集清液移入 2 mL 小试管中,用于高效液相色谱仪分析。

2.高效液相色谱条件

(1)正相色谱。

柱长:12.5 cm,内径 4 mm 不锈钢柱。

固定相:硅胶 Lichrosorb Si 60,粒度 5 μm。

移动相:正己烷＋异丙醇(98＋2,$V+V$)。

流速:1 mL/min。

温度:室温。

进样体积:20 μL。

检测器:紫外检测器,使用波长 326 nm。

保留时间:3.75 min。

(2)反相色谱。

柱 长:12.5 cm,内径 4 mm 不锈钢柱。

固定相:ODS(或 C18),粒度 5 μm。

移动相:甲醇+水 (95+5,V+V)。

流速:1 mL/min。

温度:室温。

进样体积:20 μL。

检测器:紫外检测器,使用波长 326 nm。

保留时间:4.57 min。

3. 测定

按高效液相色谱仪说明书调整仪器操作参数和灵敏度,色谱峰分离度符合要求($R\geqslant1.5$)。向色谱柱注入相应的维生素 A 标准工作液(V_{st})和试验溶液(V_i),得到色谱峰面积的响应值(P_{st}、P_i),用外标法定量测定。

4.4.1.6 结果计算与表示

试样中维生素 A 含量按式(4-13)计算。

$$\omega_A = \frac{P_i \times V_{ex} \times V_{en} \times \rho_i \times V_{st}}{P_{st} \times m \times V_{ri} \times V_i \times f_i} \tag{4-13}$$

式中:ω_A 为每克或每千克试样中含维生素 A 的量,IU;m 为试样质量,g;V_{ex} 为试样溶液的总体积,mL;V_{ri} 为从试样溶液(V_{ex})中分取的溶液体积,mL;V_{en} 为试样溶液最终体积,mL;ρ_i 为标准溶液浓度,μg/mL;V_{st} 为维生素 A 标准溶液进样体积,μL;V_i 为从试样溶液的进样体积,μL;P_{st} 为与标准工作液进样体积(V_{st})相应的峰面积响应值;P_i 为与从试样溶液中分取的进样体积(V_i)相应的峰面积响应值;f_i 为转换系数,1 国际单位相当于 0.344 μg 维生素 A 乙酸酯,或 0.300 μg 视黄醇活性。

平行测定结果用算术平均值表示,保留有效数 3 位。

4.4.1.7 允许差

同一分析者对同一试样同时两次测定(或重复测定)所得结果相对偏差:

每千克试样中含维生素 A 的量 IU 相对偏差/%

$1.00\times10^3 \sim 1.00\times10^4$ ±20

$>1.00\times10^4\sim1.00\times10^5$	±15
$>1.00\times10^5\sim1.00\times10^6$	±10
$>1.00\times10^6$	±5

4.4.2 维生素预混料中维生素 B_{12} 的测定(GB/T 17819—1999)

4.4.2.1 适用范围

该方法适用于维生素预混料、维生素 B_{12} 预混制剂中维生素 B_{12} 的测定。检测范围为每千克样品中维生素 B_{12} 含量大于 0.25 mg。

4.4.2.2 测定原理

试样中维生素 B_{12} 用水提取,经高效液相色谱反相柱分离,其峰面积与维生素 B_{12} 的含量成正比。

4.4.2.3 试剂与溶液

(1)乙腈:色谱纯。

(2)正磷酸溶液。

(3)25%乙醇溶液。

(4)维生素 B_{12} 标准溶液。

①维生素 B_{12} 标准储备溶液:准确称取 0.100 0 g 维生素 B_{12} 纯品,溶解于 25%乙醇溶液 100 mL 中,并稀释定容至刻度,摇匀。该标准储备液每毫升含维生素 B_{12} 1 mg。

②维生素 B_{12} 标准工作液:准确吸取维生素 B_{12} 标准储备液 1 mL 于 50 mL 容量瓶中,用流动相稀释定容刻度,摇匀。该标准工作液 1 mL 含维生素 B_{12} 2 μg。

4.4.2.4 仪器和设备

(1)超声波水浴。

(2)高效液相色谱仪,带紫外检测器。

(3)超纯水装置。

(4)离心机:3 000 r/min。

4.4.2.5 分析步骤

1.提取

(1)维生素预混料中维生素 B_{12} 的提取。称取试样 2~3 g(精确至 0.000 1 g),置于 100 mL 棕色容量瓶中,加约 60 mL 水,在超声波水浴中超声提取 15 min,取出,用水定容至刻度,混匀,过滤,滤液过 0.45 μm 滤膜,供高效液相色谱仪分析。

(2)维生素 B_{12} 制剂(1%~2%)的提取。称取试样 1 g(精确至 0.000 1 g)于100 mL 棕色容量瓶中,加入约 60 mL 水,在超声波水浴中超声提取10 min,取出,用水定容过滤。精确吸取 1.00 mL 溶液于 50 mL 棕色容量瓶中,用水定容至刻度,该样液通过 0.45 μm 滤膜过滤,供高效液相色谱仪分析。

2.色谱条件

柱子:μ-Bondpak NH$_2$,粒度 5 μm,3.9 mm×300 mm;

柱温:30℃;

流动相:3%正磷酸水溶液 260 mL 与 700 mL 乙腈混合;

流速:1.7 mL/min;

检测波长:361 nm。

3.测定

按高效液相色谱仪说明书调整仪器操作参数,用两次以上相应标准工作液,对系统进行校正。

将通过 0.45 μm 滤膜的样液依次分装于进样小瓶中,依外标法上液相色谱仪测定。

4.4.2.6　结果计算与表示

试样中维生素 B$_{12}$的含量按式(4-14)计算。

$$\omega_i = \frac{P_i \times V \times \rho_i \times V_{st}}{\overline{P}_{st} \times m \times V_i} \tag{4-14}$$

式中:ω_i 为每千克试样中维生素 B$_{12}$的含量,mg;m 为试样质量,g;V_i 为试样溶液进样体积,μL;P_i 为试样溶液峰面积值;V 为试样稀释的体积,mL;ρ_i 为标准溶液浓度,μg/mL,V_{st} 为标准溶液进样体积,μL;$\overline{P}_{st}$ 为标准溶液峰面积平均值。

每个试样取两份进行平行测定,以其算术平均值为测定结果。结果表示到每千克样品中维生素 B$_{12}$ 0.01 mg。

4.4.2.7　允许误差

同一分析者对同一试样同时两次平行测定结果的相对偏差应不大于 15%。

4.4.3　预混料中烟酸、叶酸的测定(GB/T 17813—1999)

4.4.3.1　适用范围

该方法适用于复合预混料和维生素预混料中烟酸、叶酸的测定。测量范围为每千克样品中含烟酸含量在 1 000 mg 以上,叶酸含量在 500 mg 以上。

4.4.3.2　测定原理

试样中的烟酸、叶酸用水-甲醇-乙酸混合溶液提取,将滤液注入高效液相色谱反相柱上进行分离,用紫外检测器在 280 nm 波长处定量测定。

4.4.3.3　试剂和溶液

(1)甲醇:优级纯。

(2)三乙胺。

(3)冰乙酸。

(4)己烷磺酸钠($PICB_6$):$c[CH_3(CH_2)_5SO_3Na]=0.005$ mol/L{或 $\rho[CH_3-(CH_2)_5SO_3Na]=941$ mg/L}。

(5)碳酸钠溶液:$c(Na_2CO_3)=0.1$ mol/L。

(6)标准溶液。

①烟酸标准储备液:称取经过干燥的烟酸标准纯品 25.0 mg,置于 250 mL 棕色容量瓶中,用流动相溶解,稀释至刻度,于冰箱保存,可放置 1 周。

②叶酸标准储备液:称取经过干燥的叶酸标准纯品 25.0 mg,置于 250 mL 容量瓶中,用 0.1 mol/L 碳酸钠溶液溶解,调至 pH 7.0,定容至刻度,于冰箱保存。

③烟酸、叶酸标准工作液:准确吸取烟酸标准储备液和叶酸标准储备液各 10 mL,用流动相稀释至 50 mL 或 100 mL,该混合标准溶液置于带盖小瓶储存,供液相色谱仪分析用,当日使用。

(7)提取液:取 500 mL 水,加 10 mL 冰乙酸,1.3 mL 三乙胺,用水定容至 1 L,此时 pH 为 3.2,过 0.45 μm 滤膜,取上述溶液 850 mL 与 150 mL 甲醇混合。

(8)磷酸缓冲液:称取 4.84 g 磷酸氢二钾(K_2HPO_4),9.82 g 磷酸二氢钾(KH_2PO_4),溶于水中,加 20 mL 乙腈,用水定容至 1 L,混匀用 20% 氢氧化钾调节 pH 至 6.5。

4.4.3.4　仪器和设备

(1)超声波水浴;

(2)超纯水装置;

(3)离心机:3 000 r/min;

(4)高效液相色谱仪:带紫外检验器。

4.4.3.5　分析步骤

1.试样溶液的制备

称取试样维生素预混料 0.5～1 g 或复合预混料 1～5 g,精确至 0.000 1 g。置于 100 mL 棕色容量瓶中,加 10 mL 0.1 mol/L 碳酸钠溶液浸湿试样,加 70 mL 提取液混匀,于超声波水浴上振荡提取 15 min,用提取液定容至刻度,混合均匀,过滤或离心。再经 0.45 μm 过滤膜过滤至带盖小瓶中,调整该试样溶液的浓度 ≤5 μg/mL,供高效液相色谱分析用。

（1）色谱条件。

① 反相离子对色谱条件

柱长：25 cm、内径 4.0 mm 不锈钢柱；

固定相：ODS(C_{18})粒度 5 μm；

流动相：取 500 mL 水，加 10 mL 冰乙酸，1.3 mL 三乙胺，一小瓶20 mL 己烷磺酸钠，用水定容至 1 L，调节 pH 为 3.2，过 0.45 μm 滤膜，取上述溶液 850 mL 与 150 mL 甲醇混合，脱气；

流速：1.0 mL/min；

温度：30℃；

进样量：20 μL；

检测器：紫外检测器，使用波长 275 nm。

②反相色谱

柱长：25 cm，内径 4 mm，不锈钢柱；

固定相：Lichrospher CH-8/11，粒度 5 μm；

移动相：2％乙腈磷酸缓冲液；

流速：1.4 mL/min；

温度：室温；

进样体积：20 μL；

检测器：紫外检测器，使用波长 280 nm。

（2）测定。

按高效液相色谱仪说明书调整仪器操作参数和灵敏度，色谱峰分离度符合要求。用两次以上相应标准工作液对系统进行校正。向色谱柱注入相应的烟酸、叶酸标准工作液和试验溶液，得到色谱峰面积响应值，用外标法定量测定。

4.4.3.6 结果计算与表示

试样中待测维生素含量按式（4-15）计算

$$\omega_i = \frac{P_i \times V \times \rho_i \times V_{st}}{P_{st} \times m \times V_i} \tag{4-15}$$

式中：ω_i 为每千克试样中烟酸或叶酸的含量，mg；m 为试样质量，g；V 为提取液的总体积，mL；ρ_i 为标准溶液中烟酸或叶酸浓度，μg/mL；V_{st} 为烟酸或叶酸标准溶液进样体积，μL；V_i 为试样溶液的进样体积，μL；P_{st} 为标准溶液进样体积(V_{st})相应的峰面积响应值；P_i 为试样溶液进样体积(V_i)相应的峰面积响应值。

平行测定结果用算术平均值表示,保留有效数字 3 位。

4.4.3.7 重复性

同一分析者对同一试样同时两次平行测定所得结果相对偏差不超过 10%。

4.4.4 预混料中氯化胆碱的测定(GB/T 17481—2008)

4.4.4.1 适用范围

该方法适用于复合预混料中氯化胆碱的测定,离子色谱检验方法为仲裁法,方法定量限为 0.05 g/kg。

4.4.4.2 测定原理

用纯水提取样品中氯化胆碱,采用阳离子交换色谱-电导检测器检测,外标法定量。

4.4.4.3 试剂与溶液

(1)丙酮:色谱纯。

(2)嘧啶二羧酸($C_7H_5NO_4$)。

(3)流动相:0.600 0 g 柠檬酸+0.125 0 g 嘧啶二羧酸加水 300 mL,加热溶解,冷却后加入 150 mL 丙酮定容至 1 000 mL 容量瓶中。

(4)氯化胆碱标准溶液。

①氯化胆碱标准储备液:精确称取氯化胆碱标准品(含量 ≥99.5%)0.100 5 g,置于 100 mL 容量瓶中,用水溶解,稀释至刻度摇匀,其浓度为 1 000 μg/mL,保存在 4℃ 冰箱中,有效期为 1 个月。

②氯化胆碱标准工作液:分别准确移取一定量氯化胆碱储备液,用水稀释成浓度为 25.0 μg/mL 的标准工作液,以上溶液应当日配制和使用。

4.4.4.4 仪器和设备

(1)实验室常用玻璃器皿。

(2)振荡器:往复式。

(3)恒温水浴锅。

(4)色谱仪:具弱酸型阳离子交换柱配电导检测器。

4.4.4.5 分析测定

1.提取

(1)准确称取 2 g 试样(含氯化胆碱 0.01~0.2 g),精确至 0.000 1 g,于 100 mL 容量瓶中,加约 60 mL 水,摇匀,在 70℃ 水浴锅中加热 20 min,在往复振荡器上振荡 10 min,冷却至室温,用水稀释至刻度,摇匀,干过滤,滤液备用。

（2）吸取 5.0 mL 滤液置于 100 mL 容量瓶中,摇匀,用水稀释至刻度。过 0.45 μm 滤膜,上机测定。

2.色谱条件

色谱柱:柱长 150 mm,内径 4 mm,粒径 4 mm,阳离子交换柱(Na$^+$形式)。

流动相:见 4.4.4.4 试剂与溶液部分。

流动相流速:1.0 mL/min。

柱温:常温。

注:方法中所列色谱柱和流动相仅供参考,同等性能色谱柱和流动相均可使用。

3.测定

向离子色谱分析仪连续注入氯化胆碱标准工作溶液,直至得到基线平稳,峰形对称且峰面积能够重现的色谱峰。氯化胆碱标准溶液与相邻的离子分离度大于 1.5,依次注入标准溶液、试样溶液,积分得到峰面积,用标准系列溶液进行单点或多点校准。

4.4.4.6　结果计算与表示

试样中氯化胆碱含量(X),以质量分数(g/kg)表示,按式(4-16)计算。

$$X=\frac{P\times n\times c\times V}{P_0\times m\times 1\,000} \tag{4-16}$$

式中:X 为试样中氯化胆碱的含量,g/kg;P 为试样峰面积值;n 为稀释倍数;c 为氯化胆碱标准工作液中氯化胆碱浓度,μg/mL;V 为试样溶液体积,mL;P_0 为标准工作液峰面积值;m 为试样质量,g。

平行测定结果用算术平均值表示,保留 3 位有效数字。

4.4.4.7　重复性

在重复性条件下获得的两次独立测试结果的测定值的绝对差值不得超过算术平均值的 10%。

4.4.5　饲料中维生素 A 乙酸酯、维生素 D$_3$、维生素 E、维生素 E 乙酸酯的同步测定

4.4.5.1　适用范围

该方法适合维生素预混饲料、维生素矿物元素复合预混饲料中维生素 A 乙酸酯、维生素 D$_3$、维生素 E、维生素 E 乙酸酯的同步测定。该方法也适合维生素添加

剂的测定。

4.4.5.2 测定原理

样品在 0.2％的氨水中用碱性蛋白酶破坏维生素的包被物质,用乙醇提取游离出的维生素,经 C18 柱分离,以甲醇和水为流动相洗脱,并经 UV 检测器在 230 nm 和 265 nm 处检测。

4.4.5.3 试剂与溶液

(1)无水乙醇。

(2)全反式维生素 A 乙酸酯对照品。

(3)维生素 D_3 标准品。

(4)维生素 E 标准品。

(5)维生素 E 乙酸酯标准品。

(6)碱性蛋白酶(酶活力大于 40 000 IU/g)。

(7)0.2％氨水溶液。

(8)甲醇:色谱纯。

(9)标准溶液的制备

①标准储备液:精确称取约 10 mg(准确至 0.000 01 g)维生素 A、维生素 D_3、维生素 E、维生素 E 乙酸酯对照品,分别置于 10 mL 棕色容量瓶中,加入无水甲醇,置于超声水浴中处理 5 min 使之完全溶解,用无水甲醇定容,摇匀,其浓度均为 10 mg/mL,储于 4℃冰箱中,有效期为 1 个月。所有操作均应在避光条件下进行。

②标准工作液:取适量标准储备液于 100 mL 棕色容量瓶中,用甲醇稀释并定容,使标准工作液的浓度在 20 μg/mL,现用现配。

4.4.5.4 仪器和设备

(1)超声波恒温水浴。

(2)高速离心机。

(3)高压液相色谱仪,带紫外检测器。

4.4.5.5 测定步骤

1.试样溶液的制备

按照所附的建议称样量,称取试样 2 份及碱性蛋白酶(准确至 0.000 1 g)置于 100 mL 棕色容量瓶中,加入 0.2％氨水溶液 10 mL,确保样品呈溶液状,混匀后将容量瓶置于 45℃超声波水浴中处理 20 min,然后加入 60 mL 无水乙醇继续于 45℃超声波水浴中处理 20 min,取出,在暗处冷却后用无水乙醇定容,摇匀。转移至 50 mL 离心管中于离心机上以 5 000 r/min 的转速离心 10 min,取上清液经 0.22 μm 微孔滤膜过滤后用于高效液相色谱的测定。

　　注:当遇到饲料样品时,维生素含量低,需要将离心后的上清液在氮气保护下于 55℃的水浴中浓缩 10 倍。

　　2. 高效液相色谱条件

　　色谱柱:长 250 mm,内径 4.6 mm,粒度 5 μm。

　　固定相:ASB-C18。

　　流动相:水：甲醇＝2＋98$(V+V)$。

　　流速:1.00 mL/min。

　　进样量:10 μL。

　　检测波长:265 nm(维生素 A 和维生素 D_3)和 230 nm(维生素 E 和维生素 E乙酸酯)。

　　3. 按外标法以峰面积进行计算。

4.4.5.6　结果计算与表示

　　1. 维生素 A 乙酸酯含量的计算

$$X_i = \frac{A_i \times c_s \times V \times V_s}{A_s \times m \times V_i \times 10\,000 \times 0.344} \times n \tag{4-17}$$

式中:X_i 为试样中维生素 A 乙酸酯的含量,万 IU/g;A_i 为试样溶液中维生素 A 乙酸酯峰面积;A_s 为标准溶液中维生素 A 乙酸酯峰面积;c_s 为标准溶液的浓度,μg/mL;V 为提取体积,mL;V_s 为标准溶液进样量,μL;V_i 为试样溶液进样量,μL;m 为试样质量,g;n 为稀释倍数;1 IU＝0.344 μg。

　　2. 维生素 D_3 含量的计算

$$X_i = \frac{A_i \times c_s \times V \times V_s}{A_s \times m \times V_i \times 10\,000 \times 0.025} \times n \tag{4-18}$$

式中:X_i 为试样中维生素 D_3 的含量,万 IU/g;A_i 为试样溶液中维生素 D_3 峰面积;A_s 为标准溶液中维生素 D_3 峰面积;c_s 为标准溶液的浓度,μg/mL;V 为提取体积,mL;V_s 为标准溶液进样量,μL;V_i 为试样溶液进样量,μL;m 为试样质量,g;n 为稀释倍数;1 IU＝0.025 μg。

　　3. 维生素 E 含量的计算

$$X_i = \frac{A_i \times c_s \times V \times V_s}{A_s \times m \times V_i \times 10\,000} \times n \tag{4-19}$$

式中:X_i 为试样中维生素 E 的含量,%;A_i 为试样溶液中维生素 E 峰面积;A_s 为标准溶液中维生素 E 峰面积;c_s 为标准溶液的浓度,μg/mL;V 为提取体积,mL;V_s 为标准溶液进样量,μL;V_i 为试样溶液进样量,μL;m 为试样质量,g;n 为稀释倍数。

4.维生素 E 乙酸酯含量的计算

$$X_i = \frac{A_i \times c_s \times V \times V_s}{A_s \times m_i \times 10\ 000} \times n \qquad (4\text{-}20)$$

式中：X_i 为试样中维生素 E 乙酸酯的含量，%；A_i 为试样溶液中维生素 E 乙酸酯峰面积；A_s 为标准溶液中维生素 E 乙酸酯峰面积；c_s 为标准溶液的浓度，$\mu g/mL$；V 为提取体积，mL；V_s 为标准溶液进样量，μL；V_i 为试样溶液进样量，μL；m 为试样质量，g；n 为稀释倍数。

根据样品中维生素含量的不同，建议样品及碱性蛋白酶的称样量见下表。

样品类型	样品称样量/g	碱性蛋白酶称样量
饲料添加剂	0.1~0.2	100 mg
多维	1~2	200 mg
预混合饲料	5	500 mg
浓缩饲料	10	1 g
饲料	10	1 g

思考题

1.简述液相色谱的类型及分离原理。
2.简述饲料中氨基酸分析的技术及原理。
3.简述饲料中维生素分析的技术及原理。

5 气相色谱法及其在饲料质量与安全分析方面的应用

~~~~~~

【内容提要】

　　本章着重系统介绍了气相色谱分析法的基础知识及其在饲料中脂肪酸、防霉剂、抗氧化剂、农药残留及环境污染物多氯联苯等测定原理、步骤等应用举例。

~~~~~~

　　饲料中脂肪酸、防霉剂(如丙酸)、抗氧化剂(如乙氧基喹啉、BHT、BHA)、农药残留(如有机氯类农药、有机磷农药、除虫菊酯类农药等)及环境污染物(如多氯联苯)的分析是饲料质量安全分析内容的重要组成部分。

5.1　气相色谱法概述

　　气相色谱法(gas chromatography, GC)是以气体为流动相,液体或固体为固定相,利用组分沸点、极性和吸附性等的差异实现对混合物进行分离和检测的一种色谱技术。第一台商品气相色谱仪于 1955 年问世,经过半个多世纪的发展,目前气相色谱已成为一种相当成熟且应用极为广泛的复杂混合物分离分析方法。气相色谱按色谱柱可分为填充柱气相色谱和毛细管柱气相色谱,按固定相可分为气液色谱和气固色谱,按进样方式可分为常规色谱、顶空色谱和裂解色谱等。

　　气相色谱的流动相,即载气,常用的有 N_2、He 或 H_2,但固定相的种类繁多,迄今已有数百种固定相供选择使用,常用的也有 10 余种。就分析对象而言,气相色谱所能直接分离的样品是可挥发、热稳定,沸点一般不超过 500℃。在目前已知的化合物中,有 20%～25% 可用气相色谱直接分析,但通过对目标化合物的衍生化,以及特殊的进样技术,如顶空和裂解进样等,可进一步扩充气相色谱的应用范围。此外,气相色谱更适合用于永久性气体的分析。在检测器方面,气相色谱也有多种通用或专一型检测器可选用。

　　作为一项成熟的色谱技术,气相色谱近年也有了一些新的发展,如使快速气相色谱(使用内径 0.1 mm、长 10 m 左右的毛细管柱,色谱半峰宽小于 1 s)、保留时间锁定、多维气相色谱和高温气相色谱等新技术。

5.2　气相色谱仪器构成

气相色谱仪由气路系统、进样系统、分离系统、检测系统和仪器控制系统构成，如图 5.1 所示。

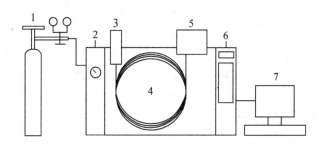

图 5.1　气相色谱仪器基本结构示意简图
1. 气源；2. 气路系统；3. 进样系统；4. 分离系统；5. 检测系统；6. 控制系统；7. 工作站

气路系统是一个载气连续运行的密闭管路，包括气源、净化器、流量和压力控制组件。通过气路系统可为色谱分离提供纯净、稳定载气。

进样系统包括进样器和气化室等。进样器是能够将样品定量注入气化室的装置，常用的进样器有进样针（用于液体样品）和六通阀（用于气体样品）。气化室是将液体样品瞬间气化为蒸汽的装置，同时也对载气进行预热。

分离系统包括色谱柱和柱温箱等。色谱柱是色谱仪的核心部件，经气化室气化的样品组分在色谱柱中进行分离，进入检测器。柱温箱是保持色谱柱的温度恒定或可重复地按一定程序升温。

检测系统包括检测器和恒温室。检测器是将组分按时间及其浓度或质量的变化转化成易于测量的电信号，经放大记录成色谱图。恒温室是保持检测器的温度不变以便获得稳定的信号。

控制系统是指实现对仪器温度、载气流量和压力，以及完成一次样品分析所需一系列控制的硬件和软件组合。现代气相色谱仪，既可通过仪器操作面板控制也可使用工作站进行控制。

5.3　气相色谱柱

气相色谱柱有填充柱和毛细管柱两类。填充柱是由玻璃或不锈钢制成,内装固定相,内径为 2~4 mm,长为 0.5~2 m,形状为 U 形或螺旋形。毛细管柱由石英拉制而成,常用毛细管柱内径有 0.53 mm、0.32 mm 和 0.25 mm,柱长 10~100 m。毛细管柱有填充型和开管型,目前大多使用开管型,即固定相涂覆或键合于毛细管的内壁。与填充柱相比,毛细管柱具有分离效率高、分析速度快、样品用量小的特点,但柱容量较小。气相色谱柱可按固定相极性可分为非极性、中等极性和极性三类,实际应用中须根据目标分析物的性质进行选择。

5.4　气相色谱检测器

常见的气相色谱检测器有热导检测器(TCD)、火焰离子化检测器(FID)、氮磷检测器(NPD)、电子捕获检测器(ECD)和火焰光度检测器(FPD)等,其中 TCD 为通用检测器但灵敏度较低,FID 对大部分有机物有响应且灵敏度高,NPD、FPD、ECD 等为特异性高灵敏度检测器。以下简单介绍饲料质量检验常用检测器的结构和工作原理。

5.4.1　火焰离子化检测器

FID 是利用氢火焰作电离源,是有机物电离而产生响应的检测器,其突出优点是对几乎所有的有机物有响应,特别是烃类灵敏度高且响应与碳原子数成正比,对 H_2O、CO_2 和 CS_2 不敏感,对气体流速、压力和温度变化不敏感,线性范围广,是最常用的检测器之一。

FID 由电离室和检测电路等组成,如图 5.2 所示。从氢气进气口进入的氢气在喷嘴处被灯丝点燃,形成氢火焰,组分经毛细管分离后从喷嘴进入氢火焰燃烧离子化,产生正负离子和电子,正离子移向收集极,负离子和电子移向极化极,形成微电流经发大器放大后输出形成电信号。烃类 FID 的响应机理比较简单,组分首先在氢火焰中转化为 CH_4,然后电离产生 CHO^+ 和 e。非烃类物质较为复杂,不与杂原子相连的碳转化为 CH_4,然后电离,与杂原子相连的碳转化产物为甲烷或对应杂原子化合物,如 CO、HCN 或 HX 等,其中杂原子化合物不发生电离对响应无贡献。

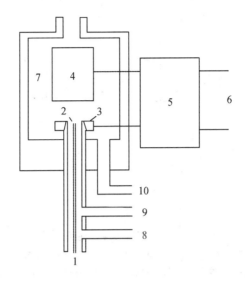

图 5.2　FID 结构示意图

1.毛细管柱;2.喷嘴;3.极化极;4.收集极;5.放大器;6.输出端口;7.电离室;
8.尾吹气入口;9.氢气入口;10.空气入口

5.4.2　氮磷检测器

NPD 对氮磷化合物的灵敏度高,专一性好,专用于痕量氮、磷化合物的检测。NPD 的结构与 FID 类似,不同之处是在喷嘴与收集极之间多了一个热离子电离源(铷珠),如图 5.3 所示。NPD 有三种操作方式,分别为火焰电离型(FI)、磷型(P)和氮磷型(NP)。FI 即将 NPD 当作 FID 使用,热离子电离源不工作。P 型操作方式,喷嘴接地为正电位,热离子电离源接负电位,组分中的烃类等组分经氢火焰电离产生的负离子不能越过热离子电离源的负电位位垒,而经喷嘴入地。有机磷化合物产生的电负性碎片从热离子电离源得到电子产生负离子被收集极接收产生响应,实现对有机磷化合物的专一性检测。NP 型操作方式时,喷嘴和热离子电离源都为负电位,降低氢气流速,使得喷嘴上不能形成正常燃烧的氢火焰,只在热离子电离源上形成一层活性很高的"冷氢焰",在此条件下烃类等有机物不电离,有机磷和有机氮化合物易在"冷氢焰"中形成 CN、PO 和 PO_2 等电负性基团,进而得到电子形成负离子到达收集极产生电信号,实现对 N、P 化合物的专一性检测。

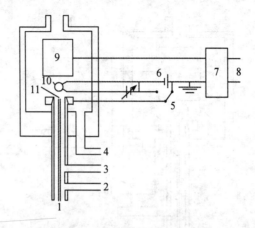

图 5.3　NPD 结构示意图

1.毛细管柱;2.尾吹气入口;3.氢气入口;4.空气入口;5.喷嘴极性转换电压;6.极化电压;

7.放大器;8.输出端口;9.收集极;10.碱金属热离子电离源;11.喷嘴

5.4.3　电子俘获检测器

　　ECD 是灵敏度最高的选择性气相色谱检测器,它仅对那些能够俘获电子的化合物,如含卤族元素及含 N、O 和 S 等杂原子的化合物有响应,其结构如图 5.4 所示。由色谱柱流出的载气与尾吹气一同进入 ECD 池,在放射源 β 射线的轰击下,发生电离,产生大量电子,在电场的作用下流向阳极,产生 $10^{-9} \sim 10^{-8}$ A 的电流,当电负性的组分进入检测池后会俘获池内电子,使电流下降产生一负峰,通过极性转换后形成响应信号。

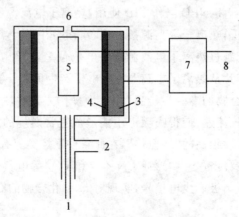

图 5.4　NPD 结构示意图

1.毛细管柱;2.尾吹气入口;3.阴极;4.放射源;5.阳极;6.气体出口;7.放大器;8.输出端口

5.4.4　火焰光度检测器

FPD 是对含硫、磷的有机化合物有响应的专一性检测器。FPD 是利用富氢火焰使含硫、磷杂原子的有机物分解，形成激发态的 S_2^* 分子或 HPO^* 分子，当它回到基态时，产生最大发射波长分别为 394 nm 和 526 nm 特征光谱，通过光电系统的光度分析实现对含硫、磷化合物的专一性检测。

5.5　气相色谱分析流程

气相色谱分析流程如下（以进液体样为例）：样品首先在进样口（气化室）进行气化，随后被载气推入色谱柱，样品中各组分与柱内固定相有形成分配（固定相为液体）或吸附平衡（固定相为固体）的倾向，然而由于流动相的流动使得这种分配或吸附解析过程反复多次地进行，其结果是流动相中分配浓度高的组分（相对于固定相而言）先流出色谱柱进入检测器，分配浓度低的组分后流出色谱柱进入检测器，从而实现了对混合组分的分离检测（组分的分离程度和流出速度可通过控制柱温进行调节）。图 5.5 是一组脂肪酸甲酯的气相色谱图。

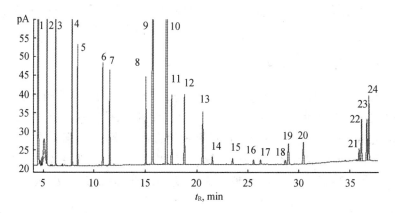

图 5.5　一组脂肪酸甲酯的气相色谱图

1. 溶剂峰；2. C10：0；3. C12：0；4. C14：0；5. C14：1；6. C16：0；7. C16：1；8. C18：0；9. C18：1；10. C18：2；11. C19：0；12. C18：3；13. C20：0；14. C20：1；15. C20：2；16. C20：4；17. C20：3；18. C20：5；19. C22：0；20. C22：1；21. C24：0；22. C22：5；23. C22：6；24. C24：1

（色谱柱为：DB-23,60 m × 0.25 mm × 0.25 μm）

5.6　影响气相色谱分离的因素和优化方法

由基本色谱分离方程式(5-1)可知影响气相色谱分离的因素为柱效、分配比和选择因子。

$$R=\frac{\sqrt{n}}{4}\left(\frac{\alpha-1}{\alpha}\right)\left(\frac{k}{1+k}\right) \tag{5-1}$$

式中:R 为分离度;n 为柱效;α 为选择因子;k 为分配比。

注:根据本书的教学目的,不对色谱的基础理论具体介绍,有关基本概念可参考本书章节液相色谱部分,关于基本色谱分离方程式的推导和进一步学习请参考相关专业书籍。

5.6.1　柱效

柱效一般用理论塔板数 n 或理论踏板高度 H 来度量。n 越大或 H 越小,意味着柱效越高,表现在色谱图上色谱峰越窄,越有利于色谱峰的分离。柱长增加,n 成比例地增加,但分析时间也随之增加。对于确定的色谱柱,可通过调整载气流速,使 H 接近最低值,从而提高柱效。也可采用小内径的毛细管柱,如为填充柱,则使用粒径较小的填料。

5.6.2　分配比

分配比,也称容量因子,改变容量因子 k 是最容易改变分离度的方法。容量因子 k 是指在一定温度和压力下,组分在两相间分配达到平衡时,固定相与流动相中组分的质量比。k 在一定范围内增加可有效地提高分离度,但当 k 大于 5 时 R 变化很小,反而会迅速增加保留时间,一般 k 值控制在 2~5。改变 k 值的最简单方法是改变柱温,降低柱温可明显地提高 k 值。此外,降低载气流速也是常用的方法。

5.6.3　选择因子

选择因子 α,即分配常数的比值,对于确定的固定相和流动相,α 只与柱温有关。对于 α 接近于 1 的两个组分,很难通过改变 k 和 H 在可接受的时间内实现完全分离,因此需要设法改变 α 值来实现分离。改变 α 值的方法有改变柱温、更换色谱柱,有时也可通过衍生化反应改变待测物的化学结构来实现。

　　综上所述,对于一组确定的组分,首先需选用合适的色谱柱,然后通过优化载气流速、柱温或升温程序来实现对混合物的分离。

5.7　气相色谱定性分析方法

5.7.1　保留时间定性

　　保留时间是气相色谱分析最常用、最方便的定性方法,但前提是需要标准品。它是基于确定的色谱条件下,各组分保留时间是一定值的原理,通过与标准参照物质的保留时间对照,保留时间相同,即为同一种物质。但用保留时间定性不总是可靠的,必要时还需要使用双柱进一步确定,即使用不同的固定相保留时间仍然相同。

5.7.2　保留指数定性

　　保留指数,即 Kováts 指数,是一种重现性较其他保留值都好的定性参数,可根据所用固定相和柱温直接与文献值对照,而不需标准品。定义正构烷烃的保留指数为其碳数乘以 100,如正己烷和正辛烷的保留指数分别为 600 和 800。其他物质的保留指数则根据与其保留时间相邻的两个正构烷烃进行标定。标定方法是将碳数为 n 和 $n+1$ 的一组正构烷烃加于试样 x 中进行分析,选择调整保留时间为 $t_R'(C_n)$、$t_R'(C_{n+1})$ 且满足 $t_R'(C_n) < t_R'(x) < t_R'(C_{n+1})$ 的两个正构烷烃按式(5-2)进行计算。求出未知物的保留指数,与文献值对照,即可对未知物定性。

$$I_x = 100 \times \left[n + \frac{\lg t_R'(x) - \lg t_R'(C_n)}{\lg t_R'(C_{n+1}) - \lg t_R'(C_n)} \right] \tag{5-2}$$

5.7.3　与其他方法结合定性

　　气相色谱与质谱、Fourier 红外光谱、发射光谱联用是目前解决复杂样品定性分析的有效手段。其中气相色谱-质谱联用是最常用的方法,如食品风味物质的分析,组分可达上百种,通过质谱库检索可对未知物进行定性,十分方便。不足之处是谱库中不存在的物质不能进行定性(匹配度差),其次同分异构体的质谱非常相近或相同,不能通过质谱解析或谱库检索进行区分。通常谱库检索与保留指数并用,能得到有信服力的结果。

5.8　气相色谱定量分析方法

气相色谱定量分析是根据检测器对待测物产生的信号与其质量或浓度成正比的原理,通过色谱图峰面积或峰高计算待测物的含量。

5.8.1　定量校正因子

由于同一检测器对不同物质的响应是不同的,即相同的色谱峰并不意味有相等物质的量,因此当根据色谱峰定量时不同物质有不同的换算系数,即定量校正因子。定量校正因子定义为单位峰面积的组分的量,表示为式(5-3),$f_i{}'$、$w_i{}'$和$A_i{}'$分别为组分 i 的定量校正因子、组分 i 的量和对应峰面积。

$$f_i{}' = \frac{w_i{}'}{A_i{}'} \tag{5-3}$$

样品中各组分的定量校正因子与标准物定量校正因子的比值定义为相对定量校正因子,表示为式(5-4),$f_i(m)$ 为组分 i 的相对定量校正因子,$f_i{}'(m)$ 和 $f_s{}'(m)$ 分别为组分 i 的定量校正因子和标准物质的校正因子,A_i 和 A_s 分别为组分 i 和标准物质的峰面积,m_i 和 m_s 分别对应组分 i 和标准物质的质量。定量校正因子除了与检测器类型有关,还与操作条件有关,而定量校正因子的比值与操作条件无关。相对定量校正因子只与试样、标准物质和检测器类型有关,与操作条件、柱温、载气流速、固定液性质无关。

$$f_i(m) = \frac{f_i{}'(m)}{f_s{}'(m)} = \frac{A_s \times m_i}{A_i \times m_s} \tag{5-4}$$

5.8.2　归一化法

归一化法是气相色谱较为常用的定量方法,其前提是试样中所有组分都必须完全流出色谱柱出峰。计算公式如下:

$$x_i = \frac{A_i f_i}{\sum A_i f_i} \times 100 \tag{5-5}$$

5.8.3　外标法

外标法是最为常用的气相色谱定量方法。外标法不需要定量校正因子,它是直接通过比较待检组分与对应已知浓度的标准物的峰面积(或峰高)进行定量的。外标法既可使用单点也可使用校准曲线,单点法要求标样浓度与待定量组分的浓度较为接近为好,校准曲线法要求待定量组分的浓度在校准曲线的范围内。单点法的计算公式如式(5-6);校准曲线法,需要通过分析一系列标准溶液,对峰面积(或峰高)和浓度之间做最小二乘法回归分析,获得浓度与面积(或峰高)的关系式(5-7),然后求得待测组分含量。外标法定量简单,但进样重复性要求高,操作条件需严格控制。

$$c_i = A_i \times \frac{c_s}{A_s} \qquad (5\text{-}6)$$

式中:c_i 为待测组分的浓度,c_s 为标样的浓度,A_i 为待测组分的峰面积,A_s 为标样的峰面积。

$$y = kc + b \qquad (5\text{-}7)$$

式中:y 为峰面积或峰高,c 为待测物浓度,k 和 b 为常数。

5.8.4　内标法

为了克服外标法对进样要求严格的不足,在样品溶液和标准溶液中加入一固定浓度的内标物,进样分析,则有关系式(5-8)和式(5-9)成立。首先通过式(5-8)可求得 f 值,然后根据式(5-9)求得 m_x。

$$\frac{m_s}{m_{Is}} = \frac{A_s \times f_s}{A_{Is} \times f_{Is}} = \frac{A_s}{A_{Is}} \times f \qquad (5\text{-}8)$$

式中:m_s,m_{Is} 分别为标样和内标物的质量;A_s,A_{Is} 分别为标样和内标物的峰面积;f_s 和 f_{Is} 分别为标样和内标物的定量校正因子;f 为标样和内标物的定量校正因子的比值,也可理解为以内标为标准物的相对校正因子。

$$\frac{m_x}{m_{Is}} = \frac{A_x}{A_{Is}} \times f \qquad (5\text{-}9)$$

式中:m_x、m_{Is} 分别为待测物和内标物的质量,A_x、A_{Is} 分别为待测物和内标物的峰面积。

内标法也可在样品溶液和一系列标准溶液中加入一固定浓度的内标物,进样分析,然后建立标样与内标物质量比(或浓度比)与对应色谱峰面积比(或峰高比)之间的线性关系,然后通过校准曲线对待测物进行定量。

由于内标法应用的是质量比(或浓度比)和对应检测信号的比值,与进样量无关,因此对进样量的重复性要求不高,容易获得较为准确的定量结果。但合适的内标物不总是容易获得;对内标物的要求是:样品中不含有;出峰位置在各组分之间或与之相近;稳定,与样品易互溶无化学反应。当使用质谱做检测器,理想的内标物是稳定同位素标记的待测物,它不仅可以校正进样误差,还可校正样品处理过程中带人的误差。

5.9　气相色谱应用举例

5.9.1　饲料中脂肪酸含量的测定

1.适用范围

该方法适用于各种饲料(固态)、动植物组织中脂肪酸含量和组成的测定。

2.试剂和溶液

(1)乙酰氯甲醇溶液(1+10,V+V):将 10.0 mL 氯乙酰在磁力搅拌下缓慢滴加到 100 mL 无水甲醇中。

(2)正己烷:分析纯。

(3)60 g/L 碳酸钾溶液:称取 6 g 分析纯碳酸钾,溶解于 100 mL 蒸馏水中。

(4)内标溶液(1 mg/mL):溶解 100 mg 十九碳脂肪酸甲酯(或十七碳脂肪酸甲酯)于约 80 mL 正己烷中,定容至 100 mL。

3.样品处理

(1)准确称取 50～500 mg(含脂肪 10～50 mg)干样于 50 mL 带密封盖的试管中。

(2)依次加 1 mg/mL 内标溶液 5 mL,氯乙酰甲醇溶液 3～4 mL,拧紧盖子,在振荡器上震荡 1 min。

(3)80℃水浴 2 h,取出冷却。

(4)加入 60 g/L 碳酸钾溶液 5 mL,振荡 1 min,静置或离心分层,取上层液上机测定。

4.色谱条件

(1)气相色谱仪。

(2)色谱柱:DB-23(J & W Scientific,60.0 m×250 μm×0.25 μm)。

(3)进样口:分流比 20∶1,250℃。

(4)载气:氢气,1.0 mL/min。

(5)FID 检测器:工作温度 280℃;氢气流速 40 mL/min;空气流速 450 mL/min;

尾吹气(He)流速 50 mL/min。

(6)升温程序:180℃保持 15 min,3℃/min 升温至 230℃保持 5 min。

5.定量方法

(1)方法 1。

$$x_i = \frac{A_i \times m_{C19:0}/A_{C19:0}}{m} \times 100\% \tag{5-10}$$

式中:x_i 为第 i 某种脂肪酸占样品的质量分数;A_i 为第 i 种脂肪酸的峰面积;$A_{C19:0}$ 为内标峰面积;m 为样品质量。

(2)方法 2

$$x_i = \frac{A_i}{\sum A_i - A_{C19:0}} \times 100\% \tag{5-11}$$

式中:x_i 为第 i 某种脂肪酸占样品总脂肪的质量分数;A_i 为第 i 种脂肪酸的峰面积;$A_{C19:0}$ 为内标峰面积。

5.9.2 饲料中胆固醇的测定(NY/T 1032—2006)

5.9.2.1 适用范围

该方法适用于配合饲料、浓缩饲料和添加剂预混合饲料中胆固醇的测定。方法最低检测限为 0.02 mg/kg。

5.9.2.2 测定原理

用三氯甲烷(氯仿)提取试液中的胆固醇,以氮气作为流动相,用气相色谱法分离测定。

5.9.2.3 试剂与溶液

除特殊注明外,所用试剂均为分析纯,用水符合 GB/T 6682 一级水的规定。

(1)三氯甲烷(氯仿):优级纯。

(2)乙醚:优级纯。

(3)胆固醇标准液。

①胆固醇标准储备液。准确称取胆固醇标准品(纯度≥98%)0.100 0 g,置于 100 mL 容量瓶中,用氯仿溶解,定容,其浓度为 1 000 μg/mL,置于 4℃冰箱中保存。

②胆固醇标准工作液。分别准确吸取一定量的胆固醇标准储备液,稀释 10 倍,用乙醚稀释、定容,配制成浓度为 2.5 μg/mL、5.0 μg/mL、10.0 μg/mL、20.0 μg/mL、40.0 μg/mL 的标准工作液。

5.9.2.4 仪器和设备

(1)实验室常用仪器、设备。

(2)气相色谱仪:配氢火焰检测器(FID)。

(3)电子天平:感量 0.000 1 g。

(4)振荡器。

(5)玻璃具塞三角瓶:150 mL。

(6)微孔滤膜:0.45 μm。

5.9.2.5 测定步骤

1.提取

称取 1~5 g 试样(准确至 0.000 2 g),置于 150 mL 玻璃具塞三角瓶中,准确加入 50 mL 氯仿,往复震荡 30 min 过滤。取滤液 2~10 mL 置具塞试管中,用氮气吹干,准确加入 1~5 mL 乙醚,此液用 0.45 μm 微孔有机滤膜过滤作为试样溶液,供气相色谱分析。

2.测定

(1)色谱条件。

色谱柱:HP-5,或相当者。

柱温:160℃恒温 1 min,以 30℃/min 速度升温至 280℃,恒温 6 min。

进样口温度:280℃。

检测器温度:280℃。

载气:氮气(N_2)(纯度≥99.99%),流速:3.0 mL/min。

氢气流速:30 mL/min。

空气流速:350 mL/min。

(2)定量测定。

按仪器说明书操作,取适量试样制备液和相应浓度的标准工作液,作单点或多点校准,以色谱峰面积积分值定量。

5.9.2.6 结果计算与表示

试样中胆固醇的含量 X,以质量分数(mg/kg)表示,按式(5-12)计算。

$$X = \frac{m_1}{m \times n} \tag{5-12}$$

式中:m_1 为试样中色谱峰面积对应的胆固醇的质量,μg;m 为试样质量,g;n 为稀释倍数。

测定结果用平行测定的算术平均值表示,保留至小数点后 1 位。

5.9.2.7　精密度

两个平行测定的相对偏差不大于10%。

5.9.3　饲料中丁基羟基茴香醚、二丁基羟基甲苯和乙氧喹的测定(GB/T 17814—1999)

5.9.3.1　适用范围

该方法适用于配合饲料、鱼粉中抗氧化剂 BHA、BHT、EQ 的测定。

5.9.3.2　测定原理

样品中 BHA、BHT、EQ 用正己烷提取,离心分离后(如遇干扰待测组分的样品,则需取上清液,用柱层析净化处理),取上清液用气相色谱、FID 检测器检测,外标法定量。

5.9.3.3　试剂与溶液

除特殊注明外,所用试剂均为分析纯,分析用水为蒸馏水或去离子水。

(1)正己烷。

(2)丙酮。

(3)二氯甲烷。

(4)二氯甲烷-丙酮(9+1,$V+V$)混合液。

(5)无水硫酸钠:500℃烘 4 h。

(6)氟罗里硅土:孔径 177～149 μm(80～100 目),550℃烘 4 h,存于干燥器中。

(7)助滤剂:Celite 545,20～45 μm。

(8)医用脱脂棉。

(9)BHA 标准物:纯度≥98%。

(10)BHT 标准物:纯度≥98%。

(11)EQ 标准物:纯度≥95%。

(12)BHA、BHT、EQ 混合标准溶液:称取上述标准物各 500.00 mg(视其纯度,换算成 100%再称样),置于 50 mL 棕色容量瓶中,以正己烷溶解并定容,此液为 10 mg/mL。然后稀释成系列标准液:1.00、0.50、0.10、0.05、0.01 mg/mL。

5.9.3.4　仪器和设备

(1)气相色谱仪:带 FID 检测器。

(2)氮气钢瓶:氮气纯度为 99.99%。

(3)氢气发生器:氢气纯度为 99.99%。

(4)空气钢瓶:一般压缩空气。

(5)离心机:4 000 r/min。

(6)粉碎机:粉碎粒度达 40 目。

(7)超声波处理机。

(8)微型混合器。

(9)分析天平:感量 0.000 1 g。

(10)具塞刻度玻璃试管:10 mL。

(11)铝制试管架。

(12)具活塞层析柱:15 cm×1 cm。

(13)旋转蒸发器:带抽真空装置(或真空泵)。

(14)浓缩烧瓶:150 mL,带 5 mL 刻度尾接管。

5.9.3.5 测定步骤

1.试样溶液制备

(1)提取。称取样品 2.000 g 于 10 mL 具塞刻度试管中,加入少许无水硫酸钠,再加 5.0 mL 正己烷,加塞。在微型混合器上混合 0.5 min,将试管放到试管架上,连同试管架一起放入超声波处理槽内,槽内水位以刚好与试管中试样液位取齐或稍过,超声提取 15 min。取出,将试管外水液擦去,放入离心机,以 4 000 r/min 离心 2 min,取出试管。上清液为待测溶液。

(2)净化。

①如遇干扰待测组分的样品,需作如下柱层析净化处理:首先按上述方法提取样品,只是提取液由 5.0 mL 正己烷改为 10.0 mL 正己烷。

②装柱:层析柱底先放少许脱脂棉,再加少许(约 2 g)无水硫酸钠,用正己烷调制氟罗里硅土适量(约 4 g,以装满柱为准),湿法填充于层析柱中,上端先加约 5 g 助滤剂,再加约 5 g 无水硫酸钠,铺平。

③淋洗:用移液管准确吸取离心后的提取液 5.0 mL 上柱。先以 30 mL 正己烷淋洗,再以 80 mL 二氯甲烷-丙酮(9+1,V+V)混合液淋洗,速度以大约每分钟 2 mL 为宜。用旋转蒸发器浓缩至约 1 mL。用正己烷定容至 2.0 mL,待测。

2.测定

分别取系列混合标准溶液 1 μL 进样,测得不同浓度 BHA、BHT、EQ 的峰面积(或峰高),以浓度为横坐标,峰面积(或峰高)为纵坐标,分别绘制工作曲线。同时取样品待测液 1 μL 进样,测得峰面积(或峰高)分别与工作曲线相比较定量。

3.气相色谱参考条件

(1)气相色谱仪,带 FID 检测器。

色谱柱:HP-1 石英毛细管柱,25 m×0.32 mm。

载气：氮气，2.0 mL/min；尾吹气，30 mL/min；氢气，30 mL/min；空气，350 mL/min。

隔垫吹扫：6 mL/min。

分流比：20∶1。

检测器温度：240℃。

进样口温度：210℃。

柱温：见图5.6。

(2)气相色谱仪，带FID检测器。

色谱柱：5% SE-30玻璃填充柱，2.5 m×3.5 mm。

气体流速：氮气，40 mL/min；氢气，25 mL/min；空气，250 mL/min。

进样口、检测器温度：230℃。

柱温：见图5.7。

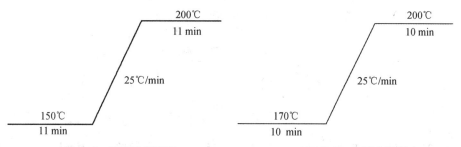

　　图5.6　典型升温程序　　　　　　　图5.7　典型升温程序

(3)BHA、BHT、EQ气相色谱图(出峰顺序：BHA、BHT、EQ)，见图5.8。

5.9.3.6　结果计算与表示

BFIA、BHT、EQ的含量按式(5-13)计算。

$$X = \frac{A_s \times m_{st} \times V}{A_{st} \times m \times V_i} \qquad (5\text{-}13)$$

式中：X 为每千克样品中含某组分的质量，mg；A_s 为进样样液中BHA、BHT、EQ峰面积(或峰高)，μV·s(或 mm)；m_{st} 为BHA、BHT、EQ标准物进样的绝对量，ng；V 为样品提取定容体积，mL；A_{st} 为标准液的BHA、BHT、EQ峰面积(或峰高)，μV·s(或 mm)；m 为样品质量，g；V_i 为样液的进样体积，μL。

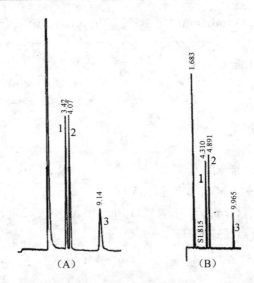

图 5.8 典型色谱图

(A)填充柱分离色谱图;(B)毛细管柱分离色谱图

1.BHA;2.BHT;3.EQ

如样品用柱层析净化处理,结果则按式(5-14)计算。

$$X=\frac{A_s \times m_{st} \times V \times V_2}{A_{st} \times m \times V_1 \times V_i} \tag{5-14}$$

式中:V_1 为样品提取液分取过柱体积,mL;V_2 为样液进样前定容体积,mL。其他符号同式(5-13)。

每个试样平行测定两次,以其算术平均值为结果。结果表示到小数点后一位。

5.9.3.7 允许差

相对相差≤15%。

5.9.3.8 注意事项

(1)该方法采用程序升温去除色谱图后面可能出现的杂质峰(避免干扰后续上机样品的测定)。如色谱图中,前面各待测组分不受杂峰干扰,则尽可不必采用净化处理,但要常注意清洗进样器。

(2)该方法也适合于维生素预混料、单组分抗氧化剂 BHA、BHT、EQ 的测定,而且可免除程序升温,节省时间。

(3)检测全过程,尽可能避光(或不在强光下)操作,以减少损失。

(4)如遇较难提取的试样,可于头天称样,加正己烷浸泡过夜,第 2 天再提取测定。

（5）用柱层析净化时，一定要注意氟罗里硅土的活性。550℃烘4 h能保持3 d,3 d后,用前需在130℃烘4 h（特别是夏天湿度大时,更需注意）;活性太强,EQ过柱洗脱不下来时,可加分析用水脱活（加氟罗里硅土质量的2%的水,摇匀,过夜平衡）。

5.9.4　饲料中丙酸、丙酸盐的测定（GB/T 17815—1999）

5.9.4.1　适用范围

该方法适用于饲料中丙酸含量在0.3%以下丙酸、丙酸盐（以丙酸计）的测定。

5.9.4.2　测定原理

将饲料试样在磷酸酸性条件下蒸馏,使用标准巴豆酸液作为内标物质,再用气相色谱仪（FID）测定馏出液中丙酸含量。

5.9.4.3　试剂与溶液

（1）磷酸:优级纯（1+ 9,$V+V$）。

（2）氯化钠。

（3）硅油。

（4）巴豆酸（$C_4H_6O_2$）。

（5）丙酸 C$C_3H_6O_2$）:色谱纯。

（6）丙酸标准液。

①丙酸标准储备液:准确称取1.000 0 g丙酸,于100 mL的容量瓶中,加水溶解、定容,摇匀。此液1 mL含10 mg丙酸。

②丙酸标准中间工作溶液:移取丙酸标准储备液10 mL置于100 mL容量瓶中,用水稀释、定容。此液1 mL含1 mg丙酸。

（7）巴豆酸标准溶液。

①巴豆酸标准储备液:准确称取1.000 0 g巴豆酸于100 mL的容量瓶中,加水溶解,用水定容,摇匀。此液1 mL含10 mg巴豆酸。

②巴豆酸标准中间工作溶液:移取巴豆酸标准储备液至100 mL容量瓶中,用水稀释定容。此液1 mL含1 mg巴豆酸。

（8）丙酸-巴豆酸标准工作溶液。移取丙酸标准中间工作溶液5.00、10.00、20.00、30.00 mL分别置于100 mL容量瓶中,准确地在各容量瓶中加入10 mL巴豆酸标准中间工作溶液,再用水定容,配制成丙酸-巴豆酸标准系列工作溶液（使用前配制）。

5.9.4.4　仪器和设备

（1）气相色谱仪:具有氢火焰检测器。

(2)氮气钢瓶:氮气纯度为 99.99%。

(3)全玻璃蒸馏装置。

(4)具滤膜过滤器:1 μm 滤膜。

(5)调温电炉:1 000 W。

(6)分析天平:感量 0.000 1 g。

(7)容量瓶:100 mL。

5.9.4.5　分析步骤

1.试样的蒸馏

称取 50 g(精确至 0.000 1 g)以下的试样(丙酸相当量为 10~100 mL)于 500 mL 的圆底烧瓶中,加入 200 mL 水,80 g 氯化钠,10 mL 磷酸及 1~2 滴作为消泡剂的硅油,将烧瓶与事先已装入 20 mL 水的容器连接起来,进行水蒸气蒸馏,直至馏出液为 250 mL。在馏出液中加入 5 mL 标准巴豆酸储备液,充分摇均后用 1 μm 的膜滤器过滤制成试样液。

2.色谱条件

(1)检出器:氢火焰检测器。

(2)色谱柱:玻璃,内径 3 mm,长 2 m。

(3)柱填充制:Chromosorb101,粒径 250 μm,177 μm (60~80 目)。

(4)载气(氮气):50 mL/min。

(5)燃气(氢气):0.08 MPa (0.8 kg/cm^2)。

(6)助燃气(空气):0.2 MPa (2.0 kg/cm^2)。

(7)柱温:170℃。

(8)进样口温度:200℃。

(9)检测器温度:220℃。

3.测定

用微量进样器将一定量的上述试样液及各种定量的丙酸-巴豆酸标准工作溶液注入气相色谱仪的柱内,得到色谱图。

5.9.4.6　结果计算与表示

饲料中丙酸、丙酸盐含量以丙酸计

利用各种标准丙酸-巴豆酸的色谱图求出丙酸与巴豆酸的面积比,作出丙酸与巴豆酸的质量比的检量线。

从试样液的色谱图得到丙酸与巴豆酸的面积比中,利用检量线求出质量比,按式(5-15)算出试样中丙酸的含量。

$$试样中丙酸含量 = \frac{A \times m_1}{m} \times 100\%$$　　　　　　(5-15)

式中:A 为根据检量线求出的丙酸与巴豆酸的质量比;m_1 为试样中添加的巴豆酸的质量,g;m 为试样质量,g。

5.9.4.7　允许差

每个试样取两个平行样进行测定,以其算术平均值为结果,结果表示到 0.01%。

同分析者对同一试样同时或快速连续地进行两次测定,所得结果之间的相对偏差(丙酸盐换算成丙酸)应不大于 30%。

5.9.5　饲料中异硫酸氰酯的测定方法(GB/T 13087—1991)

5.9.5.1　适用范围

该方法适用于配合饲料(包括混合词料)和菜子榨油后的饼、粕中异硫氰酸酯的含量测定。

5.9.5.2　测定原理

配合饲料或菜子饼、粕中存在的硫葡萄糖甙,在芥子酶作用下生成相应的异硫氰酸酯,用二氯甲烷提取后再用气相色谱进行测定。

5.9.5.3　试剂与溶液

(1)二氯甲烷或氯仿。

(2)丙酮。

(3)pH 7 缓冲液:市售或按下法配制。量取 0.1 mol/L(21.01 g/L)柠檬酸($C_6H_8O_7 \cdot H_2O$)溶液 35.3 mL,于 200 mL 容量瓶中,用 0.2 mol/L 磷酸氢二钠($Na_2HPO_4 \cdot 12H_2O$)稀释至刻度,配制后检查 pH 值。

(4)无水硫酸钠。

(5)酶制剂:将白芥(*Sinapis alba* L.)种子(72 h 内发芽率必须大于 85%,保存期不超过 2 年)粉碎后,称取 100 g,用 300 mL 丙酮分 10 次脱脂,滤纸过滤,真空干燥脱脂的白芥子粉,然后用 400 mL 水分 2 次提取脱脂粉中的芥子酶,离心,取上层混悬液体,合并,于合并混悬液中加入 400 mL 丙酮沉淀芥子酶,弃去上清液,用丙酮洗沉淀 5 次,离心,真空干燥下层沉淀物,研磨成粉状,装入密闭容器中,低温保存备用,此制剂应不含异硫氰酸酯。

(6)丁基异硫氰酸酯内标溶液:配制 0.100 mg/mL 丁基异硫氰酸酯(CH_3-$(CH_2)_3NCS$)二氯甲烷或氯仿溶液,储于 4℃,如试样中异硫氰酸酯含量较低,可将上述溶液稀释,使内标丁基异硫氰酸酯峰面积和试样中异硫氰酸酪峰面积相接近。

5.9.5.4 仪器和设备

(1)气相色谱仪:具有氢焰检测器。

(2)氮气钢瓶:其中氮气纯度为 99.99%。

(3)微量注射器:5 μL。

(4)分析天平:感量 0.000 1 g。

(5)实验室用样品粉碎机。

(6)振荡器:往复,200 次/min。

(7)具塞锥形瓶:25 mL。

(8)离心机。

(9)离心试管:10 mL。

5.9.5.5 测定步骤

①试样的酶解:称取约 2.2 g 试样于具塞锥形瓶中,精确到 0.001 g,加入 pH 7 缓冲液 5 mL,30 mg 酶制剂,10 mL 丁基异硫氰酸酯内标溶液,用振荡器振荡 2 h,将具塞锥形瓶中内容物转入离心试管中,离心机离心,用滴管吸取少量离心试管下层有机相溶液,通过铺有少量无水硫酸钠层和脱脂棉的漏斗过滤,得澄清滤液备用。

②色谱条件。

色谱柱:玻璃,内径 3 mm,长 2 m。

固定液:20% FFAP(或其他效果相同的固定液)。

载体:Chromosorb W,HP,80~100 目(或其他效果相同的载体)。

柱温:100℃。

进样口及检测器温度:150℃。

载气(氮气)流速:65 mL/min。

③测定:用微量注射器吸取 1~2 μL 上述澄清滤液,注入色谱仪,测量各异硫氰酸酯峰面积。

5.9.5.6 结果计算

试样中异硫氰酸酯的质量分数按式(5-16)计算。

$$X = \frac{m_e}{115.19 \times S_e \times m}[(4/3 \times 99.15 \times S_a)+(4/4 \times 113.18 \times S_b)+(4/5 \times 127.21 \times S_p)] \times 1\ 000$$

即
$$X = \frac{m_e}{S_e \times m}(1.15S_a + 0.98S_b + 0.88S_p) \times 1\ 000 \qquad (5-16)$$

式中:X 为试样中异硫氰酸酯的含量,mg/kg;m 为试样质量,g;m_e 为 10 mL 丁基异硫氰酸酯内标溶液中丁基异硫氰酸酯的质量，mg；S_e 为丁基异硫氰酸酯的峰面积；S_a 为丙烯基异硫氰酸酯的峰面积；S_b 为丁烯基异硫氰酸酯的峰面积；S_p 为戊烯基异硫氰酸酯的峰面积。

5.9.5.7　结果表示与重复性

每个试样取 2 个平行样进行测定，以其算术平均值为结果。结果表示到 1 mg/kg。

同一分析者对同一试样同时或快速连续地进行两次测定，所得结果之间的差值：

异硫氰酸酯含量≤100 mg/kg 时，不超过平均值的 15％；异硫氰酸酯含量＞100 mg/kg 时，不超过平均值的 10％。

5.9.6　饲料中多氯联苯的测定（GB/T 8381.8—2005）

5.9.6.1　适用范围

该方法适用于配合饲料、添加剂预混饲料及鱼粉中多氯联苯的测定。方法的最小检出浓度为 0.01 μg/g。

5.9.6.2　测定原理

试样用正己烷提取，提取液经浓硫酸磺化，硅胶柱净化，以配有电子捕获检测器的气相色谱仪测定。

5.9.6.3　试剂与溶液

所用水符合 GB/T 6682 中三级水。

(1)正己烷：分析纯，于全玻璃器中重蒸。

(2)异辛烷：优级纯。

(3)浓硫酸：优级纯。

(4)无水硫酸钠：优级纯，550℃高温灼烧 4 h，冷却后干燥器中保存。

(5)硅胶：分析纯，粒度 0.075～0.150 mm(100～200 目)，130℃烘 16 h，取出后于干燥器中保存。

(6)多氯联苯标准溶液。取浓度为 187.7 μg/mL 的多氯联苯 Aroclor1242 母液 2.0 mL 用异辛烷定容至 50 mL，配成 7.5 μg/mL 作液，再取该工作液 1 mL、2.5 mL、5 mL，分别稀释至 25 mL，配成 0.3 μg/mL、0.75 μg/mL、1.50 μg/mL 的标准系列溶液备用。置于 4℃冰箱，闭光保存。有效期 6 个月。

(7)20 g/L 硫酸钠溶液：称取 20 g 硫酸钠，用水溶解后定容到 1 L 容量瓶。

5.9.6.4　仪器与设备

(1)气相色谱仪：配有电子捕获检测器。

(2)全玻璃重蒸馏装置。

(3)索式提取器。

(4)分液漏斗:500 mL。

(5)旋转蒸发器。

(6)层析柱:内径 1 cm,高 10 cm,上部有桶形漏斗,下部有活塞控制流速。

层析柱 A:装入 10 g 无水硫酸钠轻轻敲实。

层析柱 B:先装入 1 cm 高的无水硫酸钠,再将 3 g 硅胶放入小烧杯中,加入 20 mL,正己烷,边用玻璃棒搅拌边倒入层析柱中,装实后,上层装入 1 cm 高的无水硫酸钠。

5.9.6.5   测定步骤

1.提取

称取试样约 5 g,精确至 0.001 g,加入无水硫酸钠 10 g,用滤纸包好置于索式提取器中,加入正己烷 100 mL,提取 10 h(回流速度 10~12 次/h),冷却后,提取液转入分液漏斗中,

2.净化

3.磺化

于提取液中加入浓硫酸(提取液和浓硫酸的比例是 10:1,以体积计)在分液漏斗中轻轻振摇,静置分层,弃去水层。重复上述操作一次。将正己烷液缓慢通过层析柱 A,再用正己烷洗涤分液漏斗和层析柱 A。

4.硅胶柱净化

收集上述正己烷液于旋转蒸发器浓缩近干,用 5 mL 正己烷溶解,置于层析柱 B,用 40 mL 正己烷洗脱,控制流速为 30 滴/min,收集正己烷于旋转蒸发器,浓缩近干,用正己烷定容至 2.0 mL,待气相色谱测定。

注:装柱、上样及洗脱过程中,始终保持液面不低于硅胶层上平面。

5.测定

(1)色谱条件。

色谱柱:DB-1,柱长 30 m,内径 0.25 mm,膜厚 0.25 μm,或同等级性同等规格柱。

柱温:100℃保持 2 min,以 15℃/min 速度升高至 160℃,然后以 5℃/min 速度升温至 270℃,保持 5 min。

进样口温度:280℃。

检测器温度:300℃。

进样方式:不分流进样。

载气:氮气(纯度≥99.99%),1 mL/min。

补充气:氮气(纯度≥99.99%),50 mL/min。

(2)定性定量方法。

定性:被测样品色谱图与标准品 Aroclor 1242 色谱图进行峰形拟合,保留时间法或相对保留时间法(相对其中一个特定氯联苯)定性。

定量:分别计算标准溶液及样品的特征识别峰峰面积之和,外标法计算样品多氯联苯的残留量。

注:特征识别峰的选择,选取 5～10 个分离较好,容易识别,且避开 DDE 等杂质干扰的色谱峰。

5.9.6.6　结果计算与表示

试样中多氯联苯含量按式(5-17)计算。

$$X = \frac{A \times c \times V}{A_1 \times m}$$　　　　　　(5-17)

式中:X 为试样中多氯联苯含量,mg/kg;A 为试样中特征识别峰的峰面积之和;$A_标$ 为标准溶液特征识别峰的峰面积之和;c 为多氯联苯标准溶液的浓度,μg/mL;V 为试样溶液定容体积,mL;m 为试样称样量,g。

注:空白如有干扰,计算需扣除空白值。

多氯联苯的含量以特征识别峰的含量(mg/kg)表示;表示到小数点后 3 位。

5.9.6.7　重复性

在同以实验室,由同一操作人员使用同一仪器完成的两个平行测定结果的相对偏差不大于 15%。

注:方法干扰可能由溶剂、试剂、玻璃器皿以及其他样品处理用具的沾污引起。为减少干扰,使用高纯试剂或重蒸溶剂,仔细清洗玻璃器皿,洗涤剂洗涤后,用自来水和蒸馏水冲洗,再用丙酮或正己烷冲洗。不使用塑料制品以减少钛酸酯对电子捕获检测器的干扰。农药 DDE 与 PCBs 性质相近,也可能会产生干扰,避开其出峰位置选择特征识别峰。

5.9.7　饲料中有机磷农药残留量的测定(GB/T 18969—2003)

1.适用范围

该方法适用于饲料中有机磷农药残留量的检测。用于检测配合饲料、预混合饲料及饲料原料中谷硫磷、乐果、乙硫磷、马拉硫磷、甲基对硫磷、伏杀磷、蝇毒磷等农药中一种或几种的残留量,各农药的检测限依次为 0.01、0.01、0.01、0.05、0.01、0.01、0.02 mg/kg。

2.测定原理

以丙酮提取有机磷农药,滤液用水和饱和氯化钠(NaCl)溶液稀释。经二氯甲烷萃取,浓缩后用10%水脱活硅胶层析柱净化。然后用磷选择性检测器进行气谱检测。

3.试剂与溶液

(1)水:符合 GB/T 6682 二级用水的规定。

(2)正己烷。

(3)丙酮。

(4)二氯甲烷。

(5)乙酸乙酯。

(6)硅胶,用 10%水(质量百分数)脱活。

130℃活化粒度为 63~200 μm 的硅胶 60 过夜,在干燥器中冷却至室温后,将硅胶倒入密封的玻璃容器中。加足够蒸馏水使质量百分浓度为 10%。用机械或手用力摇动 30 s,静止 30 min,其间应不时摇动。30 min 后硅胶即可用。次硅胶6 h 之内必须使用。

(7)洗脱溶剂:二氯甲烷-正己烷(1+1,V+V)。

(8)惰性气体,如氮气。

(9)无水硫酸钠。

(10)饱和氯化钠(NaCl)溶液。

(11)农药标准品如下:

■谷硫磷:O,O-二甲基-S-(4-氧代-1,2,3-苯并三氮苯-3-甲基)二硫代磷酸酯;

■乐果:O,O-二甲基-S-(N-甲基胺基甲酰甲基)二硫代磷酸酯;

■乙硫磷:双-(O,O-二乙基二硫代磷酸酯)-甲烷;

■马拉硫磷:O,O-二甲基-S-[1,2-双(乙氧羰基)乙基] 二硫代磷酸酯;

■甲基对硫磷:O,O-二甲基-O-(对硝基苯基)硫逐磷酸酯;

■伏杀磷:O,O-二乙基-S-[(6-氯-2-氧苯并噁唑啉-3-基)甲基]二硫代磷酸酯;

■蝇毒磷:O,O-二乙基-O-(3-氯-4-甲基-2-氧代-2H-1-1 苯并吡喃-7-基)硫逐磷酸。

(12)内标:三丁基磷酸酯。

(13)农药标准溶液。

①储备液:浓度为 1 000 μg/mL。按如下方法,每种农药标准做一个储备液,作为农药标准品和内标。

称一定量的农药(精确到 0.1 mg),使得标准品和内标物浓度为

1 000 μg/mL。称量时注意各标准品的纯度。将称量物转移到 100 mL 容量瓶中,溶解于乙酸乙酯中,并用乙酸乙酯定容至刻度。黑暗处 4℃ 可保存 6 个月。

②中间溶液,浓度为 10 μg/mL。分别用移液管取 1 mL 储备液,加入到 100 mL 容量瓶中,用乙酸乙酯稀释到刻度。这些溶液可在 4℃、黑暗处保存 1 个月。

注:农药标准品保存适当时是稳定的,研究表明,所有的纯度农药标准品,在 −18℃ 时可稳定 15 年。农药的甲苯储备液(1 mg/kg)至少可稳定 3 年。

以下推荐的方法可以保存更长时间:转移部分标准品溶液到带有螺旋口的琥珀色小瓶中,称重,然后储存在 −20℃。需要时,将小瓶从冷藏室中取出,放置到室温,称重。如果净重的累积损失量(由于蒸发)比冷冻前大 10% 或更多,则不可使用。按此方法,可使用时间超过 1 个月中间液(通常用 25 mL 瓶装),用后称重,重新冷冻。

③工作液:浓度为 0.5 μg/mL。用移液管吸取 5 mL 中间液加入到 100 mL 容量瓶中,用乙酸乙酯定容。在 4℃、黑暗条件下,此溶液可稳定保存 1 个月。

(14)空白试样:与被测样品同类但不含检测物质的样品。

4.仪器

使用前,用清洗剂彻底清洗所有玻璃仪器,以免杂质干扰。冲洗过程为先用水,后用丙酮,最后干燥。忌用塑料容器,勿用油脂润滑活塞,否则杂质会混入溶剂中。

(1)分液漏斗:500 mL 和 1 000 mL 容量,配聚四氟乙烯旋塞和盖子。

(2)吸滤瓶:500 mL 容量。

(3)布式漏斗:瓷性滤芯,内径为 90 mm。

(4)刻度管:10 mL 容量,配聚四氟乙烯塞子。

(5)玻璃层析柱:长约 300 mm,内径为 8~10 mm,内装孔径为 40~100 μm 玻璃滤片或玻璃毛。

(6)旋转蒸发器:配备 100 mL 和 500 mL 的圆底烧瓶,水浴温度为 40℃。

(7)振荡器或高速匀浆机。

(8)气相色谱系统。

①组成。

■不分流或柱头进样系统。

■色谱柱。

■磷选择检测器。

■静电计。

■毫伏记录器和积分器。

■数据处理软件和计算机系统。

■进样口、柱箱和检测器应分别有独立加热装置。控温精度为 0.1℃ 的气谱系统,可根据仪器使用特性调整参数,使之最优化。

②条件:根据仪器使用说明,进样口和检测器温度分别为 220～240℃ 和 180～380℃。有机磷的分离用色谱柱及温度程序采用推荐条件。

③进样设备:自动进样器或其他适当的进样装置。

手动进样,可用 1～5 μL 的微量进样器,针长适用于进样(不分流或柱头)。在将溶液注入气相色谱仪前,先用纯溶剂洗进样器 10 次,然后用待测试液洗 5 次。进样后,用纯溶剂洗 5 次。

④柱:毛细管柱应涂上无极性到中等极性范围的固定相,推荐使用如 SE-30,SE-54,OV-17 或其他等效固定相。

填充色谱柱,长 2～4 m,内径 2～4 mm,内装 10% DC-200,涂于 Chromosorb WHP,粒度为 0.15～0.18 mm,或 2% QF-1 和 1.5% DC-200 的混合固定相,涂于 Chromosorb WHP,粒度为 0.125～1.15 mm,也可用有机磷农药分析时推荐使用的其他固定相替代。

新的柱子安装后,应在略高于最高操作温度老化至少 48 h。

⑤检测器:使用磷选择检测器(FPD 或 NPDP 型),各有机磷农药的最小检测限在 50 pg。

⑥载气:纯氮、纯氦或纯氢气。

0.5 nm 的分子筛安装在载气气路上,使用前在 350℃ 活化 4～8 h。

每当装配新气瓶或必要时,应重新活化分子筛。

⑦补充气:用氢气或空气。

⑧系统的线性确证:用 0.1～2 ng 的对硫磷检查系统线性。

准备 0.05～1.0 μg/mL 的对硫磷工作液,进样量为 2 mL。

以峰值(面积或峰高)对对硫磷质量(ng)作图,图形应是一条通过原点的直线。如果不呈现线性,应确定检测器响应为线性的浓度范围。

5.测定步骤

(1)试样。干燥或低湿的试样,称取 50 g,高湿度的样品,称取 100 g(精确到 0.1 g)。放入 1 000 mL 锥形瓶中。

(2)提取。加水使试样总含水量约 100 g 浸泡 5 min 左右。加 200 mL 丙酮。塞紧瓶塞,在摇床上振荡提取 2 h 或在匀浆机上匀浆 2 min。用真空泵抽滤,在布式漏斗中用中性滤纸,滤液接入 500 mL 的吸滤瓶中。分两次加入 25 mL 丙酮清洗容器和滤纸上的残渣,滤液收集到同一个滤瓶中。

将滤液转入 1 000 mL 分液漏斗中,滤瓶用 100 mL 二氯甲烷清洗,清洗液也倒入分液漏斗中,加水 250 mL 和 50 mL 饱和氯化钠溶液振摇 2 min。

使相分离,放出下层(二氯甲烷)到 500 mL 分液漏斗中,再用 50 mL 二氯甲烷萃取两次,合并二氯甲烷到同一分液漏斗中。

用 100 mL 水清洗二氯甲烷提取物两次,弃去水相。

将 20 g 无水硫酸钠加到滤纸上,真空过滤二氯甲烷提取物,滤液接入 500 mL 烧瓶中。用 10 mL 二氯甲烷冲洗分液漏斗和硫酸钠两次。

减压浓缩至 2 mL 左右。温度不超过 40℃,用 1～2 mL 的正己烷将浓缩物转移到 10 mL 刻度管中,在氮气下浓缩至 1 mL。

不要让溶液干了,否则农药会由于挥发或溶解度差而损失。

(3)柱净化。

①柱的制备。加 5 g 质量分数为 10% 的水脱活硅胶到玻璃层析柱内。在硅胶顶部,加 5 g 无水硫酸钠。再用 20 mL 正己烷预洗柱子。

注:硅石或弗罗里硅土(即 Millipore-SEP PAK)也可代替硅胶,但需检验柱效及干扰情况。

②净化。用 1～2 mL 正己烷将浓缩的提取物定量转移到层析柱顶部。

用 50 mL 洗脱液洗出有机磷农药,收集洗脱液到 100 mL 的真空蒸发器的烧瓶中。

浓缩洗脱液,用乙酸乙酯定容到 10 mL。

当使用内标法时,在加乙酸乙酯定容到 10 mL 之前,加 0.5 mL 磷酸三丁酯内标中间液。

用空白试液做参比标准溶液。

③气相色谱仪。在推荐使用条件下,待气相色谱仪稳定。先注射 1～2 μL 标准工作液,再注射等量的样品净化液必要时需稀释。

根据保留时间,确定各种农药的峰。

通过标准工作液中各已知浓度农药的峰值进行比较,确定试样溶液中各农药的浓度。

如果结果相当或大于最高残留限量(MRLs),将适量标准中间液加到空白试液中,以保证参比液的峰值在试样液峰值的 25% 以内。用乙酸乙酯稀释到 10 mL,进样量与试液进样量相同。

通过比较试样与相应的已知农药浓度的参比试液的峰值来确定农药的浓度。

6.结果计算

试样中各农药的残留量按式(5-18)计算。

$$W = \frac{A \times m_s \times V}{A_s \times m \times V_1}$$ (5-18)

式中:W 为试样中各种农药的残留量,mg/kg;A 为试样峰值;A_s 为工作液或参比试液中对应农药的峰值;m_s 为标准品的进样质量,ng;V 为稀释后试样总体积,mL;V_1 为试样进样量,μL;m 为试样的质量,g。

7.回收率

根据 0.1 mg/kg 水平添加空白样品中做的回收率试验,确证方法的可行性。

每种农药的回收率应在 70%~110%。

农药残留超过最高允许残留限量时,回收水平应与试样相近。

8.定性确证

当结果相当或大于最允许残留限量(MRLs)时,需要进行定性确证,可使用另一个极性不同的色谱柱进行确证,也可以用 GC-MS 进行确证。

9.精密度

(1)允许差。大于 0.1 mg/kg 时两次平行测定的相对偏差不大于 10%。小于 0.1 mg/kg 时两次平行测定的相对偏差不大于 20%。

(2)重复性。在同一实验室,由同一操作者使用相同的设备,按相同的测试方法,并在短时间内,对同一被测对象,相互独立进行测试获得的两次独立测试结果的绝对差值,超过重复性限 r 值的情况不大于 5%。

(3)再现性。在不同的实验室,由不同的操作者使用不同的设备,按相同的测试方法,对同一被测对象相互独立地进行测试获得两次独立的测试结果的绝对差值,超过再现性限 R 的情况不大于 5%。

附:气相色谱法测定有机磷农药的操作条件实例

示例1:

柱:石英玻璃毛细管 OV-1,长 25 m,内径 0.25 mm,膜厚 0.25 μm。

柱温:初温 60℃保持 2 min,以 20℃/min 升温至 130℃,然后再以 6℃/min 升至 240℃,保持 5 min。

进样器:250℃,不分流,延迟 45 s,或柱头进样。

检测器:选择 N、P 检测器 P 型,280℃,或质谱检测器。

示例 2:

柱:石英玻璃毛细管 SE-54,长 25 m,内径 0.25 mm,膜厚 0.25 μm。

柱温:初温 60℃保持 0.5 min,以 30℃/min 升温至 130℃,然后再以 80℃/min 升至 240℃,保持 2 min。

进样器:250℃,不分流延迟 45 s,或柱头进样。

检测器:选择 N、P 检测器 P 型,280℃,或质谱检测器。

示例 3:

柱:石英玻璃毛细管 OV-17,长 30 m,内径 0.25 mm,膜厚 0.25 μm。

柱温:初温 60℃保持 0.5 min,以 30℃/min 升温至 160℃,然后再以 6℃/min 升至 240℃,保持 4 min。

进样器:250℃,不分流延迟 45 s,或柱头进样。

检测器:选择 N、P 检测器 P 型,285℃,或质谱检测器。

思考题

1.简述气相色谱仪的构成及常用检测器用途特点。

2.气相色谱分析采用的定性和定量方法有哪些?

3.内标物质应具备的条件是什么?

4.简述脂肪酸分析原理步骤。

6 饲料中违禁药物和其他物质定量分析与确证技术

【内容提要】
本章系统介绍饲料中违禁药物和其他物质及其分析技术的概况、气相色谱质谱联用技术和液相色谱质谱联用技术相关基础知识。在此基础上,详细列举了气相色谱质谱联用技术和液相色谱质谱联用技术在饲料中违禁物质兴奋剂、碘化酪蛋白、硝基咪唑类药物及三聚氰胺等的定量和确证分析上的应用。

6.1 概述

随着仪器分析技术手段的不断进步,对饲料中违禁药物和其他物质检测的准确度和精确度提出了更高要求。目前,饲料中违禁药物和其他物质的检测分析一般分 3 步进行:快速定性或半定量分析、准确定量分析和确认检验。首先采用酶联免疫试剂盒技术对试样进行初选,对于阳性试样带回实验室,借助先进的大型分析仪器如高效液相色谱仪或气相色谱仪进行准确定量分析,采用气相色谱-质谱仪(GC-MS)、液相色谱-质谱仪(LC-MS)和液相色谱串联质谱仪(LC-MS/MS)进行确证。饲料中允许使用的药物饲料添加剂的检验大多采用高效液相色谱法。

近年来,我国行业内在饲料中违禁药物和其他物质的检测技术研究和标准制定方面投入了空前的力量,已经颁布实施了许多检测方法标准。这些方法标准能与国际接轨,并且逐步实现由单一药物或物质的检测向同类药物的同步定量和确证一次完成,大大提高了检测的效率,为主管部门依法行政和专项整治行动提供了强大的技术支持。

6.2 气相色谱-质谱联用技术

6.2.1 概述

气相色谱-质谱联用技术(gas chromatography-mass spectrometry,GC-MS)

经过近半个多世纪的发展,已经成为一种非常成熟且应用极为广泛的分离分析技术。GC-MS整合了气相色谱的高分离能力和质谱定性方面的优势,现已成为饲料、食品质量安全质检领域不可缺少的工具。气相色谱作为进样系统,将待测样品进行分离后直接导入质谱进行检测,满足了质谱分析对样品单一性的要求,实现了对混合组分的进样。质谱作为检测器,检测的是离子质核比,是一种通用型检测器,也是一种选择性检测器。可通过全扫(full scan)的方式获得组分中未知化合物的质谱图,用于谱图解析或检索获得未知物结构信息,也可对复杂基质中的目标化合物以选择离子监测方式(selective ion monitor)进行检测,这样不但提高了检测的灵敏度,有效去除基质的干扰,有时还可弥补了气相色谱分离能力的不足。GC-MS法除了目标物的保留时间,还获得目标物特征离子信息,其定性的可靠性高,如串联的是高分辨质谱,还可给出离子碎片的精确质量数,从而确定其元素组成。GC-MS是检测领域重要确证手段之一。

气相色谱-质谱有多种形式,按质谱种类不同可分为,气相色谱-单四极(single quadrupole)质谱,气相色谱-三重四极(triple quadrupole)质谱,气相色谱-离子阱(ion traps)质谱,气相色谱-飞行时间(time of flight,TOF)质谱,气相色谱-磁场(magnetic sector)质谱,目前应用最普及的是气相色谱-单四极质谱。本章节简要介绍该型质谱的仪器构成和工作原理。

6.2.2 气相色谱-质谱的仪器构成

顾名思义,气相色谱-质谱由气相色谱仪、转接口(传输线)和质谱仪构成,如图6.1所示。其中气相色谱仪已在本书有关章节进行了介绍。GC-MS的转接口即

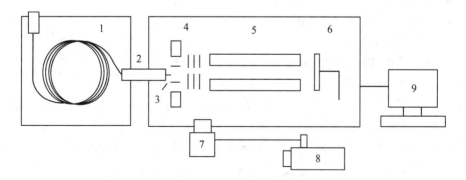

图 6.1 气相色谱-单四极质谱的仪器构成示意图
1.气相色谱;2.传输线;3.气相色谱柱出口;4.离子源;5.质量分析器;6.离子检测器;
7.高真空泵;8.前级真空泵;9.工作站

为一个可控的恒温装置,目的是保证组分顺利进入质谱,不因柱温降低而导致组分滞留在色谱柱的末端。

质谱仪由离子源、质量分析器、离子检测器和真空系统构成。

6.2.2.1　离子源

离子源是将组分进行离子化,并将离子聚焦、加速,使之进入质量分析器的装置。GC-MS 的离子源有电子电离源(EI)、化学电离源(CI)和场致电离源(FI)。

1.电子电离源(EI)

EI 由磁铁、灯丝、离子室和离子聚焦装置等组成,如图 6.2 所示。灯丝发射电子经聚焦并在磁场的作用下到达收集极,组分分子进入离子室后受到电子的轰击,发生电离,然后经离子聚焦进入质量分析器。EI 的工作压强低于 10^{-5} Torr,离子化是单分子反应历程,最初产生的是有一定内能的自由基阳离子,可进一步碎裂产生碎片离子,其过程表示如下:

$$M+e \rightarrow M^+ \cdot +2e$$
$$M^+ \cdot \rightarrow F^+ + A \cdot$$

EI 的电离是非选择性电离,只要样品能够气化都可离子化,离子化效率高;电离能量为 70 eV 时获得的谱图,重复性好,被用作标准谱图,可用于谱库检索;EI 的不足在于有的化合物得不到分子离子,过于碎裂,谱图解释较为困难。

2.化学电离源(CI)

CI 的结构与 EI 相似,区别在于离子化室的气密性比 EI 好,以保证通入离子化室的反应器有足够的压力(大于 0.1 Torr)。组分和反应气同时进入离子室,由于反应气的浓度高,首先被灯丝发射的电子电离,并发生分子-离子反应产生各种活性离子,这些活性离子再与组分发生分子-离子反应,实现组分分子的离子化,典型反应如下:

$$M+RH^+ \rightarrow MH^+ + R \quad 质子交换$$
$$M+e \rightarrow M^- \cdot \quad\quad\quad 电子捕获$$
$$M+R^+ \cdot \rightarrow M^+ \cdot +R \quad 电荷交换$$
$$M+RH^+ \rightarrow MRH^+ \quad\quad 离子加和$$

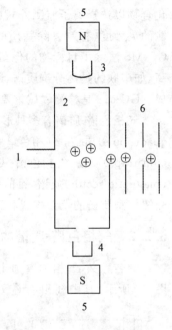

图 6.2　电子电离源
1.样品入口;2.离子室;3.灯丝;
4.收集极;5.磁铁;6.离子透镜

常用的反应气有甲烷、异丁烷和氨气。CI 不仅可以获得分子量信息,还可以根据离子亲和力和电负性选择不同的反应试剂,用于不同化合物的选择性检测。

3. 场致电离源(FI)

FI 是由一个电极和一组聚焦透镜组成。四极杆质谱和离子阱质谱都不配 FI,仅在扇形磁质谱和飞行时间质谱与 GC 串用的仪器有这种配置。样品组分在电压高达几千伏的电极产生的电场作用下电子被拉出,实现离子化,形成的离子没有过剩的能量,不会发生进一步的碎裂,主要形成分子离子,但样品分子若夹带盐分会形成加 Na^+ 或加 K^+ 的离子,反应如下:

$$M\text{-}e \rightarrow M^+ \cdot$$

$$M + Na^+ + Cl^- \rightarrow [M + Na]^+$$

总的来说,EI 的电离能量较高,产生的碎片较多,通常称为"硬"电离技术,而 CI 则称为"软"电离技术,FI 则更"软"。

6.2.2.2 质量分析器

质量分析器是将离子源产生的离子按质荷比 m/z 进行分离检测,获得组分的特征质量信息的装置。按工作原理质量分析器有四极杆、三重四极、离子阱、飞行时间和扇形磁场等不同种类,其中飞行时间和扇形磁场质谱为高分辨质谱;它们都是根据离子在不同场的运动规律实现质量分离的,测定的都是离子的质荷比 m/z。目前 GC-MS 中应用最普及的是单四极质量分析器。

单四极质量分析器是由四根严格平行并与中心轴等间距的双曲面柱状电极构成,对角电极上分别施加正、负直流电压和射频电压,产生一动态电场即四极场,如图 6.3 所示。通过精确控制四极杆的电压变化,可使一定质荷比 m/z 的离子沿 z 方向稳定通过四极场,到达检测器,对应电压变化的每一瞬间只有一种质荷比的离子通过,从而实现对离子分别检测,获得质谱图。其他质量分析器的工作原理请参考有关专著,这里不再赘述。

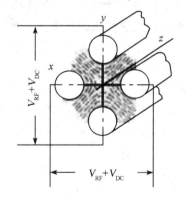

图 6.3 单四极质量分析器切面

6.2.2.3 离子检测器

离子检测器是接收质量分析器分离出的离子并转化成电信号的装置,常用的是电子倍增器或光电倍增器。

6.2.2.4　真空系统

　　质谱的真空系统由两级真空泵组成,即由高真空泵和前级机械真空泵组成。高真空泵有涡轮分子泵和油扩散泵。真空是质谱工作的必备条件,只有在一定的真空条件下气态离子才有一定的自由程,保证离子不被空气分子碰撞偏离传输轨道,不发生分子离子反应。此外,真空还是防止气相传导所致的高压放电、减少灯丝和电子倍增器老化以及降低检测信号背景重要保障。

6.3　气相/液相色谱-质谱的监测方式及定性定量方法

6.3.1　监测方式

6.3.1.1　全扫描(full scan)方式

　　全扫的工作方式是指组分经气相色谱分离后进入质谱,质谱在一定的质量范围内以一定的步长进行连续监测。全扫的工作方式可获得组分的质谱图,其前提是组分必须得到较好的色谱分离,且有足够的信噪比(一般 S/N 大于 10)。全扫主要用于未知化合物的鉴别,可进行谱库检索。

6.3.1.2　选择离子监测(SIM)方式

　　选择离子监测方式是质谱只对指定的离子进行检测。在 SIM 方式下,其他离子不能通过质量分析器到达离子检测器,信号的背景值显著降低,从而显著提高了检测的灵敏度和选择性。由于不同组分的特征离子不同,SIM 方式可弥补色谱分离的不足。SIM 方式是用 GC-MS 检测复杂基质微量目标化合物的主要方式,如饲料中盐酸克伦特罗等兴奋剂、农药残留等的检测。

6.3.1.3　多重反应监测(MRM)

　　多重反应监测是串联四极质谱的一种监测方式。首先选定目标物的一个离子作为母离子在第一个质量分析器上以 SIM 方式通过,再经碰撞产生子离子,用第二个质量分析器对子离子进行 SIM 方式检测。MRM 的降噪水平更好,定性更为可靠。

6.3.2　定性定量方法

6.3.2.1　定性方法

　　气相色谱-质谱对目标化合物的定性,同样需要使用标准品,但它除了给出目标化合物的保留时间,还提供结构信息,即不同的组分特征离子不相同,因而定性更可靠。

实际样品检测中,应用最多的是 SIM 方式检测,一般一个组分选择一个目标离子和 2~3 个确证离子,定性样品中的组分,需保留时间,监测离子及离子间比例与对应标准品一致。三重四极质谱,实际样品检测应用最多的是 MRM 方式,一般使用一个母离子对应两个子离子的方式,是对目标物特征离子的进一步确证,因而定性更加可靠。

6.3.2.2 定量方法

液相/气相色谱-质谱法定量可使用内标法和外标法。值得指出的是,使用目标物的稳定同位素标记物作内标进行色谱-质谱联用方法定量具有独到的优势,是一种较为完美的定量方式。因为稳定同位素标记物与对应待测目标物的物理化学性质几乎完全相同,而使用质谱又恰恰能够区分,一般又是在样品处理前加入,这样不仅校正了进样误差,对样品处理过程中引入的误差同时进行了校正,但成本较高,有的稳定同位素标的标样也不容易获得。

6.4 液相色谱-质谱技术

LC-MS 技术相对 GC-MS 技术起步较晚,主要原因是接口技术迟迟没能得到很好的解决,因为将组分分子转变成带电的气相离子是质谱检测的先决条件;但在20 世纪末随着大气压电离技术的发明,LC-MS 技术得到飞速发展,分析对象从小分子到大分子,从极性分子到非极性分子,得到了极大扩展,由于质谱是一种通用型检测器,凡能得到有效电离的化合物均可借助 LC-MS 进行分析。与 GC-MS 一样,LC-MS 具有高灵敏、高选择和定性可靠的优点,基本构成、工作原理、工作方式和类型也基本一致,这里不再赘述。本章节主要对 LC-MS 接口的两种大气压电离技术,即电喷雾电离源(ESI)和大气压化学电离源(APCI),基本结构和工作原理作简要的介绍。

6.4.1 电喷雾电离源

ESI 源为 LC-MS 应用最为广泛的电离技术,如图 6.4 所示。经液相色谱分离的样品组分分子随流动相通过一喷雾毛细管进入离子源,通过以下三步转变为气相离子进入质谱:首先在喷雾毛细管的末端,由于强电场作用,形成带电小液滴;小液滴在干燥气流的作用下不断蒸发,液滴表面电荷密度不断加大,发生爆破形成更小的液滴,此过程不断进行直至产生组分气相离子;组分气相离子在电场的作用下进入质谱进行分析。组分离子可能是单电荷或多电荷,取决于带有正或负电荷的分子中酸性或碱性基团体积和数量。

在有机质谱中,单电荷离子占绝大多数,只有那些不易碎裂的基团或分子结构,如共轭体系,才会产生多电荷离子。采用电喷雾这类软电离离子化技术,包括氨基酸在内的多种物质均可形成多电荷离子。这样,一个质荷比范围为 3 000 的质量分析器,就可以分析分子量为几万甚至几十万的大分子物质,扩大了 LC-MS 分析范围。需要指出的是,样品的 ESI-MS 谱图主要给出与样品分子离子相关的信息。表 6.1 列出了正、负电喷雾电离时获得的部分峰的解释。

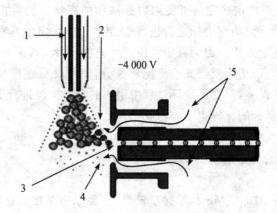

图 6.4　电喷雾电离源的基本结构和工作原理

1.雾化气流;2.ESI 产生的离子;3.质谱入口毛细管;4.热气帘;5.干燥气

表 6.1　ESI 产生的部分离子峰解释

离子峰	解释
$[M+H]^+$	酸性条件下质子化分子离子峰
$[M+NH_4]^+$、$[M+Na]^+$、$[M+K]^+$	盐存在时,分子与 NH_4^+、Na^+ 或 K^+ 的结合
$[M+X]^+$	分子与溶剂或缓冲盐的阳离子(X)结合
$[2M+H]^+$	高浓度下分子形成二聚体
$[M+H+S]^+$	质子化分子与溶剂(S)的结合
$[M+H-H_2O]^+$	含羟基化合物,质子化分子失去中性水分子
$[M+H-NH_3]^+$	含氮化合物,质子化分子失去中性氨分子
$[M-H]^-$	碱性条件下去质子的分子离子峰
$[M+X]^-$	分子与溶剂或缓冲液的阴离子(X)的结合
$[M-H+S]^-$	去质子分子与溶剂(S)形成的溶剂结合离子
$[M-H-H_2O]^-$	含羟基化合物,去质子化分子失去中性水分子
$[M-H-NH_3]^-$	含氮化合物,去质子化分子失去中性氨分子

6.4.2 大气压化学电离源

APCI 与 ESI 电离源的区别在于：一是增加了一根电晕放电针，发射自由电子，启动离子化进程；二是对喷雾气体加热，增加流动相挥发的速度，因此 APCI 可以使用含水量较多的流动相，流速也可比 ESI 高。APCI 的结构和工作原理见图 6.5。放电针所产生的自由电子首先轰击空气中的 N_2、O_2 和 H_2O 等，形成 N_2^+、O_2^+、H_3O^+ 等初级离子。溶剂分子，如甲醇、水，与初级离子发生离子交换，形成 $CH_3OH_2^+$、H_3O^+ 等离子，再由这些离子与样品分子进行质子与电子交换而使其离子化。APCI 也是软电离方式，只产生单电荷峰，适合测定弱极性的小分子化合物。另外，它适应高流量的梯度洗脱/高低水溶液交换的流动相。

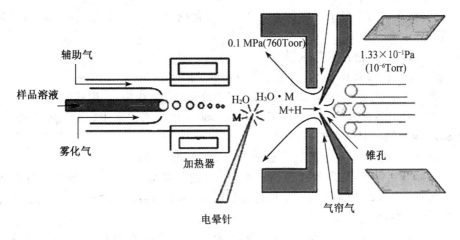

图 6.5　APCI 的结构和工作原理

6.5　液相色谱质谱联用技术应用举例

6.5.1　饲料中沙丁胺醇、莱克多巴胺和盐酸克仑特罗的测定（LC-MS 法，GB/T 22147—2008）

该方法适用于配合饲料、浓缩饲料和添加剂预混合饲料中沙丁胺醇、莱克多巴胺和盐酸克仑特罗的测定。沙丁胺醇、莱克多巴胺和盐酸克仑特罗的检测限均为 0.01 mg/kg，定量限均为 0.05 mg/kg。

6.5.1.1 测定原理

试样经磷酸甲醇溶液提取,用固相萃取柱净化后,经反相 C18 柱梯度洗脱分离,采用质谱检测器以三种物质的质量色谱峰保留时间和特征离子定性、确证,并用外标法定量。

6.5.1.2 试剂与溶液

除特殊注明外,所用试剂均为分析纯。水符合 GB/T 6682 二级用水规定。

(1)乙腈:色谱纯。

(2)甲醇。

(3)磷酸甲醇提取液:向 3.92 g 浓磷酸中加入 200 mL 水,再用甲醇定容到 1 000 mL。

(4)冰乙酸溶液(2%):10 mL 冰乙酸用水稀释至 500 mL。

(5)硫化钠溶液(1 g/L):称取 0.250 g 硫化钠($Na_2S \cdot 9H_2O$)用水溶解,并定容至 250 mL。

(6)SPE 小柱淋洗液与洗脱液。

①淋洗液:移取 9 mL 浓盐酸于 1 000 mL 水中,摇匀。

②洗脱液:移取 10 mL 25%的氨水于 100 mL 容量瓶中,用甲醇定容。

(7)流动相:A 液,甲酸铵 3.65 g 溶于 500 mL 去离子水中,用甲酸调 pH 至 3.80;B 液:乙腈,色谱纯。

(8)沙丁胺醇、莱克多巴胺和盐酸克仑特罗标准溶液。

①标准储备液:称取沙丁胺醇,莱克多巴胺和盐酸克仑特罗(标准品含量均 ≥98%)各 50 mg 分别于 50 mL 棕色容量瓶中,用甲醇溶解,并定容至刻度。于冰箱中 4℃保存,保存期 1 个月。

②标准中间液:移取沙丁胺醇,莱克多巴胺和盐酸克仑特罗标准储备液各 1 mL 于 100 mL 容量瓶中,用冰乙酸溶液定容。

③标准工作液:移取沙丁胺醇,莱克多巴胺和盐酸克仑特罗标准中间液各 0.5 mL、1 mL、5 mL、10 mL 于 100 mL 容量瓶中,用冰乙酸溶液定容。

6.5.1.3 仪器和设备

(1)分析天平:感量 0.000 1 g。

(2)聚丙烯离心管:50 mL。

(3)恒温水浴,可保持水温至 55℃和 75℃。

(4)涡旋混合器。

(5)酸度计:准确至 0.001。

(6)离心机。

(7)混合型阳离子交换 SPE 小柱。

(8)固相萃取减压净化系统。

(9)液相色谱质谱联用仪。

6.5.1.4 测定步骤

1. 试样前处理

(1)提取。准确称取适量试样(配合饲料 5 g,浓缩饲料 2 g,添加剂预混合饲料 1 g,准确至 0.000 1 g)于 50 mL 离心管,用磷酸甲醇提取液 40 mL,振摇提取 30 min,然后于离心机以 3 000 r/min 离心 10 min。上清液倒入 100 mL 容量瓶,残渣再用上述提取液 40 mL,20 mL,重复提取 2 次,每次振摇 5~10 min,于离心机上 3 000 r/min 离心 10 min 后,合并上清液于 100 mL 容量瓶中。最后用提取液定容,混匀,过滤。

(2)净化。

①配合饲料和浓缩饲料:吸取一定体积试样提取液滤液(配合饲料 1 mL,浓缩饲料 0.5 mL)于 5 mL 试管中,置 55℃ 水浴中用氮气吹至近干。同时将固相萃取柱固定于 SPE 减压净化系统上,依次用 1 mL 甲醇和 1 mL 水活化、平衡。向试管中加入冰乙酸溶液 1 mL,涡旋振荡,然后全部加到小柱上,控制过柱速度不超过 1 mL/min,分别用 1 mL 淋洗液和 1 mL 甲醇淋洗一次,最后用 1 mL 洗脱液洗脱,洗脱速度不超过 1 mL/min。洗脱液于 55℃ 水浴中,用氮气吹干,准确加入 1.00 mL 冰乙酸溶液充分溶解混匀,并转移到上机样品瓶中,盖好,备用。

②添加剂预混合饲料:取提取液 0.2 mL,加硫化钠溶液 0.1 mL,涡旋振荡,然后加入冰乙酸 4 mL,涡旋振荡,于离心机上 3 000 r/min 离心 10 min,再取 1 mL 上清液按照①步骤过固相萃取柱净化。

2. 测定

(1)色谱条件。

色谱柱:C18 柱,内径 2.1 mm,柱长 150 mm,填充物粒度 3 μm。

柱温:室温。

流动相:流动相 A:甲酸铵缓冲溶液(4.7);流动相 B:乙腈。

梯度洗脱程序如表 6.2 所示。

表 6.2　梯度洗脱程序

时间/min	流动相 A/%	流动相 B/%
0	98	2
5	70	30
15	50	50

每次进样间隔用流动相 A+B=98+2($V+V$),平衡 10 min。

流速:0.20 mL/min。

进样体积:20 μL。

(2)质谱条件。采用电喷雾正离子(ESI⁺)模式做选择离子检测,选择离子为:

沙丁胺醇:m/z 240,m/z 222,m/z 166。

莱克多巴胺:m/z 302,m/z 284,m/z 164。

盐酸克仑特罗:m/z 277,m/z 259,m/z 203。

源温度:120℃。

取样锥孔电压:25 V。

萃取锥孔电压:5 V。

脱溶剂氮气温度:300℃。

脱溶剂氮气流速:300 L/h。

(3)定性定量方法。

①定性。通过样品总离子流色谱图上沙丁胺醇(m/z 240,m/z 222,m/z 166)、莱克多巴胺(m/z 302,m/z 284,m/z 164)和盐酸克仑特罗(m/z 277,m/z 259,m/z 203)的保留时间和各色谱峰对应的特征离子与标准品相应的保留时间和各色谱峰对应的特征离子进行对照定性。样品与标准品保留时间的相对偏差不大于0.5%。每种药物的 3 个特征离子基峰百分数与标准品允许差分别为:当基峰百分数>50%时,允许差±20%;当基峰百分数 20%~50%时,允许差±25%;当基峰百分数 10%~20%时,允许差±30%;当基峰百分数≤10%时,允许差±50%。

②定量。采用 M+1 的准分子离子的色谱峰面积做单点校正定量。

6.5.1.5　结果计算与表示

试样中药物含量(X)以质量分数表示(mg/kg),可用式(6-1)计算。

$$X = \frac{A_x}{A_s \times m} n \times c_s \qquad (6\text{-}1)$$

式中:c_s 为标准溶液中药物的浓度,μg/mL;A_x 为待测试样测得的特征离子色谱峰峰面积;A_s 为标准溶液药物的特征离子色谱峰面积;m 为试样质量,g;n 为稀释倍数。

测定结果用平行测定的算术平均值表示,保留 3 位有效数字。

6.5.1.6　允许差

同一实验室同一操作人员完成的两个平行测定的相对偏差不大于 15%。

6.5.2　饲料中碘化酪蛋白的测定(LC-MS 法)

该方法适用于配合饲料、浓缩饲料和添加剂预混合饲料中碘化酪蛋白的测定。以含 1‰ T_4 碘化酪蛋白计,方法的检测限为 10 mg/kg,定量限为 25 mg/kg,相当于 T_4 含量分别为 0.1 mg/kg 和 0.25 mg/kg。

6.5.2.1　测定原理

饲料中的碘化酪蛋白经碱水解,产生甲状腺素类活性物质,沉淀去除钡离子并通过固相萃取净化,然后在高效液相色谱柱上分离,以甲状腺素(T_4)和三碘原氨酸(T_3、rT_3)的色谱峰保留时间和特征离子定性、确证,用标准加入法定量。

6.5.2.2　试剂与溶液

(1)乙腈:色谱纯。

(2)甲醇。

(3)氢氧化钡(BaOH·8H_2O)。

(4)氨水,25%。

(5)碳酸氢钠溶液,7 g/L:称取 3.5 g 碳酸氢钠于 200 mL 的烧杯中,加入 150 mL 水溶解,并定容于 500 mL 容量瓶中。

(6)硫化钠溶液,1 g/L:称取 0.250 g 硫化钠(Na_2S·9H_2O)用水溶解,并定容于 250mL 容量瓶中。

(7)盐酸溶液,10%:准确量取 270 mL 浓盐酸,并用水稀释至 1 000 mL。

(8)氢氧化钠溶液,$c(NaOH) = 10$ mol/L:称取 200 g 氢氧化钠于 200 mL 的烧杯中,加水溶解,冷却至室温,然后用水定容至 500 mL。

(9)硫酸溶液,$c(H_2SO_4) = 1.0$ mol/L:移取 27.8 mL 浓硫酸溶于 200 mL 水中,并定容至 500 mL。

(10)固相萃取(SPE)柱净化用液。

①淋洗液 1:溶解 4.10 g 无水乙酸钠于 950 mL 去离子水中,用 10% 的乙酸溶液调 pH 至 7.0,再加入 50 mL 甲醇,然后定容至 1 000 mL。

②淋洗液 2:吸取 1.00 mL 甲酸于 50 mL 容量瓶中,加 15 mL 甲醇,用水定容并混匀。

③洗脱液 3:吸取 1.00 mL 甲酸,置于盛有约 30 mL 甲醇的 50 mL 容量瓶中,并加甲醇至刻度。

(11)甲醇溶液,35%:吸取 35 mL 甲醇,用去离子水定容至 100 mL。

(12)碘化酪蛋白标准溶液。

①标准储备液,20.00 mg/mL:称取 10.00 g 碘化酪蛋白标准品(水解后可产

生 1‰ T₄)于 250 mL 三角瓶中,加入 150 mL 碳酸氢钠溶液,于 70℃水浴加热溶解,放置 2 h 后以碳酸氢钠溶液定容至 500 mL,充分摇匀。该溶液在 4℃条件下可储存 2 个月。

②标准工作液 A(1.00 mg/mL):吸取碘化酪蛋白储备液 5.00 mL,用碳酸氢钠溶液稀释至 100 mL。

③标准工作液 B(2.00 mg/mL):吸取碘化酪蛋白储备液 10.0 mL,用碳酸氢钠溶液稀释至 100 mL。

④标准工作液 C(10.0 mg/mL):吸取碘化酪蛋白储备液 50.0 mL,用碳酸氢钠溶液稀释至 100 mL。

(13)甲状腺活性物质(三碘原氨酸 T₃,rT₃ 和甲状腺素 T₄)标准溶液。

①T₄ 储备液(500 μg/mL):准确称取 T₄ 标准品(含量>98‰)50.00 mg,用 0.1 mol/L 的氢氧化钠溶液 10 mL 溶解,然后用水定容于 100 mL 容量瓶中,4℃条件下储存。

②T₃ 储备液(500 μg/mL):准确称取 T₃ 标准品(含量>98‰)50.00 mg,用 0.1 mol/L 的氢氧化钠溶液 10 mL 溶解,然后用水定容于 100 mL 容量瓶中。4℃条件下储存。

③rT₃ 储备液(500 μg/mL):准确称取 rT₃ 标准品(含量>98‰)50.00 mg,用 0.1 mol/L 的氢氧化钠溶液 10 mL 溶解,然后用水定容于 100 mL 容量瓶中。4℃条件下储存。

④混合标准中间工作液:移取以上 3 种储备液各 1.00 mL 于 100 mL 容量瓶中,然后用水定容至刻度。

⑤混合标准工作液:移取混合标准中间工作液 10.0 mL 于 100 mL 容量瓶中,用水定容至刻度。

(14)流动相:流动相 A,0.1‰的甲酸水溶液;流动相 B,乙腈。

(15)具有反相与阴离子交换保留机制的混合型固相萃取小柱。

(16)玉米粉:普通玉米粉,做稀释剂用。

6.5.2.3　仪器和设备

(1)分析天平:感量 0.000 1 g。

(2)水解管:长 15 cm,内径 2.0 cm,具有螺旋盖和聚四氟乙烯衬垫的玻璃管或聚四氟乙烯管。

(3)恒温水浴锅:可保持水温至 55℃和 70℃。

(4)涡旋混合器。

(5)恒温干燥箱:温度可控制到(110±1)℃。

(6)酸度计:准确至 0.01。

(7)离心机:达到 10 000 r/min。

(8)固相萃取(SPE)减压净化系统。

(9)液相色谱质谱联用仪。

6.5.2.4 测定步骤

1.试样前处理

(1)配合饲料。

①试样提取与水解。准确称取 10.0 g(准确至 0.001 g)试样 2 份,分别于 250 mL 离心管中,其中 1 份不加入碘化酪蛋白,另一份加入 1.0 mL 碘化酪蛋白标准工作液 A,用玻璃棒搅拌均匀。加入碳酸氢钠溶液 65 mL 于上述离心管中,在 70℃恒温水浴中提取 30 min,并不时搅拌。取出以 4 000 r/min 离心 10 min,上清液转移至 100 mL 容量瓶中,残渣再分别用 50 mL 和 20 mL 碳酸氢钠溶液重复提取两次,提取时间分别为 20 min 和 10 min。合并提取上清液,并用碳酸氢钠溶液定容至 100 mL,摇匀。

移取 10 mL 上述提取液于事先加入 0.5 mL 硫化钠溶液的水解管中,加入 5.00 g氢氧化钡,拧紧盖子,于 110℃烘箱中水解 4 h。在开始加热 20~30 min 后,取出水解管在涡旋混合器上充分振荡一次。水解结束,取出水解管冷却至约 50℃,趁热将水解液倾入 100 mL 烧杯中,再用约 30 mL 水和 2 mL 盐酸溶液洗涤水解管,合并洗涤液于烧杯中。加入 2.5 mL 的氢氧化钠溶液,在磁力热搅拌下,缓慢滴加硫酸溶液 16.0 mL。将之转移到 50 mL 离心管,以 10 000 r/min 离心 10 min,上清液直接用于 SPE 净化。

当使用三点法定量时,称取试样 3 份,第 1 份不加入碘化酪蛋白,第 2 份加入碘化酪蛋白标准工作液 A 1.0 mL,第 3 份加入碘化酪蛋白标准工作液 B 1.0 mL,按以上步骤提取和水解处理。

② 净化。将固相萃取小柱(5.8)固定于 SPE 减压净化系统上,依次用 3 mL 甲醇和3mL 水活化、平衡。将①得到的离心上清液加入净化柱,控制速度不超过 2 mL/min,然后分别用 3 mL 淋洗液 1 mL 和 3 mL 甲醇淋洗一次,最后用 4 mL 洗脱液,洗脱于盛有 0.40 mL 氨水的 10 mL 试管中,洗脱速度不超过 2 mL/min。将盛有洗脱液的试管置于 55℃水浴中,用氮气吹干,然后准确加入 1.00 mL 甲醇溶液,充分溶解混匀,并转移到上机样品瓶中,盖好,备用。

(2)浓缩饲料。称取 2~3 g(精确至 0.000 1 g)的试样 2 份,分别于 100 mL 离心管中,再补加玉米粉,使试样质量达到 10 g,充分混合,其中 1 份不加入碘化酪蛋白,另一份加入 1.0 mL 碘化酪蛋白标准工作液 A 搅拌均匀。提取、水解和净化步骤同配合饲料。

当使用三点法定量时,称取试样 3 份,第 1 份不加入碘化酪蛋白,第 2 份加入碘化酪蛋白标准工作液 A 1.0 mL,第 3 份加入碘化酪蛋白标准工作液 B 1.0 mL,按 7.1.1 提取、水解和净化。

(3)预混合饲料。称取 1～2 g(精确至 0.000 1 g)试样 2 份于水解管中,1 份不加入碘化酪蛋白,另一份加入碘化酪蛋白溶液 1.0 mL。分别加入 0.5 mL 硫化钠溶液,再分别加入 9.5 mL 和 8.5 mL 碳酸氢钠溶液,然后加入 5 g 氢氧化钡水解。水解和净化按照配合饲料进行,只是在沉淀后,需先定容至 100 mL,然后取 25 mL 离心,取 5.00 mL 上清液净化。当使用三点法定量时,第 3 份样品中加入碘化酪蛋白溶液 C 2.0 mL,补加碳酸氢钠溶液 7.5 mL。

(4)颗粒饲料或膨化饲料。称取 2 g 试样直接水解。水解和净化按照(3)进行,其中沉淀钡离子后不需要定容,离心后全部过柱净化,同时在用淋洗液 1 和甲醇淋洗后,再用 3 mL 淋洗液 2 多淋洗一次。采用两点法或三点法定量时,碘化酪蛋白的加入量与配合饲料相同。

2.测定

(1)色谱条件。色谱柱:C18,粒度,3 μm;直径,2.1 mm;柱长,150 mm。

柱温:室温。

流动相:流动相 A＋B ＝ 33＋67 $(V+V)$ 下等强度淋洗。

流速:0.20 mL/min。

进样体积:10 L。

(2)质谱条件。采用电喷雾正离子(ESI$^+$)方式做选择离子检测,选择离子为:m/z 606,m/z 652,m/z 732 和 m/z 778。

源温度:110℃。

毛细管电压:3 kV。

取样锥孔电压:40 V。

萃取锥孔电压:5 V。

脱溶剂氮气温度:380℃。

脱溶剂氮气流速:400 L/h。

(3)定性和定量方法。

①定性。通过样品总离子流色谱图上 T_4(m/z 732,m/z 778)、T_3(m/z 606,m/z 652)和 rT_3(m/z 606,m/z 652)的保留时间和各色谱峰对应的特征离子与混合标准工作液相应的保留时间和各色谱峰对应的特征离子进行对照定性。样品与标准品保留时间的相对偏差不大于 0.5 %。T_4、T_3 和 rT_3 的特征离子基峰百分数

与标准品允许差分别为:当基峰百分数＞50％时,允许差±20％;当基峰百分数＞20％～50％时,允许差±25％;当基峰百分数＞10％～20％时,允许差±30％;当基峰百分数≤10％时,允许差±50％。

②定量。采用 m/z 778 或 m/z 732 的色谱峰面积做两点或三点标准添加法定量计算。

6.5.2.5　结果计算与表示

1.两点法

试样中碘化酪蛋白的质量分数可按式(6-2)计算。

$$\omega_x = \frac{A_x}{A_s - A_x} \times \omega_s \qquad (6\text{-}2)$$

式中:ω_x 为待测试样中碘化酪蛋白的含量,mg/kg;ω_s 为待测试样加入标准碘化酪蛋白的量,mg/kg;A_x 为测得的待测试样特征离子色谱峰峰面积;A_s 为待测试样加入标准碘化酪蛋白后,测得的特征离子的色谱峰面积。

结果报告为平行测定的算术平均值,保留 3 位有效数字。

2.三点法(仲裁法)

三点法加入碘化酪蛋白的浓度和所测得的相关特征离子色谱峰面积如表 6.3 所示。

表 6.3　加入碘化酪蛋白的浓度和所测得的相关特征离子色谱峰面积

碘化酪蛋白的加入浓度/(mg/kg)	0	ω_1	ω_2
特征离子的色谱峰面积	A_1	A_2	A_3

通过以上三点的线性关系,建立方程:

$$A = k\omega + b \qquad (6\text{-}3)$$

式中:A 为特征离子的色谱峰面积;ω 为碘化酪蛋白加入浓度;mg/kg;k 为常数,表示斜率;b 为常数,表示截距。

令 $A=0$,求得 ω 的绝对值即为未知样品中碘化酪蛋白的浓度,mg/kg。

注意:配合饲料和浓缩饲料碘化酪蛋白标准溶液的添加梯度可选用 50～150 μg/g;添加剂预混合饲料可选用 5～15 mg/g。

结果报告为平行测定的算术平均值,保留 3 位有效数字。

6.5.2.6　允许差

两个平行结果的相对偏差不大于 20％。

6.5.3 饲料中硝基咪唑类药物的测定(LC-MS/MS 法)

该方法适用于配合饲料、浓缩饲料和预混合饲料中甲硝唑、洛硝哒唑、二甲硝唑和替硝唑含量的测定。方法检测限:饲料中甲硝唑、洛硝哒唑、二甲硝唑和替硝唑均为 8 μg/kg;方法的定量限:饲料中甲硝唑、洛硝哒唑、二甲硝唑和替硝唑均为 25 μg/kg。

6.5.3.1 测定原理

用乙酸乙酯提取试样中的硝基咪唑类药物,浓缩至近干后,溶解于 0.1 mol/L 磷酸中,经正己烷液液分配和 MCX 固相萃取柱净化,用液相色谱-串联质谱法测定,以色谱保留时间和质谱碎片离子共同定性,外标法定量。

6.5.3.2 试剂与溶液

除非另有说明,试剂均为分析纯的试剂,用水符合 GB/T 6682 中规定的二级水要求。

(1)甲醇:色谱纯。

(2)乙腈:色谱纯。

(3)乙酸乙酯。

(4)磷酸。

(5)正己烷。

(6)甲酸:色谱纯。

(7)MCX 固相萃取柱:规格为 60 mg。

(8)微孔滤膜:规格为 0.2 μm。

(9)甲硝唑(metronidazole):纯度 98%。

(10)洛硝哒唑(romdazole):纯度 98%。

(11)二甲硝唑(dimetridazole):纯度 98%。

(12)替硝唑(tinidazole):纯度 98%。

(13)磷酸溶液,0.1 mol/L:取 3.4 mL 磷酸于 1 L 容量瓶中,用水定容至刻度,混匀。

(14)固相萃取柱淋洗液:氨水+水+甲醇=0.2+10+0.20(V+V+V)。

(15)固相萃取柱洗脱液:氨水+水+甲醇=0.2+2+8(V+V+V)。

(16)硝基咪唑类药物混合标准储备液(1 000 μg/mL):称取甲硝唑、洛硝哒唑、二甲硝唑和替硝唑各 0.1 g(精确到 0.000 1 g)于 100 mL 容量瓶中,用乙腈溶解定容。−20℃可保存 3 个月。

(17)硝基咪唑类药物混合标准储备液(200 μg/mL):移取 1 000 μg/mL 硝基

咪唑类药物混合标准储备液 10 mL 于 50 mL 容量瓶中,用乙腈稀释定容。4℃可保存 1 个月。

(18)标准工作液:移取适量 200 μg/mL 硝基咪唑类药物混合标准储备液,用乙腈稀释定容,配制成 0.01、0.05、0.1、0.5、1、5、10 μg/mL 的标准工作液。4℃可保存 1 周。

6.5.3.3 仪器和设备

(1)实验室常用仪器、设备。

(2)液相色谱-串联质谱联用仪:配电喷雾离子源。

(3)分析天平:感量为 0.01 g 和 0.000 1 g。

(4)涡旋混合器。

(5)离心机。

(6)振荡器。

(7)旋转蒸发仪。

(8)固相萃取装置。

6.5.3.4 测定步骤

1.提取

称取 2 g(精确到 0.01 g)试样于 50 mL 离心管中,加 15 mL 乙酸乙酯,涡动 1 min,300 r/min 振荡 30 min,3 800 r/min 离心 10 min。取上清液于 100 mL 鸡心瓶中,下层残渣用 15 mL 乙酸乙酯重复提取一次。合并两次上清液,为样品提取液。

2.净化

将样品提取液于 35℃浓缩至近干。加 300 μL 乙酸乙酯,涡动 10 s,再加 4 mL 正己烷,涡动 30 s,全部转移至 10 mL 离心管中。往鸡心瓶中再加 1.5 mL 磷酸溶液,涡动 1 min,全部转移至同一离心管中。加盖密闭,手摇混合,6 000 r/min 离心 10 min。吸取下层水相于 5 mL 试管,上层有机相用 1.5 mL 磷酸溶液重复萃取一次,合并两次水相作为固相萃取上样液。

将 MCX 固相萃取柱安装于固相萃取装置上,依次用 2 mL 乙腈、2 mL 磷酸溶液活化。将固相萃取上样液加载到固相萃取柱上。依次用 1 mL 磷酸溶液、2 mL 固相萃取柱洗涤液淋洗,抽真空 1 min。用 2 mL 固相萃取柱洗脱液洗脱。上样溶液和洗脱液的流速均控制在不超过 1 mL/min。往洗脱液中加 20 μL 甲酸,混匀。50℃氮气吹干后,用 2 mL 乙腈复溶,过 0.2 μm 滤膜,供液相色谱-串联质谱仪测定。

3.测定

(1)液相色谱条件。

色谱柱:C18 柱,长 150 mm,内径 2.1 mm,粒径 5 μm,或相当者。

流动相:甲醇＋水,梯度洗脱,梯度洗脱条件见表 6.4。

表 6.4　梯度洗脱条件

时间/min	水/%	甲醇/%
0.00	100	0
12	30	70
16	0	100
25	100	0

流速:0.2 mL/min。

柱温:室温。

进样量:10 μL。

(2)串联质谱条件。

离子化模式:电喷雾电离,正离子扫描(ESI$^+$)。

离子源喷雾电压:4.5 kV。

离子源温度:80℃。

脱溶剂温度:300℃。

毛细管电压:3 V。

碰撞气:氩气。

监测模式:多反应监测。

4 种硝基咪唑类药物的定性离子对、定量离子对、锥孔电压和碰撞能量,见表 6.5。

表 6.5　4 种硝基咪唑类药物的定性离子对、定量离子对、锥孔电压和碰撞能量

名称	定性离子对(m/z)	定量离子对(m/z)	锥孔电压/V	碰撞能量/eV
洛硝哒唑	201/140	201/140	18	11
	201/55			23
甲硝唑	172/128	172/128	22	14
	172/82			23
二甲硝唑	142/96	142/96	25	16
	142/81			25
替硝唑	248/120.7	248/120.7	20	17
	248/92.7			17

(3)测定。

①定性测定。根据试样溶液中药物的含量,选择峰面积相近的标准工作液和

样品溶液等体积穿插进样。通过液相色谱保留时间与质谱选择离子共同定性。样品中待测药物与标准物质的保留时间相对偏差不大于 2.5%,而且其选择离子的相对丰度的差异不大于 10%。4 种药物的标准溶液选择离子色谱图参见图 6.6。

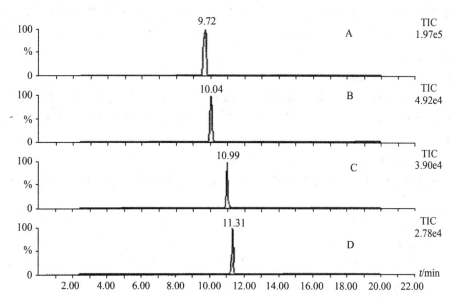

图 6.6 25 ng/mL 硝基咪唑类药物标准溶液选择离子色谱图

A 甲硝唑;B 洛硝哒唑;C 二甲硝唑;D 替硝唑

②定量测定。分别取适量试样溶液和相应浓度的标准工作液,作单点校准或多点校准,以色谱峰面积积分值定量。标准工作液及试样液中药物的响应值均应在仪器检测的线性范围内,试样液进样过程中应穿插标准工作液,以便准确定量。

6.5.3.5 结果计算与表示

试样中硝基咪唑类药物的含量 X,以质量分数(mg/kg)表示,按式(6-4)计算。

$$X = \frac{c \times V \times n}{m} \tag{6-4}$$

式中:c 为试样液中对应的硝基咪唑类药物的浓度,μg/mL;V 为试样液总体积,mL;n 为稀释倍数;m 为试样质量,g。

测定结果用平行测定后的算术平均值表示,保留 3 位有效数字。

6.5.3.6 允许差

在重复性条件下完成的两个平行样测定结果的相对偏差不大于 20%。

6.5.4　饲料中 13 种 *β*-受体激动剂的测定(LC-MS/MS 法)

该方法适用于饲料中克仑特罗、沙丁胺醇、莱克多巴胺、齐帕特罗、氯丙那林、特布他林、西马特罗、西布特罗、马布特罗、澳布特罗、克仑普罗、班布特罗、妥布特罗 13 种 *β*-受体激动剂残留量的测定。方法检测限为 0.01 mg/kg,定量限为 0.05 mg/kg。

6.5.4.1　测定原理

饲料经盐酸-甲醇混合溶液提取、醋酸铅沉淀蛋白后用固相萃取小柱净化,洗脱液蒸干后用含 0.2%的甲酸的水溶液溶解,供液相色谱-串联质谱仪进行检测,外标法定量。

6.5.4.2　试剂与溶液

除方法另有规定外,试剂均为分析纯,实验室用水符合 GB/T 6682 中一级水的规定。

(1)甲醇:色谱纯。

(2)甲酸:色谱纯。

(3)盐酸。

(4)氨水。

(5)醋酸铅。

(6)盐酸-甲醇提取液:取 0.1 mol/L 盐酸 80 mL,加入甲醇 20 mL 混匀。

(7)饱和醋酸铅溶液:在 50 mL 水中加入一定量的醋酸铅,超声 5 min,直至固体不再溶解。

(8)0.2%甲酸水溶液:取甲酸 1 mL,加水定容至 500 mL。

(9)5%氨水甲醇溶液:取 5 mL 氨水与 95 mL 甲醇混合。

(10)克仑特罗、沙丁胺醇、莱克多巴胺、齐帕特罗、氯丙那林、特布他林、西马特罗、西布特罗、马布特罗、澳布特罗、克仑普罗、班布特罗、妥布特罗 13 种对照品:纯度≥98%。

(11)*β*-受体激动剂储备液配制:分别精密称取 13 种 *β*-受体激动剂类药物对照品,用甲醇配成浓度各约为 1 mg/mL 的标准储备液,2~8℃冷藏保存,有效期 6 个月。

(12)混合对照品工作液:分别吸取 13 种 *β*-受体激动剂储备液置于一棕色容量瓶中,用 0.2%的甲酸水溶液稀释成浓度为 1 μg/mL 的对照品工作液。2~8℃冷藏保存,有效期 1 个月。

(13)固相萃取小柱:混合型阳离子交换柱,3 mL/60 mg,或其他性能类似的小柱。

(14)氮气:纯度 99.99％。

6.5.4.3　仪器和设备

(1)液相色谱-串联质谱仪:配有电喷雾电离源。

(2)旋转蒸发仪。

(3)离心机:转速大于 7 000 r/ min。

(4)粉碎机。

(5)涡旋振荡器。

(6)滤膜:0.22 μm,水系。

(7)天平:感量为 0.000 1 g 和 0.01 g 各 1 台。

6.5.4.4　测定步骤

1.提取

称取 2 g(精确至 0.01 g)试样于 50 mL 离心管中,准确加入 19 mL 盐酸甲醇提取液和 1 mL 饱和醋酸铅溶液,充分振荡 20 min,然后于 7 000 r/min 离心 10 min,上清液备用。

2.净化

固相萃取小柱先用 3 mL 甲醇、3 mL 水活化。取上清液 5 mL 过柱,用 2 mL 水和 2 mL 甲醇淋洗,空气抽干 2 min,用 5％氨水甲醇溶液 5 mL 洗脱,收集洗脱液,旋转蒸发(40℃)至干,用 1.0 mL 0.2％甲酸水溶液溶解,过 0.22 μm 滤膜后上机测定。若样品液中含有的 β-受体激动剂浓度超出线性范围,进样前可用一定体积的流动相稀释,使稀释后上机液的 β-受体激动剂浓度在线性范围内。

3.液相色谱-串联质谱测定

(1)液相色谱条件。

色谱柱:C18 (100 mm×2.1 mm,粒径 1.7 μm),或其他效果等同的 C18 柱。

柱温:40℃。

进样量:5 μL。

流动相:甲醇:0.2％甲酸溶液＝50＋50($V＋V$)。

流速:0.2 mL/min。

(2)质谱条件。

离子源:电喷雾正离子源;

检测方式:多反应监测(MRM);

脱溶剂气、锥孔气、碰撞气均为高纯氮气及其他合适气体,使用前应调节各气体流量以使质谱灵敏度达到检测要求;

毛细管电压、锥孔电压、碰撞能量等电压值应优化至最佳灵敏度；

定性离子对、定量离子对及对应的保留时间、锥孔电压和碰撞能量见表6.6。

表6.6 13种β-受体激动剂的定性、定量离子对及保留时间、锥孔电压、碰撞电压的参考值

被测物名称	定性离子对 (m/z)	定量离子对 (m/z)	保留时间/ min	锥孔电压/ V	碰撞能量/ eV
西马特罗	220.1>202.1	220.1>202.1	1.24	16	10
(Cimaterol)	220.1>160.1				16
马布特罗	311.1>237.1	311.1>237.1	1.78	26	16
(Mabuterol)	311.1>217.1				25
西布特罗	234.2>162.0	234.2>162.0	1.26	23	16
(Cimbuterol)	234.2>216.2				10
溴布特罗	367.0>293.0	367.0>293.0	1.72	19	19
(Brombuterol)	367.0>349.0				12
莱克多巴胺	302.4>164.4	302.4>164.4	1.33	26	17
(Ractopamine)	302.4>284.4				13
氯丙那林	214.0>154.1	214.0>154.1	1.58	25	17
(Clorprenaline)	214.0>196.1				12
特布他林	226.3>152.3	226.3>152.3	1.24	25	17
(Terbutaline)	226.3>170.3				12
齐帕特罗	262.3>244.3	262.3>244.3	1.24	24	13
(Zilpaterol)	262.3>185.3				24
沙丁胺醇	240.3>148.3	240.3>148.3	1.25	22	20
(Salbutamol)	240.3>222.3				10
克仑特罗	277.0>203.0	277.0>203.0	1.55	25	17
(Clenbuterol)	277.0>259.0				11
克仑普罗	262.8>244.9	262.8>244.9	1.43	19	14
(Clenproperol)	262.8>202.8				16
妥布特罗	227.8>153.7	227.8>153.7	1.77	19	14
(Tulobuterol)	227.8>171.7				9
班布特罗	367.9>71.7	367.9>294.0	1.69	25	30
(Bambuterol)	367.9>294.0				17

（3）定性测定。

每种被测组分选择1个母离子，2个以上子离子，在相同试验条件下，样品中待测物质的保留时间与混合对照品工作液中对应的保留时间偏差在±2.5%，且样品谱图（图6.7）中各组分定性离子的相对离子丰度与浓度接近的对照品工作液中对应的定性离子的相对离子丰度进行比较，若偏差不超过表6.7规定的范围，则可判定为样品中存在对应的待测物。

表 6.7　定性确证时相对离子丰度的最大允许误差

相对离子丰度/%	＞50	20～50	10～20	≤10
允许的最大偏差/%	±20	±25	±30	±50

　　(4)定量测定。在仪器最佳工作条件下,对混合对照品工作液进样,以标准溶液中被测组分峰面积为纵坐标,被测组分浓度为横坐标绘制工作曲线,用工作曲线对样品进行定量,样品溶液中待测物的响应值均应在仪器测定的线性范围内。上述色谱和质谱条件下,克仑特罗等 13 种 β-受体激动剂对照品的多反应监测(MRM)色谱图(参见图 6.7)。

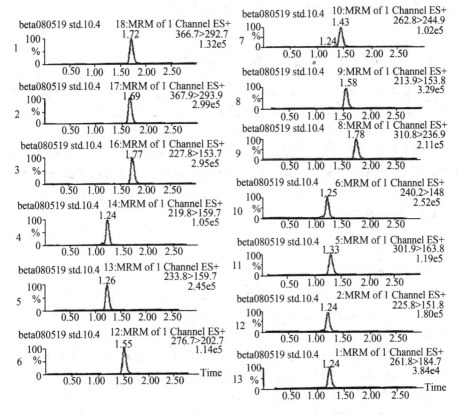

图 6.7　克仑特罗等 13 种 β-受体激动剂对照品的 MRM 色谱图
(β-受体激动剂的浓度为 10 μg/L)

1.溴布特罗　2.班布特罗　3.妥布特罗　4.西马特罗　5.西布特罗　6.克仑特罗　7.克仑普罗
8.氯丙那林　9.马布特罗　10.沙丁胺醇　11.莱克多巴胺　12.特布他林　13.齐帕特罗

6.5.4.5　结果计算与表示

试样中每种 β-受体激动剂的含量以质量分数(mg/kg)表示,按式(6-5)计算。

$$X = \frac{m_1 \times 1\,000}{m \times 1\,000} \times n \qquad\qquad (6\text{-}5)$$

式中:m_1 为试样中某监测离子对的色谱峰对应的 β-受体激动剂的质量,μg;m 为试样质量,g;n 为稀释倍数。

6.5.4.6　允许差

在同一实验室由同一操作人员完成的两个平行测定的相对偏差不大于 20%。

6.6　气相色谱质谱联用技术应用举例

6.6.1　饲料中三聚氰胺的测定(GC-MS 法)

该方法适用于配合饲料、浓缩饲料、添加剂预混合饲料、植物性蛋白饲料、宠物饲料(干粮、罐头)中三聚氰胺的测定。方法定量限为 0.05 mg/kg。

6.6.1.1　测定原理

试样中的三聚氰胺用三氯乙酸溶液提取,经混合型阳离子交换固相萃取柱净化,用 N,O-双三甲基-硅基三氟乙酰胺(BSTFA)衍生化,以气相色谱质谱联用仪进行定性和定量。

6.6.1.2　试剂与溶液

(1)甲醇:色谱纯。

(2)乙腈:色谱纯。

(3)氨水:浓度 25%~28%。

(4)混合型阳离子交换固相萃取柱:60 mg,3 mL。

(5)三氯乙酸溶液,10 g/L:称取 10 g 三氯乙酸加水至 1 000 mL。

(6)氨水甲醇溶液:量取 5 mL 氨水,溶解于 100 mL 甲醇中。

(7)乙酸铅溶液,22 g/L:取 22 g 乙酸铅用约 300 mL 水落解后定容至 1 L。

(8)衍生化试剂:BSTFA+1%三甲基氯硅烷(TMCS)。

(9)三聚氰胺标准品(纯度>99%)。

(10)三聚氰胺标准溶液

①标准储备液:称取 100 mg(精确到 0.1 mg)的三聚氰胺标准品,用甲醇溶液溶解并定容于 100 mL 容量瓶中,该溶液浓度为 1 mg/mL,于 4℃冰箱内储存,有效期 3 个月。

②标准中间液:吸取标准储备液 1.00 mL,置于 100 mL 容量瓶内,用甲醇溶液定

容至 100 mL,该溶液三聚氰胺浓度为 10 μg/mL,于 4℃冰箱内储存,有效期 1 个月。

③标准工作液:用移液管分别吸取标准中间液)中浓度为 10 μg/mL 的溶液 0.5、1、2、5、10 mL 于 5 个 100 mL 容量瓶内,用甲醇定容,该溶液三聚氰胺浓度为 0.05、0.1、0.2、0.5、1.0 μg/mL。

(11)滤膜:0.45 μm,有机相。

6.6.1.3　仪器和设备

(1)气相色谱质谱联用仪。

(2)离心机:10 000 r/min。

(3)涡旋混合器。

(4)超声波清洗器。

(5)氮吹仪:可控温至 60℃。

(6)固相萃取装置。

(7)高速匀质器。

(8)索式提取器。

(9)振荡摇床。

6.6.1.4　测定步骤

1.提取

(1)配合饲料、浓缩饲料、添加剂预混合饲料、植物性蛋白饲料和宠物饲料(干粮)中三聚氰胺的提取。称取 5 g 试样(精确至 0.01 g),准确加入 50 mL 三氯乙酸溶液,加入 2 mL 乙酸铅溶液。摇匀,超声提取 20 min。静止 2 min,取上层提取液约 30 mL 转入离心管,在 10 000 r/min 离心机上离心 5 min。

(2)宠物饲料(罐头)中三聚氰胺的提取。称取 5 g 试样(精确至 0.01 g),加入 50 mL 乙醚,摇床上 120 r/min 振荡 1 h,弃去乙醚,再加入 50 mL 乙醚,摇床上 120 r/min 振荡 1 h,弃去乙醚,其余步骤同(1)。

2.净化

分别用 3 mL 甲醇,3 mL 水活化混合型阳离子交换固相萃取柱,准确移取 10 mL 离心液分次上柱,控制过柱速度在 1 mL/min 以内。再用 3 mL 水和 3 mL 甲醇洗涤混合型阳离子交换固相萃取柱,抽近干后用氨水甲醇溶液 3 mL 洗脱。洗脱液氮气吹干,准确加入甲醇溶液。

3.衍生化

取上述净化后溶液适量用 50℃氮气吹干,加入 200 μL 乙腈和 200 μL 衍生化试剂,混匀,70℃反应 30 min。同时,用三聚氰胺标准系列或相应浓度单点标准做同步衍生。

4.测定

(1)GC-MS 条件。

色谱柱:柱长 30 m,内径 0.25 mm,甲基苯基聚硅氧烷涂层,膜厚 0.25 μm。

载气:氮气,流速为 1.3 mL/min。

进样量:1 μL。

进样口温度:250℃。

升温程序:起始温度 75℃,持续 1.0 min,以 30℃/min 升温至 300℃,保持2.0 min。

传输线温度:280℃。

运行时间:10.5 min。

扫描范围:m/z 60~400。

扫描模式:选择离子扫描。监测离子 m/z 99、m/z 171、m/z 327、m/z 342。

离子源温度:230℃。

EI 源轰击能:70 eV。

(2)测定。

定性方法:试样与标准品保留时间的相对偏差不大于 0.5%,特征离子丰度与标准品相差不大于 20%。

定量方法:以 m/z 342、m/z 327、m/z 171 和 m/z 99 峰面积之和进行单点或多点校正定量。

6.6.1.5　结果计算和表示

试样中三聚氰胺的含量 X,以质量分数 mg/kg 表示,单点校正按式(6-6)计算。

$$X = \frac{A \times c_s \times V}{A_s \times m} \times n \qquad (6-6)$$

式中:V 为净化后加入的甲醇溶液体积,mL;A_s 为三聚氰胺标准溶液对应的色谱峰面积响应值;A 为试样溶液对应的色谱峰面积响应值;c_s 为三聚氰胺标准溶液的浓度,pg/mL;m 为试样质量,g;n 为稀释倍数。

多点校正按式(6-7)计算。

$$X = \frac{c_x \times V}{m} \times n \qquad (6-7)$$

式中:V 为净化后加入的甲醇溶液体积,mL;c_x 为标准曲线上查得的试样中三聚氰胺的浓度,μg/mL;m 为试样质量,g;n 为稀释倍数。

平行测定结果用算术平均值表示,结果保留 3 位有效数字。

6.6.1.6　允许差

在同一实验室由同一操作人员使用同一仪器完成的两个平行测定的相对偏差

不大于 20%。

6.6.2　饲料中 8 种 *β*-受体激动剂的测定(GC-MS 法)

该方法适用于配合饲料中氯丙那林、马布特罗、特布他林、盐酸克伦特罗、沙丁胺醇、齐帕特罗、班布特罗、莱克多巴胺的测定。本方法的定量限和检出限:莱克多巴分别为 0.5　mg/kg 和 0.1 mg/kg,其他 7 种类药物分别为 0.05 mg/kg 和 0.01 mg/kg。

6.6.2.1　测定原理

试样经乙酸钠缓冲溶液提取,提取液过固相萃取柱净化,吹干,经衍生后,直接在气相色谱质谱联用仪上测定。

6.6.2.2　试剂与溶液

除特殊注明外,所用试剂均为分析纯。水符合 GB/T 6682 二级用水规定。

(1)氨水。

(2)冰乙酸。

(3)三水合乙酸钠。

(4)衍生剂:双三甲基三氟乙酰胺(BSTFA)+三甲基氯硅烷(TMCS)=99+1 (*V*+*V*)。

(5)甲苯,色谱纯。

(6)甲醇,色谱纯。

(7)标准品:纯度大于 98.5%。

(8)氮气:普通氮气。

(9)氦气(99.999%)。

(10)混合型阳离子固相萃取柱:3 mL/60 mg。

(11)乙酸钠缓冲液:称取 31.63 g 三水合乙酸钠溶于水,加入 11.6 mL 冰乙酸,pH 约为 4.8,用水稀释至 1 L。

(12)乙酸溶液(1 mol/L):移取 5.7 mL 冰乙酸于 100 mL 容量瓶中,用水定容至刻度,摇匀。

(13)洗脱液:取 3.5 mL 氨水于 100 mL 容量瓶中,用乙酸乙酯定容至刻度,摇匀。

(14)标准溶液的配制

①标准储备液(200 μg/mL):称取氯丙那林、马布特罗、特布他林、盐酸克伦特罗、沙丁胺醇、齐帕特罗、班布特罗、莱克多巴胺标准品各 5 mg(精确至 0.000 01 g),分别溶解于甲醇中,并定容至 25 mL。于冰箱中 4℃保存,保存期 1 个月。

②标准工作液:移取标准储备液于 10 mL 容量瓶中,用甲醇定容至刻度,配制

成 0.05 μg/mL、0.10 μg/mL、0.20 μg/mL、0.50 μg/mL、1.00 μg/mL、4.00 μg/mL 标准系列。

6.6.2.3　仪器和设备

(1)天平:感量 0.01 g 和感量 0.000 01 g。

(2)振荡器。

(3)固相萃取净化装置。

(4)氮吹装置。

(5)电热恒温鼓风干燥箱。

(6)气相色谱质谱联用仪。

6.6.2.4　测定步骤

1.试样提取

准确称取试样 5 g,准确至 0.01 g,置于 250 mL 三角瓶中,准确加入乙酸钠缓冲液 50 mL,振摇使之全部浸湿,盖紧塞子,放在旋转振荡器上,振荡 25 min 取下,溶液通过定性滤纸过滤,收集 30 mL 备用。

2.净化

将固相萃取柱固定于 SPE 净化装置上,依次用 3 mL 甲醇和 3 mL 水活化、平衡。然后精确吸取 2 mL 试样溶液全部加到小柱上,控制过柱速度不超过 1 mL/min,分别用 2 mL 乙酸溶液和 3 mL 甲醇淋洗一次,最后用 3 mL 洗脱液洗脱于 5 mL 衍生瓶中,洗脱速度不超过 1 mL/min。将洗脱液置于 40℃水浴条件下,用氮气吹干。同时取标准溶液 2 mL 于 5 mL 衍生瓶中,加 1 mL 洗脱液,40℃水浴条件下氮气吹干。

3.衍生

在衍生瓶中加入甲苯 100 μL,衍生剂 100 μL,充分涡旋混合后,置 70℃烘箱中,反应 1 h。冷却至室温后上机测定。

4.测定

(1)色谱条件。

色谱柱:AB-5MS (DB-5MS) 长 30 m,内径 0.25 mm,液膜厚 0.25 μm。

载气:氦气(纯度 99.999%);流速:1 mL/min。

进样口温度:250℃。

进样量:1 μL,不分流,分流阀关闭时间 1.0 min。

柱温程序:100℃保持 1 min,10℃/min 升温至 280℃保持 4 min。

(2)质谱条件。

EI 源电子轰击能:70 eV。

源温度:230℃。

转接口温度:280℃。

四极杆温度:150℃。

溶剂延迟:9 min。

8种β-受体激动剂三甲基硅烷衍生物选择离子监测如表6.8所示,总离子流色谱图参见图6.8。

表6.8　8种β-受体激动剂三甲基硅烷衍生物的监测离子

β-受体激动剂	监测离子(m/z)
氯丙那林	270,72,104,180
马布特罗	277,204,296,311
特布他林	356,280,336,426
克伦特罗	262,212,243,277
沙丁胺醇	369,72,116,203
齐帕特罗	308,218,291,405
班布特罗	354,282,309,439
莱克多巴胺	267,179,250,502

(3)定性定量方法。

①定性方法。样品与标准品保留时间的相对偏差不大于0.5%。特征离子基峰百分数与标准品相差不大于20%。

②定量方法。选择离子监测(SIM)法计算峰面积,标准工作液和样品溶液中响应值均应在仪器的线性范围内。如果浓度过高,需要适当稀释。外标法定量。

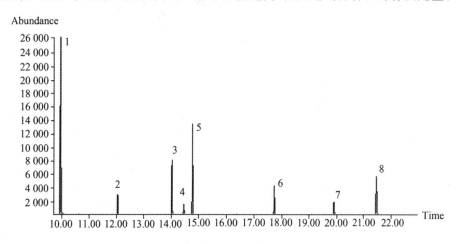

图6.8　饲料中8种β-受体激动剂气相色谱-质谱总离子流色谱图
1.氯丙那林　2.马布特罗　3.特布他林　4.克伦特罗　5.沙丁胺醇
6.齐帕特罗　7.班布特罗　8.莱克多巴胺

6.6.2.5　结果计算与表示

试样中 β-受体激动剂含量(X)以质量分数表示($\mu g/g$),可用式(6-8)计算。

$$X = \frac{A_x}{A_s \times m} \times n \times \rho_s \qquad (6\text{-}8)$$

式中:A_x 为试样溶液峰峰面积响应值;A_s 为标准溶液色谱峰响应值;ρ_s 为标准溶液浓度,$\mu g/mL$;m 为试样质量,g;n 为稀释倍数。

测定结果用平行测定的算术平均值表示,保留 3 位有效数字。

6.6.2.6　允许差

同一实验室同一操作人员完成的两个平行测定的相对偏差不大于 20%。

思考题

1.我国目前禁止在动物饲料和饮水中使用的药物有哪些类别?

2.饲料中违禁药物的检测一般采用哪些手段? 它们之间关系如何?

3.简述液相/气相色谱质谱法的主要监测方式。

4.液相/气相色谱质谱法定性定量分析依据和判定标准是什么?

5.饲料中兴奋剂类药物的定量分析和确证技术主要有哪些? 简述其分析原理和步骤。

6.简述气相色谱质谱法饲料中三聚氰胺测定的原理和步骤。

7 生物技术在饲料分析中的应用

【内容提要】
　　本章介绍生物技术在饲料分析中的应用,重点介绍了免疫学分析方法、PCR分析方法的原理、步骤及其在饲料检测中的应用实例。

7.1 生物技术检测概述

7.1.1 生物技术的内涵

　　生物技术(biotechnology)是一门多学科、综合性的科学技术,是研究生命科学的基本工具,同时也广泛应用于医药、食品、环保、海洋、畜牧和饲料产业等领域。对于生物技术的定义不少学者和学术组织赋予各种观点。国际纯化学及应用化学联合会在 1981 年对生物技术的定义为:生物技术是将生物化学、生物学、微生物学和化学工程应用于生产过程,包括医药卫生、能源及农业的产品及环境保护的技术。国际经济合作及发展组织在 1982 年提出的生物技术是"应用自然科学及工程学的原理,依靠生物作用剂的作用将物料进行加工以提供产品或为社会服务"的技术。我国在生物技术定义上也大同小异,通常所说的生物技术也称生物工程(bio-engineering),是指以现代生命科学理论和技术为基础,结合先进的工程技术手段和其他基础学科的科学原理,按照预先的设计改造生物体或加工生物原料,为人类生产出所需产品或达到某种目的的综合性科学技术体系,主要包括基因工程、细胞工程、酶工程、发酵工程和蛋白质等新技术。

　　生物技术不完全是一门新兴学科,它包括传统生物技术和现代生物技术两部分。传统的生物技术是指旧有的制造酱、醋、酒、面包、奶酪、酸奶及其他食品的传统工艺;现代生物技术则是指 20 世纪 70 年代末 80 年代初发展起来的,以现代生物学研究成果为基础,以基因工程为核心的新兴学科,当前所称的生物技术基本上都是指现代生物技术。本章节主要介绍现代生物技术在饲料检测中的应用。

7.1.2　现代生物技术的主要内容

　　现代生物技术涵盖的内容非常广泛,按照所研究的层次不同又可以分为酶工程、发酵工程、细胞工程、基因工程、蛋白质工程五大类。现代生物技术的这几个组成部分既自成体系又相互渗透、密切相关,是一个有机的整体。其中基因工程和细胞工程是核心和基础,酶工程和发酵工程是现代生物技术产业化的重要过程。近些年来,生物工程发展迅速,正日益深入和改变人们的生活,并将对世界经济的变革和人类的前途产生深远的影响。

7.1.2.1　基因工程

　　基因是具有遗传效应的 DNA 片段,是遗传物质的功能单位和结构单位。基因工程就是在基因水平上对生物体进行操作,改变细胞遗传结构从而使细胞具有更强的某种性能或获得全新功能的技术。它实质上是生物体间遗传信息的转移,通过体外 DNA 重组创造新生物并给予特殊功能的技术,也称 DNA 重组技术。因此,基因工程是分子遗传学和工程技术相结合的产物,是生物技术的核心。

7.1.2.2　细胞工程

　　细胞是除了病毒外的所有生物体的基本结构和功能单位。现代细胞工程就是应用细胞生物学和分子生物学的理论、方法和技术,以细胞为基本单位进行离体培养、繁殖,或人为地使细胞的某些生物学特性按照人们的意愿发生改变,从而改良生物品种和创造新品种,或加速动植物个体的繁殖,或获得有用的物质。它主要包括细胞融合、细胞培养、细胞器移植、染色体工程等技术。利用该技术不仅可在同一物种间进行杂交,甚至还可以在不同物种间进行细胞融合,形成新的物种。

7.1.2.3　酶工程

　　酶是一种具有特定生物催化功能的蛋白质。酶工程简单地说就是酶制剂在工业上大规模生产及应用。它包括酶制剂的开发和生产、多酶反应器的研究和设计以及酶的分离提纯和应用的扩大。酶工程一般分为两大类:化学酶工程和生物酶工程。化学酶工程也称为初级酶工程,通过对酶进行化学处理,甚至化学合成等手段来改善酶的性质以提高催化效率及降低成本。这种酶制剂已经广泛应用于食品、制药、制革、酿造、纺织等工业领域。生物酶工程基于化学酶工程,是酶科学和以基因工程为主的现代分子生物技术相结合的产物,也称为高级酶工程,它通过对酶基因的修饰改造或设计,产生出自然界不曾有过的、性能稳定、催化效率更高的新酶。

7.1.2.4　发酵工程

　　利用微生物及其内含酶系的生理特性,再应用现代工程技术手段生产或加工人类所需要的产品的技术体系,叫发酵工程,又称为微生物工程。发酵过程以传统发酵为核心,目前在整个生物生产中仍然是最重要的组成部分。酒精、调味品、氨基酸类核酸和核苷酸、抗菌素及激素等都可以利用发酵得到生产。通过现代工程技术手段,筛选和培育能够产生特定生物活性物质的优良菌种,弄清微生物的生理代谢机能,提供微生物生产的最佳条件,则成为发酵工程的关键环节。

7.1.2.5 蛋白质工程

蛋白质是组成生命体系的一类具有复杂结构和功能的生物大分子,定向地对蛋白质的结构进行人工设计和改造,获得一些具有优良特性的、甚至自然界本来不存在的蛋白质分子,就叫蛋白质工程。蛋白质工程其实是基因工程深化发展的产物。它综合分子生物学、计算机辅助设计等多种技术和方法,突破了基因工程只能生产天然存在的蛋白质的局限,可以设计和生产天然生物体内不存在的新型蛋白质;或通过蛋白质的分子设计来提出修改的方案,应用基因工程技术方法,使蛋白质功能得到优化。

7.1.3 现代生物技术在饲料分析中的应用

现代生物技术不仅是研究生命科学的基本工具,同时也是食品、饲料安全等检测技术的主要应用工具之一。应用免疫学技术对饲料中真菌毒素,违禁药物如盐酸克伦特罗、莱克多巴胺、地西泮、沙丁胺醇、氯丙嗪、四环素、呋喃类药物等试剂盒的制备。应用生物学技术生产的免疫试纸等实现了真菌毒素、违禁药物等的现场快速高通量筛选检测,提高了检测效率。以 DNA 为基础的核酸探针杂交、DNA指纹分析、PCR-RELP 分析、PCR 特异扩增等技术广泛应用于动物源性饲料产品检测。使用基因探针试剂盒对饲料中致病微生物如沙门氏菌、志贺氏菌、致病性大肠杆菌等的检测,达到早期诊断、鉴定等方面的快速检测。

7.2 免疫分析技术

7.2.1 概述

免疫分析法(immunoassay, IA)是基于抗原和抗体之间的特异性反应的一种技术。它的提出及发展是 20 世纪以来在生物分析化学领域所取得的最伟大的成就之一。由于免疫分析试剂在免疫反应中所体现出的独特的选择性和极低的检测限,使这种分析手段在临床、生物制药和环境化学等领域得到广泛应用。近些年来,由于饲料样品的复杂性和对饲料安全检测意识的提高,免疫分析技术逐渐成为饲料分析技术的一个重要组成部分,其在饲料中真菌毒素、违禁药物、农药残留等的检测方面得到了广泛的应用。

7.2.1.1　抗原抗体结合反应

抗体与抗原间是依靠局部(抗体结合位点和抗原决定簇)分子间作用力结合的,这些结合力主要包括氢键、范德华力、疏水相互作用和盐键等。这些短程作用力必须在极端的距离内才有效,所以抗原与抗体间的结合首先需满足抗体结合位点与抗原决定簇在空间形状方面的高度互补性,其次是接触表面不同性质基团分布的配合,在此基础之上才能紧密接触和产生足够的结合力。抗原结构或决定簇形状越复杂、结合力越强、范围越广泛,则选择性和亲和性越强。按照抗原抗体的结合状态和效应可将免疫反应分为 3 个阶段:初级反应、次级反应和三级反应。

1. 初级反应

抗原与抗体间发生结合反应,反应速度极快($K_1 = 10^7 \sim 10^8$ mol/L/s),可在数秒内完成,说明无共价键形成,所以初级反应速率决定于抗原抗体分子间的碰撞几率,受抗原或抗体的量和反应条件影响较小。

2. 次级反应

抗原抗体复合物间进一步发生交联,形成具有立体网状结构的聚合物,出现可见的凝集(颗粒抗原)或沉淀(可溶性抗原),这一阶段反应速度要慢得多,需数小时以上才能进行完全,并且受抗原或抗体的量、温度、pH 和离子强度等影响较大。半抗原(单价抗原)显然不能发生次级反应。

3. 三级反应

抗原抗体结合后,在其他免疫因子的参与下发挥免疫生理效应,这一阶段需要更长的时间。绝大多数半抗原免疫分析仅与一级反应有关。小分子免疫分析通常建立在初级反应的基础上。

7.2.1.2　免疫测定法分类

免疫分析根据标记物、反应机制或反应过程等有不同的分类。根据反应机制的不同,免疫分析可以分为竞争法和非竞争法。非竞争法是将待测抗原与足够的标记抗体充分反应形成抗原-标记抗体复合物,产生的信号强度与抗原的量成正比;竞争法是将过量的待测抗原与定量标记抗原竞争结合形成定量的特异性抗体,待测抗原的量越大,与抗体结合的标记抗原量越少,产生的信号强度越小,由此定量待测抗原的量。按测定过程中的某些步骤的差异分为均相免疫分析和非均相免疫分析两大类。均相酶免疫测定法的特点是抗原-抗体反应达到平衡,对结合与游离的标记物无需进行分离,可在自动生化分析仪器上直接测定。非均相酶免疫测定法的特点是必须对结合和游离的标记物进行分离,才能测定各自的浓度。常用的分类方法是根据使用的标记物种类不同,免疫分析局文献报告的方法有 10 余种,但有推广应用价值或已被广泛采用的主要有放射免疫分析(radioimmunoassay,RIA)、酶免疫分析(enzyme immunoassay, EIA)、化学发光免疫分析(chemiluminescent immunoassay,CLIA)、荧光免疫分析法(fluorescence immunoassay,FIA)等。

7.2.2　放射免疫分析法

放射免疫分析法(RIA)是将放射性同位素为示踪物,与免疫反应相结合的一种分析方法,提供检测的信号是不断发出的放射线。1959 年,美国科学家 Yelow 和 Berson 利用[125]I 标记的胰岛素与血浆中的胰岛素竞争有限的抗体,以此为基础建立了胰岛素的放射性免疫测定法,开创了免疫分析新领域。该方法灵敏度达 $10^{-12} \sim 10^{-13}$ mol/L,使用 γ 计数器即可进行检测,使得过去认为极其困难的痕量生物活性物质的检测成为普通实验室的常规技术,促进了医学和生物学的发展。由于存在放射性污染和标记物的衰变使得检测标准难以长期稳定等问题,在 RIA 的启发下近 20 年来发展了许多非同位素免疫分析方法,RIA 在免疫测定方法中的重要性正在下降。放射免疫分析具有准确灵敏、特异性强、仪器试剂价格低廉、技术成熟的特性,在我国仍将在相当长一段时间内被应用、推广和发展,特别是有许多药物的放射性免疫试剂盒出售。

7.2.2.1　放射性免疫分析原理

质子数相同而中子数不同的原子互称同位素。当原子核的质子数和中子数满足一定比例时核结构不会自发改变,成为稳定同位素。当原子核的质子数和中子数比例偏离特定比值时,核结构会自发地发生转变(核衰变),并放出射线,称为放射性同位素。放射性射线有 α(氦核)、β(电子)、γ(正电子)射线,这些射线易被仪器检测,灵敏度很高,用放射性同位素将靶物质标记后可用于各种示踪分析。自然界中存在天然放射性同位素,但比例很小,可以用中子轰击的方法制备人工同位素。能量较高的 γ 射线(^{125}I)、β 射线(^{32}P,^{35}S)可用 γ 计数器检测,低能量的 β 射线(^{3}H,^{14}C)需用较复杂的液体闪烁计数仪检测。标记物的检测信号为放射性强度,目前国际上逐渐通用的表示方法是每秒放射性同位素的原子核每秒钟衰变数(dps),单位是"贝克勒尔"(Bq),1 Bq=1 dps。其他表示方法,如每分钟衰变数(dpm),居里(Ci),毫居里(mCi),微居里(μCi)。1 Ci 的放射性为每秒 3.7×10^{10} 次核衰变(Bq)。有的直接采用仪器的每分钟计数(cpm)表示放射性强度。稳定同位素标记物也可以用于同位素示踪分析,使用安全,但需要昂贵的质谱仪。

7.2.2.2　标记物

RIA 中常用于标记的放射性同位素是 ^{125}I、^{3}H 和 ^{14}C。^{125}I-RIA 应用最多。^{125}I 化学性质活泼，通过简单的取代反应即可将 ^{125}I 标记在药物上。^{125}I 衰变过程中释放出能量较高的 γ 射线，灵敏度可达 4×10^{-14} mol/L，使用 γ 计数器检测，设备简单，易推广应用，但需注意放射性防护。^{125}I 半衰期 60 d，在一般应用期间不必考虑放射性强度的衰减，但长时间存放时应注意放射性强度衰减的影响。

氢元素和碳元素都是药物骨架或侧链的组成部分，所以 ^{3}H 和 ^{14}C 标记不涉及元素或结构的改变，不会影响药物的免疫特性。^{3}H 和 ^{14}C 衰变中释放出能量较低的 β 射线，需要复杂的液体闪烁计数仪测定。^{3}H 和 ^{14}C 标记物的灵敏度分别为 8×10^{-12} mol/L 和 1.5×10^{-9} mol/L。^{3}H 和 ^{14}C 的半衰期分别为 12.3 年和 5 700 年，使用中不必考虑标记物放射性强度的衰减。虽然 ^{3}H 和 ^{14}C 的 β 射线的损害较小，但须防止进入体内。

7.2.2.3　结合药物与游离药物的分离

RIA 属非均相测定法，需将游离药物(F)和结合药物(B)分离后分别测定放射性强度。分离方法包括沉淀法、吸附法、固相法、双抗体法。固相法类似包被抗体的竞争法，比较实用。双抗体法是将第一个抗体与靶物质结合，然后采用第二个抗体与第一个抗体结合形成免疫沉淀分离，也可以将第二抗体连接在某些载体上，如氧化铁颗粒，能够借助磁铁的磁力进行分离。

7.2.2.4　检测

通常在分离前测定反应液的总放射性强度(T＝B＋F)，将 B 和 F 分离后分别测定 B 部分放射性强度，由 cpm(B)/cpm(T) 计算结合率和绘制标准曲线。

7.2.3　酶免疫测定法

酶免疫测定法(EIA)是 20 世纪 70 年代后迅速发展起来的非同位素免疫测定法，以酶标记的抗原或抗体作为示踪物，将抗原抗体反应的特异性与高活性的酶催化底物反应的高效性和专一性结合起来的一种免疫分析技术。EIA 体系中包括标记物(药物或抗体)、非标记药物(待测物)和抗体 3 种成分，反应后(复合物分离或不分离)通过标记酶对专一性底物的催化，如氧化、还原或水解等反应产生可测得信号进行分析。酶催化不仅具有很高的选择性和效率，而且酶不被消耗，微量的酶即可催化反应大量的底物。每种酶都具有专一的底物，并且产生特定的有色产物，所以具有很高的灵敏度，可达 $10^{-10} \sim 10^{-11}$ mol/L。使用酶进行标记，避免了 RIA 放射性污染和标记物稳定性问题，操作方便，仪器简单，酶免疫分析的典型代表是 Engvall 和 Perlman(1971)创立的酶联免疫吸附测定法(ELISA)。

7.2.3.1 标记酶

标记酶的选择十分重要,其性能将直接影响分析方法的灵敏度和特异性。理想的标记酶应具备以下条件:纯度高、转化率高、专一性强;酶分子上具有足够的活性基团,如氨基、羧基、羰基、羟基酚羟基、巯基等供偶联使用,偶联后仍保持催化活性;稳定性高;酶活性测定方法简单;样品基质中不存在标记酶、底物和抑制剂;来源充足;常用的标记酶及底物系统见表 7.1,其中辣根过氧化物酶来源广泛,应用最普遍,其次是碱性磷酸酯酶。

表 7.1 酶免疫测定常用的标记酶

标记酶	相对分子质量	底物/显色系统	测定波长/nm
辣根过氧化物酶 (horseradish peroxidase,HRP)	44 000	H_2O_2/OPD	492
		H_2O_2/TMB	450
		H_2O_2/ODA	460
		H_2O_2/5-AS	474
碱性磷酸酯酶 (alkaline phosphatase,AKP)	84 480	P-NPP	405
β-半乳糖苷酶 (β-galactosidase,β-Gal)	465 000	O-NPG	420
脲酶(urease)	480 040	尿素/溴甲酚紫	588
葡萄糖氧化酶 (glucose oxidase)	44 000	β-D-葡萄糖/HRP/OPD	492

注:OPD,邻苯二胺(o-phenylenediamine);TMB,四甲基联苯胺(3,3′,5,5′tetramethylbenzidine);ODA,邻联茴香胺(o-dianisidine);5-AS,5-氨基水杨酸(5-aminosalicylic acid)。

7.2.3.2 酶联免疫吸附测定法(ELISA)

ELISA 是当前应用最广、发展最快的固相酶免疫测定技术。一般将抗原或抗体吸附于固相载体进行免疫酶反应,底物显色后用肉眼或分光光度法进行检测。国内外均有 ELISA 专用的酶联免疫检测仪出售,高级仪器带有曲线拟合等数据处理软件,使用方便。传统 ELISA 使用的固相载体是聚苯乙烯微孔板、聚苯乙烯球或条,后来发展为硝酸纤维素膜、活化滤纸、硅片、尼龙、利用高分子材料合成的各种固相微粒等。常规 ELISA 使用聚苯乙烯微量滴定板(40 孔或 96 孔),操作方便,样品容量大,适用于大批量样品的快速测定。微量滴定板通常仅一次性使用。微球 ELISA 使用直径 0.5~0.6 cm 的聚苯乙烯珠作支持相,这些吸附(或包被)抗体(或抗原)的微球可制成商品出售,检测时将微球置于特制的凹孔板或小管中,加入样品液将小球浸没进行反应。斑点 ELISA 采用醋酸纤维素膜作支持相,将样品

点加在膜上进行 ELISA。ELISA 中常用 HRP 和 AKP 作为标记酶。小分子
ELISA 测定法一般有以下 3 种竞争分析模式(图 7.1)。

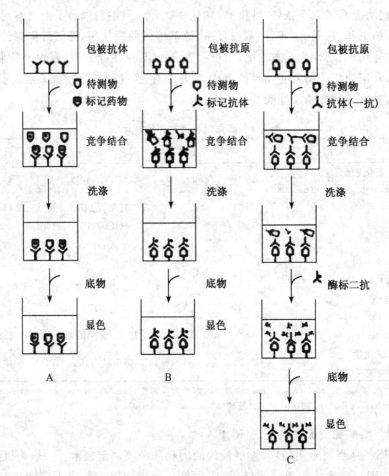

图 7.1　酶联免疫测定法

1.抗体包被直接竞争 ELISA

　　待测物和标记物竞争结合有限的包被抗体,反应达平衡后倾去反应液,洗涤,
然后加入底物显色和检测。颜色的深浅(结合率)与包被抗体结合的酶标药物的量
成正比,或与样品中含量成反比。这种方式操作步骤少,缺点是需要制备酶标药
物,并且每种药物的标记方法可能不同(有时比较困难),对抗体的活性也有影响。
样品中的杂质可能干扰酶的活性。

2. 抗原包被直接竞争 ELISA

待测物和标记抗体物竞争结合有限的包被抗原(待测物与蛋白质的结合物),反应达平衡后倾去反应液,洗涤,加入底物显色和检测。颜色的深浅与包被抗原结合的酶标抗体的量成正比,或与样品中待测物的含量成反比。这种方式操作步骤少,制备酶标抗体相对容易,但需要较多的纯化抗体,样品中的杂质可能干扰酶的活性。

3. 间接竞争 ELISA

测定半抗原通常采用包被抗原方式。首先待测物和包被抗原竞争结合有限的抗待测物抗体(一抗),反应达平衡后倾去反应液,洗涤;加入过量的由异种动物制备的酶标二抗(如羊抗兔 IgG 抗体)孵育;最后,加入底物显色和检测。颜色的深浅与包被抗原结合的酶标二抗的量成正比,或与样品中待测物的含量成反比。这种方式虽然增加了二抗结合步骤,但优点较多,如多数酶标二抗有商品出售,可直接买来使用;一个药物抗体可以结合多个酶标二抗,灵敏度较高;酶活性受样品基质的影响较小。

7.2.4 荧光免疫测定法

荧光免疫测定法(FIA)是以荧光物质标记抗原或抗体,形成的标记物发生免疫反应后,引起荧光强度发生变化,从而达到定量分析的目的。我们观察或检测到的荧光是用一定波长的光(激发光)照射荧光物质,共轭结构中的电子被激发向高级能态跃迁,然后经过振动弛豫落到第一激发态的最低能级,当电子跃迁回到基态时部分能量以光的形式释放出来,称为荧光(发射光)。由于振动弛豫等因素导致能量耗损,故荧光的能量低于激发光,波长较激发光更长。根据标记物荧光产生的方式不同分为底物标记荧光免疫测定法、荧光偏振免疫测定法、荧光猝灭增强免疫测定法。FIA 可使用均相或非均相分析方式,均相 FIA 应用较多。FIA 经济、方便,但易受背景干扰,限制了 FIA 的灵敏度($10^{-9} \sim 10^{-11}$ mol/L)。近年来发展起来的时间分辨荧光免疫测定法(TrFIA)灵敏度与 RIA 相近。

7.2.4.1 荧光标记物

FIA 对荧光标记物的要求很高。荧光标记物首先应具备某些基本的化学和荧光性质,如具有共轭芳香结构,在激发波长处有高的吸光系数和荧光量子产率,激发波长和发射波长最好处于可见光区,有利于降低背景干扰和提高灵敏度,自身稳定,并有良好的水溶性。其次荧光标记物应具有可供连接的活性基团,标记后不影响药物的免疫特性,标记药物与抗体结合后荧光性质能够发生某种改变。可用于免疫标记的荧光物质极少,荧光素衍生物应用较多,其他如罗丹明衍生物、香豆素衍生物(β-半乳糖-伞形酮)、藻胆蛋白、荧光金属螯合物 Eu^{3+}、Sm^{3+}、Tb^{3+} 等。

7.2.4.2　底物标记荧光免疫测定法

底物标记荧光免疫测定法使用一种酶的底物标记药物(FIA 使用酶作为标记物),底物本身无荧光。在受到相应酶的催化时能转变为荧光物质。当标记药物与抗体结合后产生的空间位阻阻碍了酶与标记底物间的接触。样品中的待测物通过竞争作用使游离的酶标结合物或荧光强度增加。常用的标记底物有伞型酮半乳糖苷和 2-乙酸基-8-萘磺酰胺。

7.2.4.3　荧光偏振免疫测定法(FPIA)

使用普通光激发荧光物质后得到的都是普通荧光。当用偏振光作为激发光时,视分子的运动状态,发射的荧光可能是振动方向各向随机化的普通荧光,或是只在某平面振动的偏振荧光(polarized fluorescence)。在反应液中游离的标记药物分子体积小,在布朗运动中转动速度快,受偏振光照射后产生的荧光的偏振方向被分散(随机化),不能形成偏振光,只发射普通荧光;与抗体结合的标记药物分子体积增大,布朗转动速度减慢甚至不能转动而形成定向排列。所以受偏振光激发后能产生偏振荧光。样品中待测物量越大,偏振荧光强度越高。FPIA 采用均相分析方式,偏振光的检测常用另一个偏振方向与光源相同的偏振器进行。常用的荧光标记物为荧光素的各种衍生物如异硫氰酸荧光素等。目前已有专用的自动分析仪器出售。

7.2.4.4　时间分辨荧光测定法(TrFIA)

为扣除生物材料中的背景干扰,根据背景的荧光衰变期短的特点,人们选择长寿命的荧光物质进行标记。当寿命很短(1~10 ns)的生物材料背景荧光完全衰减后再进行检测,便可消除本底的干扰,信噪比提高,这种检测方式称为时间分辨荧光测定法。TrFIA 一般采用镧系元素,如铕(Eu^{3+})、铽(Tb^{3+})、钐(Sm^{3+})作标记物,这些元素具有长的荧光寿命(10~1 000 μs),是生物背景荧光的 10 000 倍,可以很方便地采用时间分辨技术;稀土元素标记物相当稳定,可保存 1~2 年,克服了放射性同位素或酶标记物的缺点。镧系元素标记物的 TrFIA 灵敏度较 FIA 提高几个数量级,达到 RIA 水平。

7.2.5　化学发光免疫测定法

化学发光免疫测定法(CLIA)是将高灵敏度的化学发光测定技术与高特异性的免疫反应相结合,借以检测抗原或抗体的分析技术,CLIA 包括化学发光反应和免疫反应两个部分。常用鲁米诺、异鲁米诺及其衍生物进行标记,这些环肼类化合物在碱性条件下可被氧化产生 3-胺基苯二甲酸盐和 430 nm 的发射光。CLIA 操作简便,测定速度快,灵敏度 $10^{-11} \sim 10^{-12}$ mol/L。CLIA 产光物质发光时间极短（数秒钟）,测定误差较大。为了提高灵敏度还可以加入发光增强剂,如 3-氯-4-羟基-乙基苯胺等能有效增强产光和延长发光时间,称为增强发光免疫测定法。

7.2.6 免疫测定新技术

7.2.6.1 免疫传感器

免疫传感器是生物传感器的一种,近年来发展迅速。免疫传感器使用对象广泛,专一性较高,与许多其他生物传感器一样,其最大特点是便携性。免疫传感器高度的自动化、微型化与集成化减少了对使用者及环境技术条件的依赖,测定速度快,适合现场或野外操作。

免疫传感器的探头主要由两部分组成:感受器和换能器。感受器通常覆有连接有特异性抗体的可更换的传感膜;换能器能将抗原抗体反应产生的信号转换为可供仪器检测的电信号。根据换能器的类型可分为电化学传感器、光纤传感器、场效应晶体管传感器、表面等离子体传感器、压电晶体传感器等,其中表面等离子体传感器和压电晶体传感器属于直接型(非标记型)传感器,间接型(标记型)如电化学传感器、光纤传感器、场效应晶体管传感器等。

7.2.6.2 胶体金免疫测定法(GIA)

GIA 是一种利用胶体金颗粒作为标记物的一项新技术。胶体金指用还原剂,如乙醇、白磷、抗坏血酸、柠檬酸三钠等还原氯金酸(HAuCl$_4$)制成的大小不同的金颗粒分散而成的胶体溶液。胶体金颗粒的粒度可以在 $1 \sim 100$ nm 内通过加入的还原剂的量进行控制,胶体金溶液呈橘红色。抗原或抗体能够吸附于胶体金颗粒表面形成标记抗原或标记抗体,用于免疫检测或定位分析。常用的胶体金免疫测定法主要有胶体金免疫层析法和胶体金免疫渗滤法,这两种方法的基本原理都是以微孔滤膜为载体,包被已知胶体金标记的抗原或抗体,加入样品后,由于毛细管作用或渗滤作用使样品与膜上的抗体或抗原特异性结合,使特定区域显示一定的颜色,从而实现特异性的检测。

7.2.6.3 脂质体免疫测定法(LIA)

LIA 是一种较新的免疫测定技术。脂质体是一种生物模拟膜,是磷脂或其他类脂分子在水相介质中自发形成的一种密闭的双分子单层或多层囊泡。脂质体表面可以连接抗原或抗体分子,其膜内可包容上万个标记物分子,具有很高的信号放大作用。这种生物模拟膜在形成过程中能包裹水及其中的溶质(染料或酶),膜的稳定性可随免疫反应有规律地变化,根据释放出的标记物的量进行测定。以脂质体表面连接特异性抗体的 LIA 为例,膜表面形成的抗原-抗体复合物能够激活补体,导致脂质体溶解,释放出的标记物的量与膜表面抗原-抗体复合物的量成正比。LIA 可采用均相或非均相分析方式。目前 LIA 主要存在脂质体的稳定性和非特异性溶解问题。

7.2.6.4　流动注射免疫分析(FIIA)

由于传统的化学发光免疫分析操作步骤复杂、耗时等缺点,因此,免疫分析的自动化测定发展已成为人们关注的焦点。流动注射分析是 20 世纪 70 年代中期诞生并迅速发展起来的溶液自动在线处理及测定的分析技术,具有速度快、自动化程度高、重现性好等特点。将流动注射分析与特异性强、灵敏度高的免疫分析集为一体,创立了流动注射免疫分析法。FIIA 中免疫反应代替了传统的化学反应体系,属非平衡态分析方式,能进行均相或非均相测定。均相 FIIA 不需要分离,直接在同一介质中进行,在线测定抗原、抗体结合的物理特性。非均相 FIIA 采用固相分离方式,将抗原或抗体固定在一个固相载体上,并用物理方法可充分地将抗原/抗体复合物与未结合的标记物和样品中的杂质成分分离除去,然后检测与复合物相结合的标记物。FIIA 可以大大缩短测定时间,节约免疫试剂,并且方便自动化。单个样品的测定时间由数小时降至数分钟。FIIA 可以看做是流动注射分析与免疫分析的联用技术,在免疫分析自动化和实时分析方面有良好发展前景。

7.3　聚合酶链反应技术

聚合酶链反应(polymerase chain reaction,简称 PCR)是 1985 年由 Mullis 等人创立的一种体外酶促扩增特异 DNA 片段的方法。PCR 技术由于可以在短时间内将极微量的靶 DNA 特异地扩增上百万倍,从而大大提高对 DNA 分子的分析和检测能力,能检测单分子 DNA 或对每 10 万个细胞中仅含 1 个靶 DNA 分子的样品进行分析,因而此方法在饲料中微生物、转基因成分以及牛羊源成分的检测等方面得到了广泛的应用。

7.3.1　PCR 的原理

PCR 包括变性、退火和延伸三个基本过程,三者之间通过温度的改变来实现相互转换。变性是指模板 DNA 在 95℃左右的高温下,双链 DNA 解链成单链DNA,并游离于溶液中的过程;退火是指人工合成的一对引物在适合的温度下(通常是 50~65℃)分别与模板 DNA 需要扩增区域的两端进行准备配对结合的过程;引物与模板 DNA 结合后,在适当的条件下(温度一般为 70~75℃),以四种 dNTP为材料,通过 DNA 聚合酶的作用,单核苷酸从引物的 3′末端掺入,沿模板合成新段 DNA 链,这就是所谓的延伸。一般地,整个 PCR 过程包括 20～30 个循环,靶 DNA 能达到 10^6～10^7 个拷贝。PCR 原理的示意图见图 7.2。

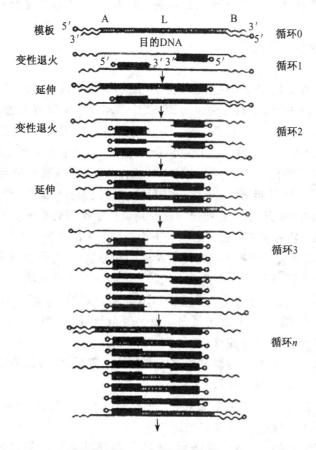

图 7.2 PCR 原理示意图

7.3.2 PCR 的操作过程

7.3.2.1 标准 PCR 反应过程

标准 PCR 的反应体积为 20～100 μL,其中含有 $1\times$PCR 缓冲溶液(50 mmol/L KCl、10 mmol/L Tris-HCl (pH 8.3)、2 mmol/L $MgCl_2$、100 μg/mL 明胶、四种 dNTP 各 20 μmol/L、一对引物各 0.25 μmol/L、DNA 模板 0.1 μg 左右(根据具体情况加以调整,一般需要 10^2～10^5 拷贝的 DNA)和 2 个单位的 Taq DNA 聚合酶。PCR 的反应步骤:在 0.5 mL 的小离心管中依次加入 PCR 反应缓冲液、四种

dNTP、引物、DNA 模板，混匀，95℃加热 10 min，以除去样品中蛋白酶、氯仿等对 Taq DNA 聚合酶的影响，然后，每管加入 2 个单位的 Taq DNA 聚合酶，混匀，离心 30 s，根据实验要求设计 PCR 仪的各种循环参数，将离心管置于 PCR 仪中进行 PCR 循环。

7.3.2.2　PCR 操作要点

1. 模板 DNA 的制备

PCR 对于模板的用量和纯度的要求都很低，在模板数量方面有时甚至 2 个拷贝的模板就可以进行 PCR；在纯度方面，细胞的粗提液可以直接进行 PCR 扩增，这也是 PCR 的显著特点。但是，在大多数情况下仍需要制备一定数量（通常为 $10^2 \sim 10^5$ 个拷贝的 DNA）和一定纯度模板 DNA，以保证扩增的效率和反应的特异性。一般的 DNA 制备过程包括细胞破碎、蛋白质沉淀、核酸分离与浓缩等，过程复杂，且费时费力。近年来，根据 PCR 的特点和不同的实验要求，产生了很多快速简便的 DNA 的制备方法，这些快速方法特别适合于疾病的快速诊断，以及食品与饲料中病原微生物的快速检测等方面。下面介绍其中的几种：

（1）蛋白酶 K 消化裂解法。将样品经离心和漂洗后，将蛋白酶 K 直接加入样品中进行消化处理，随后离心，吸取上清液，于 95～97℃或煮沸 10 min 灭活蛋白酶 K 后，就可以直接作为核酸模板用于 PCR 扩增。如果杂质较多，还应经酚-氯仿抽提后，再用于 PCR 反应。此法蛋白质及其他杂质消除彻底，Taq 酶活性不受影响，具有良好的重复性与稳定性。

（2）直接裂解法。样品经缓冲液洗涤和离心处理后，加消化裂解液，裂解样品细胞，离心，取上清液进行 PCR 扩增。

（3）碱变性法。加入高浓度的碱溶液使样品溶解和变性，然后以高浓度的盐酸中和，离心，取上清液进行 PCR 扩增。

（4）煮沸法。样品经离心洗涤后，加适量的缓冲溶液混匀，100℃煮沸 10～15 min，离心，取上清液进行 PCR 扩增。

2. DNA 聚合酶的选择

Taq DNA 聚合酶是 PCR 中最常用的酶。该酶具有如下特性：

（1）耐高温。该酶有良好的热稳定性，在 92.5℃、95℃、97.5℃时，PCR 混合物中的 Taq DNA 聚合酶分别经 130 min、40 min 和 5 min 后，仍可保持 50％的活性。当 PCR 反应的变性温度为 95℃时，50 个循环后，Taq DNA 聚合酶仍有 65％的活性。

（2）离子依赖性。Taq DNA 聚合酶是 Mg^{2+} 依赖性酶，该酶的催化活性对 Mg^{2+} 浓度非常敏感。实验表明，当 Mg^{2+} 浓度为 2.0 mmol/L 时，该酶的催化活性最高,Mg^{2+} 浓度过高会抑制酶活性,如当 Mg^{2+} 浓度在 10 mmol/L 时可抑制 40%～50%的酶活性。在 PCR 中 Mg^{2+} 能与 dNTP 结合而影响 PCR 反应液中游离的 Mg^{2+} 浓度,因而在反应中 Mg^{2+} 浓度应比 dNTP 总浓度高 0.5～1.0 mmol/L。另外,适当浓度的 KCl 能使 Taq DNA 聚合酶的催化活性提高 50%～60%,其最适浓度为 50 mmol/L,高于 75 mmol/L 时明显抑制该酶的活性。

(3)忠实性。Taq DNA 聚合酶具有 $5'{\rightarrow}3'$ 聚合酶活性和 $5'{\rightarrow}3'$ 外切酶活性,而无 $3'{\rightarrow}5'$ 外切酶活性,它不具有 Klenow 片段的 $3'{\rightarrow}5'$ 的校对活性,所以在 PCR 反应中如发生某些碱基的错配,该酶不能进行校正。Taq DNA 聚合酶的碱基错配率为 2.1×10^{-4}。

(4)抑制剂。低浓度的尿素、甲酰胺、二甲基甲酰胺和二甲基亚砜对 Tap DNA 聚合酶的催化活性没有影响,但是极低浓度的离子表面活性剂如脱氧胆酸钠、十二烷基肌氨酸钠和十二烷基磺酸钠(SDS)对该酶的活性抑制作用非常强,如 0.01% 的 SDS 就可抑制 90%的酶活性,而非离子表面活性剂在较高浓度,如 Tween 20、NP-40 和 Triton X-100 在大于 5%时方能抑制该酶的活性,低浓度的 NP-40 (0.05%)和 Tween 20(0.05%)还能增强 Taq DNA 聚合酶的活性;低浓度 SDS 对该酶的抑制作用,可通过加入一定浓度的 NP-40 和 Tween 20 抵消。

3. 引物设计

引物设计在 PCR 中同样占有十分重要的地位,引物的序列及其与模板的特异性结合是决定 PCR 反应特异性的关键。所谓引物即两段与待扩增靶 DNA 两端序列互补的寡核苷酸片段。两引物间距离决定扩增片段的长度。引物可以根据与其互补的靶 DNA 序列人工合成,在合成引物时必须遵循一定的原理,否则由于设计不合理,PCR 的特异性和扩增效率都会降低。

(1)引物长度的确定。统计学分析表明,长约 17 个碱基的寡核苷酸序列在人的基因组中重复出现的概率是 1 次。因此,引物长度一般最低不少于 16 个核苷酸,而最高不超过 30 个核苷酸,最佳长度为 20～24 个核苷酸。

(2)引物扩增跨度以 200～500 bp 为宜,特定条件下可扩增至 10 kb 的片段。

(3)引物碱基(G+C)含量以 40%～50%为宜,(G+C)太少扩增效果不佳,(G+C)过多易出现非特异带。ATCG 四种碱基最好随机分布,尽量避免含有相同的碱基多聚体出现在引物中。另外,两个引物中(G+C)的含量应尽量相似,在待扩增片段(G+C)含量已知的情况下,引物中(G+C)的含量应尽可能接近待扩增片段的(G+C)的含量。

(4)避免引物内部形成明显的次级结构,尤其是发夹结构。两个引物之间不应发生互补,特别是在引物 3′端,即使无法避免,其 3′端互补碱基也不应大于 2 个碱基,否则易生成"引物二聚体"或"引物二倍体"。所谓引物二聚体是指在 DNA 聚合酶作用下,一条引物在另一条引物序列上进行延伸所形成的与两条引物长度相近的双链 DNA 片段,是引物设计时常见的副产品,有时甚至成为主要产物。另外,两条引物之间避免有同源序列,尤其是连续 6 个以上相同碱基的寡核苷酸片段,否则两条引物会相互竞争模板的同一位点;同样,引物与待扩增靶 DNA 或样品 DNA 的其他序列也不能存在 6 个以上碱基的同源序列,否则,引物就会与其他位点结合,使特异性扩增减少,非特异扩增增加。

(5)引物 3′端的碱基,特别是最末及倒数第二个碱基,要求严格和靶 DNA 配对,以避免因末端碱基不配对而导致 PCR 失败。

(6)引物中有或加上合适的酶切位点,被扩增的靶序列最好有适宜的酶切位点,这对酶切分析或分子克隆很有好处。

引物设计是否合理可用 PCRDESN 软件和 PRIMER 软件进行计算机检索来核定。合成的引物还必须经聚丙烯酰胺凝胶电泳或反相高效液相层析纯化。因为合成的引物中会有相当数量的"错误序列",其中包括不完整的序列和脱嘌呤产物以及可检测到的碱基修饰的完整链和高分子量产物。这些序列可导致非特异扩增和检测信号强度的降低。因此,PCR 所用引物质量要高,且需纯化。冻干引物于 $-20\,^{\circ}\mathrm{C}$ 可保存 $12\sim24$ 个月,液体状态与 $-20\,^{\circ}\mathrm{C}$ 可保存 6 个月,引物在 25% 乙腈溶液中 $4\,^{\circ}\mathrm{C}$ 保存可阻止微生物的生长。

4. dNTP 的质量与浓度

四种脱氧核苷酸(dATP、dCTP、dGTP、dTTP)是 DNA 合成的基本原料,其质量与浓度和 PCR 扩增效率有密切关系。dNTP 粉呈颗粒状,如保存不当易变性失去生物学活性。dNTP 溶液呈酸性,使用时应配成高浓度后,并以 1 mol/L NaOH 或 1 mol/L Tris-HCl 的缓冲溶液将其 pH 调节到 $7.0\sim7.5$,然后小量分装,$-20\,^{\circ}\mathrm{C}$ 冰冻保存,避免多次冻融,否则会使 dNTP 降解。在 PCR 反应中,应控制好 dNTP 的浓度,尤其是注意 4 种 dNTP 的浓度应等摩尔配制,如其中任何一种浓度不同于其他几种时(偏高或偏低),都会引起错配。另外,PCR 反应中 dNTP 含量太低,PCR 扩增产量太少,易出现假阴性;过高的 dNTP 浓度会导致聚合而将其错误掺入,引起错配,所以一般将 dNTP 的浓度控制在 $50\sim200\ \mu\mathrm{mol/L}$。

7.3.2.3 PCR 反应体系的优化

PCR 操作简便,但影响因素很多,因此应该根据不同的 DNA 模板,摸索最适的条件,以获得最佳的反应结果。影响 PCR 的因素主要包括温度、时间、循环次数和反应体系中各种成分的浓度等。

1.温度与时间的设置

PCR 包括变性、退火、延伸三步,因此应设计三个温度点。在标准反应中采用三温度点法,即双链 DNA 在 90～95℃变性,再迅速冷却至 40～60℃,引物退火并结合到靶序列上,然后快速升温至 70～75℃,在 Taq DNA 聚合酶的作用下,使引物链沿模板延伸。对于较短的靶基因(长度为 100～300 bp)可采用二温度点法,即除变性温度外,退火与延伸温度可合二为一,一般采用 94℃变性,65℃左右退火与延伸(因为此温度下 Taq DNA 酶仍具有较高的催化活性)。以下为各温度点的温度与时间的关系。

(1)变性温度与时间。一般情况下,93～94℃(1 min)足以使模板 DNA 变性,若低于 93℃则需延长时间,而温度过低则可能会使解链不完全而导致 PCR 失败,但温度也不能过高,否则过高的温度将影响酶的活性。因此变性温度一般应控制在 90～95℃。

(2)退火时间与温度。变性后温度快速冷却至 40～60℃,可使引物和模板发生结合。由于模板 DNA 比引物的分子质量大且复杂得多,所以引物和模板之间相互碰撞结合的机会远远高于模板互补链之间的碰撞结合。退火温度与时间,取决于引物的长度、碱基组成及其浓度,以及靶 DNA 序列的长度。对于 20 个核苷酸、(G+C)含量约 50%的引物,选择 55℃为退火起始温度较为理想。在引物 Tm 值允许的范围内,选择较高的退火温度可以大大减少引物与模板间的非特异结合,提高 PCR 反应的特异性。退火时间一般为 30～60 s,这足以使引物与模板之间完全结合。

(3)延伸温度与时间。由前述 Taq DNA 聚合酶的特性可知,温度高于 90℃时,DNA 合成几乎不能进行,75～80℃时每个酶分子每秒钟可延伸约 150 个核苷酸,70℃延伸速率大于 60 个核苷酸,55℃时只有 24 个核苷酸,所以 PCR 反应的延伸温度一般选择在 70～75℃,常用温度为 72℃,温度超过 72℃时不利于引物和模板的结合。PCR 延伸反应的时间,可根据待扩增片段的长度而定,一般 1 kb 以内的 DNA 片段,延伸时间 1 min 即可,3～4 kb 的靶序列需 3～4 min,而 10 kb 则需要 15 min。另外,对低浓度模板的扩增,延伸时间也需延长。但应注意延伸时间过长会导致非特异性扩增带的出现,从而影响 PCR 的扩增效果。

2.循环次数

PCR 循环次数主要取决于模板 DNA 的浓度。一般的循环次数控制在 25～35 次,此时 PCR 的产物累积量最大。随着循环次数的增加,一方面由于产物浓度过高,导致它们自身相互结合而不和引物结合,或产物链缠在一起,从而使扩增效率降低;另一方面,随着循环次数的增加,DNA 聚合酶活性下降,引物和 dNTP 浓度降低,容易产生错误掺人,导致非特异性产物增加,因此在获得足够 PCR 产物的前提下应尽可能地减少循环的次数。

3. PCR 反应体系中各种成分的浓度

PCR 反应体系中适当的 dNTP、引物、DNA 模板、DNA 聚合酶、Mg^{2+} 与添加剂等的浓度也非常重要。通常模板 DNA 控制在 $10^2 \sim 10^5$ 个拷贝;每条引物的浓度 $0.1 \sim 1~\mu mol/L$;Taq DNA 聚合酶浓度控制在 $2 \sim 2.5~U$(当总反应体积为 $100~\mu L$ 时);dNTP 的浓度应为 $50 \sim 200~\mu mol/L$;Mg^{2+} 浓度以 $2.0~mmol/L$ 最好,此时 Taq DNA 聚合酶的活性最高;$50~mmol/L$ 浓度的 KCl 能使 Taq DNA 聚合酶的催化活性提高 $50\% \sim 60\%$。

7.3.2.4　DNA 扩增产物的检测

PCR 扩增结束后,根据实验目的的不同,可以采用多种方法对扩增产物进行分析,以下为常用的 5 种方法。

1. 凝胶电泳分析

PCR 产物电泳,溴乙锭(EB)染色,紫外仪下观察,初步判断产物的特异性,包括琼脂糖凝胶电泳和聚丙烯酰胺凝胶电泳。

(1)琼脂糖凝胶电泳:根据扩增片段的大小,采用适当浓度的琼脂糖制成凝胶,取 PCR 扩增产物 $5 \sim 10~\mu L$ 点样于凝胶中,电泳,EB 染色,紫外灯下观察。成功的 PCR 扩增可得到分子质量均一的一条区带,对照标准分子质量谱带对 PCR 产物谱带进行分析。

(2)聚丙烯酰胺凝胶电泳:聚丙烯酰胺凝胶电泳比琼脂糖凝胶电泳繁琐,但在引物纯化、PCR 扩增指纹图、多重 PCR 扩增、PCR 扩增产物的酶切限制性长度多态性分析时常用到。$6\% \sim 10\%$ 聚丙烯凝胶电泳分离效果比琼脂糖好,条带比较集中,可用于科研及检测分析。

2. 分子杂交

分子杂交是检测 PCR 产物特异性的有力证据和碱基突变的有效方法。主要的杂交方法包括斑点杂交、Southern 印迹杂交和微孔板夹心杂交等。Southern 印迹杂交是在两引物之间另合成一条寡核苷酸链并作标记(探针),与 PCR 产物进行杂交,此法既可作特异性鉴定,又可以提高检测 PCR 产物的灵敏度,还可知道其分子量及条带形状,是目前科研中常用的一种方法。斑点杂交是将 PCR 产物点在硝酸纤维素膜或尼龙膜上,与寡核苷酸探针杂交,观察有无着色斑点。在这些杂交中,通过分析 PCR 的扩增产物与相应探针结合后的杂交体,从而判断出 PCR 产物是否为预先设计的目的片段,并且能鉴定出产物中是否存在突变,以及扩增产物的大小和特异性等。

3. 限制性内切酶分析

根据 PCR 产物中限制性内切酶的位点,选择适当的限制性内切酶对 PCR 扩增产物酶切。酶切产物再进行电泳分离,得到符合理论的片段。此法既能进行产物的鉴定,又能对靶基因分型,还可以判断出扩增产物的特异性和是否存在突变等。

4. HPLC

采用 HPLC 分析 PCR 的扩增产物,在几分钟内就可以将结果显示或打印出来。另外,采用 HPLC 还可以对扩增产物进行分离制备。

5. 核酸序列分析

分析 PCR 产物的序列,是检测 PCR 产物特异性的最可靠方法。PCR 技术与自动测序技术相结合后,它将成为一种最快、最有效的测定核苷酸序列的方法。与传统的将 PCR 片段克隆入质粒或病毒基因组相比,直接序列分析有两个主要的优点:由于它是一个不依赖于生物体(如细菌、病毒等)的体外系统,因而它更容易标准化;对于每个待测样品,只需测定一个单链序列,因而它也就更快和更准确。相比之下,间接测序为了区别在 PCR 反应过程中由 DNA 聚合酶引入的随机错配核苷酸所引起的原始基因组序列中的突变,以及由体外重组而产生的人工扩增产物,如产生镶嵌等位基因(混合克隆)等,每个样品不得不测定几个 PCR 产物克隆的序列。

7.4 应用举例

7.4.1 饲料中黄曲霉毒素 B_1 的测定(ELISA 法)

目前,饲料中黄曲霉毒素 B_1 的测定方法主要有酶联免疫吸附法、薄层层析法、高效液相色谱法等,其中前两种是国家推荐的标准检测方法(GB/T 17480—2008 和 GB 8381—2008)。酶联免疫吸附法最低检出量可达 $0.1~\mu g/kg$,但有一定比例的假阳性结果;薄层层析法假阳性结果少,但属于半定量方法,最低检出量为 $5~\mu g/kg$;液相色谱方法准确可靠,但目前还没有普遍推广使用。

7.4.1.1 适用范围

该方法适用于各种饲料原料、配(混)合饲料中黄曲霉毒素 B_1(AFB$_1$)的测定。

7.4.1.2 测定原理

利用固相酶联免疫吸附原理,将 AFB$_1$ 特异性抗体包被于聚苯乙烯微量反应板的孔穴中,再加入样品提取液(未知抗原)及酶标 AFB$_1$ 抗原(已知抗原),使两者与抗体之间进行免疫竞争反应,然后加酶底物显色,颜色的深浅取决于抗体和酶标 AFB_1 抗原结合的量,即样品中 AFB_1 多,则被抗体结合酶标 AFB_1 抗原少,颜色浅,反之则深。用目测法或仪器法与 AFB_1 标样比较来判断样品中 AFB_1 的含量。

7.4.1.3 试剂与溶液

1. AFB_1 酶联免疫测试盒组成

(1)包被抗体的聚苯乙烯微量反应板:24 孔或 48 孔。

(2)A 试剂:稀释液,甲醇:蒸馏水为 $7:93$ $(V:V)$。

(3)B 试剂:AFB_1 标准物质(Sigma 公司,纯度 100%)溶液,1.00 $\mu g/L$。

(4)C 试剂:酶标 AFB_1 抗原(AFB_1-辣根过氧化物酶交联物,AFB_1-HRP),AFB_1:HRP(摩尔比)$<2:1$。

(5)D 试剂:酶标 AFB_1 抗原稀释液,含 0.1% 牛血清白蛋白(BSA)的 pH 7.5 磷酸盐缓冲液(PBS)。

pH 7.5 磷酸盐缓冲液的配制:称取 3.01 g 磷酸氢二钠($Na_2HPO_4 \cdot 12H_2O$),0.25 g 磷酸二氢钠($NaH_2PO_4 \cdot 2H_2O$),8.76 g 氯化钠加水溶解至 1 L。

(6)E 试剂:洗涤母液,含 0.05% 吐温-20 的 PBS 溶液。

(7)F 试剂:底物液 a,四甲基联苯胺(TMB),用 pH 5.0 乙酸钠-柠檬酸缓冲液配成浓度为 0.2 g/L。

pH 5.0 乙酸钠-柠檬酸缓冲液配制:称取 15.09 g 乙酸钠($CH_3COONa \cdot 3H_2O$),1.56 g 柠檬酸($C_6H_8O_7 \cdot H_2O$)加水溶解至 1 L。

(8)G 试剂:底物液 b,1 mL pH 5.0 乙酸钠-柠檬酸缓冲液中加入 0.3% 过氧化氢溶液 28 μL。

(9)H 试剂:终止液,$c(H_2SO_4)=2$ mol/L 硫酸溶液。

(10)AFB_1 标准溶液:50.00 $\mu g/L$。

2. 测试盒中试剂的配制

(1)C 试剂中加入 1.5 mL D 试剂,溶解,混匀,配成试验用酶标 AFB_1 抗原溶液,冰箱中保存。

(2)E 试剂中加 300 mL 蒸馏水配成试验用洗涤液。

3. 甲醇水溶液:甲醇:水为 $5+5(V+V)$。

7.4.1.4 仪器和设备

(1)小型粉碎机。

(2)分样筛:内孔径 0.995 mm(20 目)。

(3)分析天平:感量 0.01 g。

(4)滤纸:快速定性滤纸,直径 $9\sim10$ cm。

（5）微量连续可调取液器及配套吸头：10～100 μL。

（6）培养箱：$[(0～50)\pm1]$℃，可调。

（7）冰箱：4～8℃。

（8）AFB_1 测定仪或酶标测定仪，含有波长 450 nm 的滤光片。

7.4.1.5 测定步骤

1.取样

（1）根据规定选取有代表性的样品。样品中污染黄曲霉毒素高的毒粒可以左右结果测定。而且有毒粒的比例小，同时分布不均匀。为避免取样带来的误差必须大量取样，并将该大量粉碎样品混合均匀，才有可能得到确能代表一批样品的相对可靠的结果，因此采样必须注意。

（2）对局部发霉变质的样品要检验时，应单独取样检验。

（3）每份分析测定用的样品应用大样经粗碎与连续多次四分法缩减至 0.5～1 kg，全部粉碎。样品全部通过 20 目筛，混匀，取样时应搅拌均匀。必要时，每批样品可采取 3 份大样作样品制备及分析测定用。以观察所采样品是否具有一定的代表性。

如果样品脂肪含量超过 10%，粉碎前应用乙醚脱脂，再制成分析用试样，但分析结果以未脱脂计算。

2.试样提取

称取 5 g 试样，精确至 0.01 g，于 50 mL 磨口试管中，加入甲醇水溶液 25 mL，加塞振荡 10 min，过滤，弃去 1/4 初滤液，再收集适量试样滤液。

根据各种饲料的限量规定和 B 试剂浓度，按表 7.2 用 A 试剂将试样滤液稀释，制成待测试样稀释液。

表 7.2　试剂 A 稀释液的配制

每千克饲料中 AFB_1 限量/μg	试样滤液量/mL	A 试剂量/mL	稀释倍数
≤10	0.10	0.10	2
≤20	0.05	0.15	4
≤30	0.05	0.25	6
≤40	0.05	0.35	8
≤50	0.05	0.45	10

3.限量测定

（1）洗涤包被抗体的聚苯乙烯微量反应板。每次测定需要标准对照孔 3 个，其余按测定试样数，截取相应的板孔数。用 E 洗涤液洗板 2 次，洗液不得溢出，每次间隔 1 min,并放在吸水纸上拍干。

(2)加试剂。按表7.3所列,依次加入试剂和待测试样稀释液。

表7.3 试剂和待测试样稀释液加入顺序

次序	加入量/μL	孔号											
		1	2	3	4	5	6	7	8	9	10	11	12
1	50	A	A	B	----------待测试样稀释液----------								
2	—	摇匀											
3	50	D	C	C	C	C	C	C	C	C	C	C	C
4	—	摇匀											

注:表中1号孔为空白孔,2号孔为阴性孔,3号孔为限量孔,4~12号孔为试样孔。

(3)反应:放在37℃恒温培养箱中反应30 min。

(4)洗涤:将反应板从培养箱中取出,用E洗涤液洗板5次,洗液不得溢出,每次间隔2 min,在吸水纸上拍干。

(5)显色:每孔各加入底物F试剂和底物G试剂各50 μL,摇匀,在37℃恒温培养箱中反应15 min。目测法判定。

(6)终止:每孔加终止液H试剂50 μL。仪器法判定。

(7)结果判定。

目测法:先比较1~3号孔颜色,若1号孔接近无色(空白),2号孔最深,3号孔次之(限量孔,即标准对照孔),说明测定无误。这时比较试样孔与3号孔颜色,若浅者,为超标;若相当或深者为合格。

仪器法:用 AFB_1 测定仪或酶标测定仪,在450 nm处用1号孔调零点后测定标准孔及试样孔吸光度 A 值,若 $A_{试样孔}$ 小于 $A_{3号孔}$ 为超标,若 $A_{试样孔}$ 大于或等于 $A_{3号孔}$ 为合格。

试样若超标,则根据试样提取液的稀释倍数,推算 AFB_1 的含量(表7.4)。

表7.4 试样提取液的稀释倍数

稀释倍数	每千克试样中 AFB_1 含量/μg
2	>10
4	>20
6	>30
8	>40
10	>50

4.定量测定

若试样超标,则用 AFB$_1$ 测定仪或酶标测定仪在 450 nm 波长处进行定量测定,通过绘制 AFB$_1$ 的标准曲线来确定试样中 AFB$_1$ 的含量。将 50.00 μg/L 的 AFB$_1$ 标准溶液用 A 试剂稀释成 0.00、0.01、0.10、1.00、5.00、10.00、20.00、50.00 μg/L 的标准工作溶液,分别作为 B 试剂系列,按限量法测定步骤测得相应的吸光度值 A;以 0 μg/L AFB$_1$ 浓度的 A$_0$ 值为分母,其他标准浓度的 A 值为分子的比值,再乘以 100 为纵坐标,对应的 AFB$_1$ 标准浓度为横坐标,在半对数坐标纸上绘制标准曲线。根据试样的 A 值/A$_0$ 值,乘以 100 的值在标准曲线上查得对应的 AFB$_1$ 量,并按式 7-1 计算出试样中 AFB$_1$ 的含量。

$$X = \frac{\rho \times V \times n}{m} \tag{7-1}$$

式中:ρ 为从标准曲线上查得的试样提取液中 AFB$_1$ 含量,μg/L;V 为试样提取液的体积,mL;n 为试样稀释倍数;m 为试样的质量,g。

5.重复性

重复测定结果相对偏差不得超过 10%。

6.注意事项

(1)测定试剂盒在 4~8℃冰箱中保存,不得放在 0℃以下的冷冻室内保存。

(2)测定试剂盒有效期为 6 个月。

(3)凡接触 AFB$_1$ 的容器,需浸入 1%次氯酸钠溶液,半天后清洗备用。

(4)为保证分析人员安全,操作时要戴上医用乳胶手套。

7.4.2 饲料中牛羊源性成分的定性检测(PCR 法)

含牛羊源性成分的动物源性饲料的使用,一直被认为是疯牛病传播的主要途径,禁止疫区含牛羊源性成分的动物源性饲料的生产、流通和使用,成为预防疯牛病感染、流行的主要手段之一。1996 年欧盟提出了动物源性饲料中牛羊源性成分的检测方法(EUR 18096EN),2002 年我国发布了中国出入境检验检疫行业标准 SN/T 1119—2002《进出口动物源性饲料中牛羊源性成分检测方法 PCR 法》,用于检测动物源性饲料。

我国没有针对配合饲料和浓缩饲料等饲料产品中牛羊源性成分的检测标准,EUR 18096EN 和 SN/T 1119—2002 方法适用于动物源性饲料,在 DNA 提取上不适用于以植物为主要基质的配合饲料和浓缩饲料。本方法是在 SN/T 1119—2002、欧盟方法的基础上建立起来的。

7.4.2.1　适用范围

该方法适用于饲料中牛羊源性成分的定性检测，最低检出限为 0.25%。

7.4.2.2　测定原理

根据牛羊遗传物质的特异性，通过检索基因库或专利库，选择牛羊特异性的DNA 序列，该序列必须在同类动物(无论什么品种)中都具有高度保守性，而其他动物皆不含有。利用种属特异性的引物通过 PCR 扩增这一特定的 DNA 序列，通过电泳分离 PCR 产物，以标准长度的 PCR 产物作对照，检测 PCR 扩增出的这一特定的 DNA 片断，判断是否含有牛羊源性成分。此外，通过限制性内切酶酶切反应，进一步判断结果通过对 PCR 扩增的特定 DNA 片断进行测序，与标准序列进行比较，来确认检测结果。

7.4.2.3　试剂与溶液

(1)三羟甲基氨基甲烷盐酸(Tris-HCl)溶液，1 mol/L，pH 值为 8.0：在800 mL去离子水中溶解 121.1 g 三羟甲基氨基甲烷(Tris)，冷却至室温后用浓盐酸调节溶液的 pH 值至 8.0，加水定容至 1 L，分装后高压灭菌。

(2)三羟甲基氨基甲烷盐酸(Tris-HCl)溶液，1 mol/L，pH 值为 7.5：在80 mL去离子水中溶解 12.11 g Tris，冷却至室温后用浓盐酸调节溶液的 pH 值至 7.5，加水定容至 100 mL，分装后高压灭菌。

(3)氯化钠溶液，5 mol/L：在 80 mL 水中溶解 29.22 g 氯化钠，加水定容至100 mL。

(4)乙二胺四乙酸二钠(EDTA)溶液，500 mmol/L：称取 186.1 g 二水乙二胺四乙酸二钠(EDTA-Na$_2$·2H$_2$O)，加入 700 mL 水中，在磁力搅拌器上剧烈搅拌，用 10 mol/L 氢氧化钠溶液调 pH 值至 8.0，用水定容到 1 L，分装后高压灭菌。

(5)溴代十六烷基三甲胺(CTAB)提取缓冲液 I：在 800 mL 去离子水中加入46.75 g 氯化钠，摇动容器使溶质完全溶解，然后加入 50 mL Tris-HCl 溶液(pH8.0)和 20 mL EDTA 溶液，然后定容至 1 L，分装后高压灭菌。

(6)溴代十六烷基三甲胺(CTAB)提取缓冲液 II：在 800 mL 去离子水中加入46.75 g 氯化钠，20 g 溴代十六烷基三甲胺(CTAB)，摇动容器使溶质完全溶解，然后加入 50 mL Tris-HCl 溶液(pH 8.0)和 20 mL EDTA 溶液，用水定容至 1 L，分装后高压灭菌。

(7)核糖核酸酶 A(RNase A)储备液：将 10 mg RNase A 溶解于 987 μL 水中，加入 10 μL Tris-HCl 溶液(pH 7.5)，加入 3 μL 氯化钠溶液，于 100℃ 水浴中保温15 min，冷却到室温后，分装小份保存于−20℃。

(8)Tris 饱和苯酚和三氯甲烷混合液，V(Tris 饱和苯酚)＋V(三氯甲烷)

＝1＋1。

（9）三氯甲烷和异戊醇混合液，V(三氯甲烷)＋V(异戊醇)＝24＋1。

（10）异丙醇。

（11）乙酸钠溶液，3 mol/L：在 80 mL 水中，加入 40.81 g 三水合乙酸钠，溶解后用冰乙酸调节 pH 值到 5.2，用水定容到 100 mL，分装后高压灭菌。

（12）体积分数为 75% 的乙醇。

（13）Tris-EDTA（TE）缓冲液，pH 值为 8.0：在 800 mL 水中，依次加入 10 mL，Tris-HCl 溶液（pH 8.0）和 2 mL EDTA 溶液，用水定容至 1 L，分装后高压灭菌。

（14）正己烷。

（15）Taq DNA 聚合酶（5 U/μL）及 10 × PCR 反应缓冲液（含 25 mmol/L Mg^{2+}）。

（16）牛源性成分检测用引物（对）序列为：

5′-GCCATATACTCTCCTTGGTGACA-3′

5′-GTAGGCTTGGGAATAGTACGA-3′

（17）羊源性成分检测用引物（对）序列为：

5′-TATTAGGCCTCCCCCTTGTT-3′

5′-CCCTGCTCATAAGGGAATAGCG-3′

（18）引物溶液：用 TE 缓冲液分别将上述引物稀释到 25 μmol/L。

（19）各 10 mmol/L 的四种脱氧核糖核苷酸（dATP，dCTP，dGTP，dTTP）混合溶液。

（20）10 mg/mL 溴化乙锭溶液。注：溴化乙锭（EB）有致癌作用，使用时要戴一次性手套，使用后按安全规定处置。

（21）DNA 分子量标记（50～300 bp）。

（22）电泳缓冲液：称取 54 g Tris，27.5 g 硼酸，20 mL EDTA 溶液，然后用水定容到 1 L，使用时 10 倍稀释。

（23）加样缓冲液：称取溴酚蓝 250 mg，加水 10 mL，在室温下过夜溶解；再称取二甲腈蓝 250 mg，用 10 mL 水溶解；称取蔗糖 50 g，用 30 mL 水溶解，合并三种溶液，用水定容至 100 mL，在 4℃ 中保存。

（24）琼脂糖。

（25）PCR 产物回收纯化试剂盒：按使用说明操作。

（26）限制性内切酶 Sau3AI 及反应缓冲液。

（27）凝胶回收纯化试剂盒：按使用说明操作。

(28)石蜡油。

(29)DNA 测序试剂。

(30)95％乙醇。

(31)甲酰胺。

7.4.2.4　仪器和设备

(1)实验室常用仪器设备。

(2)PCR 扩增仪。

(3)电泳仪。

(4)凝胶成像仪或紫外透射仪。

(5)DNA 序列分析仪。

(6)高压灭菌锅。

7.4.2.5　测定步骤

1.试样的预处理

50 g 固体样品经粉碎,保持其颗粒大小在 0.125 mm 以下。

2.模板 DNA 的提取和纯化

(1)CTAB 法提取模板 DNA。称取 100 mg 经预处理的试样,加 300 μL 冰上预冷的 CTAB 提取缓冲液Ⅰ,加入 500 μL 65℃预热的 CTAB 提取缓冲液Ⅱ混匀,65℃保温 30～90 min,其间不时轻缓颠倒混匀。待冷却至室温后加入 5 μL RNase A 储备液,室温下放置 30 min。12 000 r/min 离心 10 min,取上清液,加入与上清液等体积 Tris 饱和苯酚＋三氯甲烷(1＋1),轻缓颠倒混匀溶液,12 000 r/min 离心 10 min。取上清液,加入与上清液等体积三氯甲烷＋异戊醇(24＋1),轻缓颠倒混匀。12 000 r/min 离心 10 min,将上清液转移至干净的离心管中,依次加入等体积异丙醇及 1/10 体积乙酸钠溶液,轻缓颠倒混匀溶液。12 000 r/min 离心 10 min,弃上清液,加入 800 μL 体积分数为 75％的乙醇洗涤沉淀,12 000 r/min 离心 5 min,弃上清液。再加入 100 μL 体积分数为 75％的乙醇洗涤沉淀,12 000 r/min 离心 5 min,弃上清液。除去残留的乙醇,待沉淀干燥后,DNA 沉淀溶解于 100 μL TE 缓冲液中,待测或于－20℃保存备用。

(2)油脂类饲料中模板 DNA 提取。取油脂类饲料适量(液态油取 30 mL 磷脂类和固态油脂取 5 g)。放入 250 mL 三角瓶中,加入 25 mL 正己烷,于磁力搅拌器上不断振荡混合 2 h 后,加入 25 mLCTAB 提取缓冲液Ⅱ,继续于磁力搅拌器上振荡混合 2 h。将溶液转入 100 mL 离心管中,于 8 000 r/min 离心 10 min,使有机相和水相分离,取水相,加入与水相溶液等体积的异丙醇及水相溶液 1/10 的乙酸钠溶液,轻缓颠倒混匀,室温放置 10 min 后,12 000 r/min 离心 10 min,弃上清液,待沉淀干燥后用 200 μL TE 缓冲液溶解沉淀,加入 200 μL Tris 饱和苯酚＋三氯甲烷,轻缓颠倒混匀溶液,12 000 r/min 离心 10 min,取上清液,加入与上清液等体积三氯甲烷＋异戊醇,轻缓颠倒混匀。12 000 r/min 离心 10 min,将上清液转移至干净的离心管中,依次加入等体积异丙醇及 1/10 体积乙酸钠溶液,轻缓颠倒混匀溶液。12 000 r/min 离心 10 min,弃上清液,加入 800 μL 体积分数为 75％的乙醇洗涤沉淀,12 000 r/min 离心 5 min,弃上清液。再加入 100 μL 体积分数为 75％的乙醇洗涤沉淀,12 000 r/min 离心 5 min,弃上清液。除去残留的乙醇,待沉淀干燥后,DNA 沉淀溶解于 100 μL TE 缓冲液中,待测或于－20℃保存备用。

(3)模板 DNA 提取的其他方法。可用等效 DNA 提取试剂盒提取模板 DNA。

3. 试样的 PCR 反应

在 200 μL 或 500 μL PCR 反应管中依次加入 10 ×PCR 缓冲液 5 μL、1 μL 各 10 mmol/L 的四种脱氧核糖核酸(dATP,dCTP,dGTP,dTTP)混合溶液、引物溶液(含正向和反向引物)各 1 μL、模板 DNA(25～50 ng)10 μL、Taq DNA 聚合酶 1 μL,加入灭菌水,使 PCR 反应体系达到 50 μL。再加约 50 μL 石蜡油(有热盖设备的 PCR 仪可以不加石蜡油),每个试样 2 个重复。

以 4 000 r/min 离心 10 s 后,将 PCR 管插入 PCR 仪中。95℃恒温 1～3 min;进行 30 次扩增反应循环(95℃恒温 30～60 s,56℃恒温 30～60 s,72℃恒温 30～60 s);然后 72℃恒温 5 min,取出 PCR 反应管,对反应物进行电泳检测或在 4℃保存。

在试样 PCR 反应的同时,应设置阴性对照、阳性对照和空白对照。

阴性对照是指不含牛或羊成分的饲料中提取的 DNA 作为 PCR 反应体系的 DNA 模板;阳性对照是指含牛或羊成分的饲料中提取的 DNA 作为 PCR 反应体系的 DNA 模板;空白对照是指用无菌重蒸馏水或不含目的 DNA 的试剂作为 PCR 反应体系的 DNA 模板。上述 PCR 反应体系中,除模板外其余组分相同。

4. PCR 产物的电泳检测

将适量琼脂糖加入电泳缓冲液中,加热将其溶解,配制成 1.5％的琼脂糖溶液,然后按每 100 mL 琼脂糖溶液中加入 5 μL 溴化乙锭溶液的比例,加入溴化乙锭溶液,混匀,稍冷却后,将其倒入电泳板上,室温下凝固成凝胶后,放入电泳缓冲液中。在每个泳道中加入 5～8 μL 的 PCR 产物(需和上样缓冲液混合),其中一个泳道中加入 DNA 分子量标记,接通电源,9 V/cm 电压,电泳20～30 min。

电泳结束后,将琼脂糖凝胶置于凝胶成像仪或紫外透射仪上成像。根据 DNA 分子量标记判断扩增出的目的条带的大小,将电泳结果形成电子文件存档或用照相系统拍照。

5. PCR 产物的酶切检测

PCR 扩增产物电泳检测结果阳性,进行限制性内切酶酶切反应。

将 30 μL PCR 反应液按 PCR 产物回收纯化试剂盒说明进行。

牛、绵羊、山羊 PCR 产物均用 *Sau* 3AI 进行酶切。具体操作为:将回收纯化的 PCR 产物放入酶切管中,加入 2 μL 的限制性内切酶,再加入 5 μL 反应酶切缓冲液,加入灭菌水,使酶切反应体系达到 50 μL。在 37℃恒温水浴保温反应 3 h。将酶切反应液与上样缓冲液混合后加入预制好的 2.5% 的琼脂糖凝胶的一个泳道中,进行电泳分析及凝胶成像。

6. PCR 扩增产物测序

必要时,对 PCR 产物酶切检测阳性结果进行 PCR 扩增产物测序。

(1)PCR 扩增产物的纯化。将 60 μL PCR 反应液与上样缓冲液混合后,加入预制好的 0.8% 的琼脂糖凝胶的泳道中,在其中的一个泳道中加入 DNA 分子量标记,接通电源进行电泳在凝胶成像仪或紫外透射仪下将特异性扩增条带切割下来,以下步骤按凝胶回收纯化试剂盒说明进行。

(2)测序扩增反应。反应体系(20 μL):8 μL DNA 测序试剂,200～500 ng PCR 纯化产物,3.2 pmol 引物,水补足至 20 μL;PCR 扩增程序:96℃ 10 s,50℃ 5 s,60℃ 4 min,25 个循环,扩增产物 4℃保存。

(3)测序扩增产物的纯化。扩增管中加入 16 μL 水、64 μL 体积分数为 95% 的乙醇,稍混匀,室温放置 15 min, 12 000 r/min 离心 20 min,去上清,加入 250 μL 体积分数为 75% 的乙醇,短暂混匀,12 000 r/min 离心 10 min,去上清,室温干燥。

(4)测序。纯化产物中加入 170 μL 甲酰胺溶液,95℃,5 min,迅速转移至冰上,2 min。分装样品测序仪的加样槽中,自动测序。

(5)测序产物拼接。用正向和反向引物分别进行测序扩增反应、纯化和测序,将两次测得序列进行拼接,得到最终 PCR 产物测序结果。

7.4.2.6 结果分析和表示

1. PCR 扩增产物电泳结果

牛源性成分的 PCR 扩增产物为 271 bp;羊源性成分的 PCR 扩增产物,绵羊为 295 bp;山羊为 294 bp。

2. 限制性内切酶酶切产物电泳结果

PCR 扩增产物 *Sau* 3AI 限制性内切酶酶切产物:牛源性成分为 57 bp、214 bp;绵羊的为 91 bp、204 bp;山羊的为 92 bp、202 bp。

3. 序列比较

PCR 扩增产物测序结果与牛羊特定的 DNA 序列进行比较。

4.结果表示

PCR 扩增产物电泳检测结果阴性,未检出牛或羊源性成分。

PCR 扩增产物电泳检测结果阳性,限制性内切酶酶切产物片段大小正确,确认含有牛或羊源性成分;酶切产物片段大小不正确,确认不含有牛或羊源性成分。

若对酶切结果进行了测序确证,测序结果与牛羊特定的 DNA 序列的符合程度在 90%以上(含 90%),则确证为含有牛或羊源性成分;结果符合程度在 90%以下,则确证为不含有牛或羊源性成分。

思考题

1.饲料分析中目前常采用生物检测技术有哪些?

2.简述酶联免疫吸附法测定的原理、步骤和优缺点。

3.简述 PCR 法饲料中牛羊源成分检测的步骤及注意事项。

8 近红外光谱分析技术及在饲料分析中的应用

【内容提要】

通过本章的学习,了解近红外光谱分析的发展过程,掌握近红外光谱测定原理及特点、分析测定过程,并了解该技术在饲料工业中的应用和研究进展情况。

20 世纪 80 年代中后期,随着计算机技术的发展和化学计量学研究的深入,加之近红外光谱(near infrared reflection spectroscopy, NIRS)仪器制造技术的日趋完善,促进了现代近红外光谱分析技术的发展。由于现代 NIRS 分析技术所独具的特点,NIRS 已成为近年来发展最快的快速分析测试技术,尤其在工业在线分析中的应用,产生了巨大的经济和社会效益。尽管 NIRS 技术在饲料工业上的应用起步较晚,但越来越多被人们所重视。为了使大家对 NIRS 及其在饲料工业中的应用情况有所了解,下面分别就 NIRS 分析技术发展概况、测定原理及特点、分析测定过程及在饲料工业中的应用等几个方面进行介绍。

8.1 近红外光谱分析的进展

自 1800 年 Herschel 第一次发现 NIRS 区域至今已有近 200 年的历史,19 世纪末,Abney 和 Festing 在 NIRS 短波区域首次记录了有机化合物的近红外光谱,1928 年,Brachet 测得第一张高分辨的 NIRS 图,并对有关基团的光谱特征进行解释。由于缺乏可靠的仪器基础,20 世纪 50 年代以前,NIRS 的研究工作只局限在为数不多的几个实验室中,很少有实际应用。20 世纪 50 年代中期,Kaye 首先研制出能准确得到 NIRS 的仪器,一些公司相继开发了商品化的仪器。Norrise 等在 NIRS 的应用方面做了大量的工作,如他们采用 NIRS 测量了农副产品(包括谷物、饲料、蛋类及动物体等)中的水分、油脂及蛋白含量,同时 NIRS 也被用于有机化学、聚合物及药物化学等领域。直到今日,农副产品及食品的质量分析仍然是 NIRS 应用最多的领域。20 世纪 60 年代中期,(中)近红外光谱商品化仪器出现及其在化合物结构表征中所起的巨大作用,但对 NIRS 在分析测试中表现的灵敏度低、抗干扰性差的弱点,使人们淡漠了该技术的应用。在此后约 20 年中,NIRS 技术几乎处于一种徘徊不前的状态,Wetzel 称 NIRS 在这段时期是光谱技术中的沉睡者。尽管如此,一些 NIRS 技术的先驱们仍然不懈地努力,Norrise 等发展了漫反射分析技术,它使 NIRS 可以直接对复杂固体样品进行分析,并提出采用多元校正方程处理相对弥散、灵敏度低的近红外光谱,这为现代 NIRS 分析的发展奠定了良好的基础。

20 世纪 80 年代以来,由于计算机技术的发展和化学计量学的应用,高性能的计算机与准确、合理的计量学方法相结合,使光谱工作者能在较短的时间内完成大量的光谱数据的处理,NIRS 分析得到迅速发展,有关 NIRS 研究及应用的文献呈指数增长。NIRS 仪器性能和生产规模都得到很大的提高,其应用已由传统的农副产品分析扩展到石油化工、精细化工、轻工食品、环境、生化、聚合物合成与加工、医药临床、纺织品等众多领域。近十几年来,随着光纤技术在 NIRS 中的应用,使 NIRS 实现了远程测试,NIRS 技术在工业生产过程中在线分析方面显示了强大的生命力,并取得了可观的经济效益。

NIRS 是一种无损的分析技术,采用透射或漫反射方式可以直接对样品分析,不需要预处理样品。在测量过程中不产生污染,通过光纤可对危险环境中的样品进行遥测。因此,NIRS 可称为环境友好的绿色快速分析技术,在人们日益注重生存环境的今天,NIRS 技术的这一特点更引起人们的重视。

1988 年建立了国际近红外光谱协会(CNIRS),该协会的北美分会对关于 NIRS 的文献(1905—1990 年)做了全面的汇编(CBIBL)。20 世纪 90 年代初,近红外光谱研究及应用的专门杂志 *J. Near Infrared Spectroscopy* 和 *Near Infrared News* 分别创刊。除此之外,光谱分析杂志,如 *Applied Spectroscopy*,美国 *Analytical Chemistry* 及其他一些专业性杂志和专利上都有大量的 NIRS 基础研究及应用的文章。

我国在 NIRS 技术的研究及应用方面起步较晚,但近年来在仪器的研制、软件开发、基础研究及应用研究方面已取得了可喜的进展,在有些领域已进入实质应用阶段,并创造了可观的经济效益。NIRS 技术在我国饲料工业的应用刚刚起步,越来越多受到重视。可以预见,随着人们对 NIRS 技术认识的逐步深入,其应用及发展将有广阔的前景。

8.2 NIRS 分析技术的基本原理

近红外光谱的波长范围是 780~2 500 nm,通常又将这个范围划分为近红外短波区(780~1 100 nm,又称 Herschel 光谱区)和近红外长波区域(1 100~2 500 nm)。近红外光谱源于化合物中含氢基团,如 C—H,O—H,N—H,S—H 等振动光谱的倍频及合频的吸收。

NIRS 方法利用有机物中含有 C—H、N—H、O—H、C—C 等化学键的泛频振动或转动,以漫反射方式获得在近红外区的吸收光谱,通过主成分分析、偏最小二乘法、人工神经网等现代化学计量学的手段,建立物质光谱与待测成分含量间的线性或非线性模型,从而实现用物质近红外光谱信息对待测成分含量的快速预测。

近红外光与固体样品作用时,会出现 6 种情形:全反射、漫反射、吸收、漫透射、折射和散射,如图 8.1 所示。

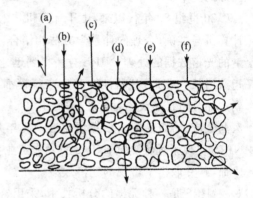

图 8.1 近红外光与固体样品作用示意图
(a)全反射;(b)漫反射;(c)吸收;
(d)漫透射;(e)折射;(f)散射

近红外光谱的获得通常有两种基本方式,即漫透射方式(transmittance)和漫反射方式(diffusereflectance)(图8.2和图8.3)。透射测定方法与常见的分光光

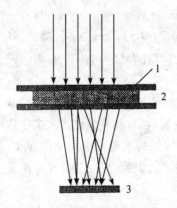

图 8.2 漫透射方式示意图
1.样品;2.样品池架;3.检测器

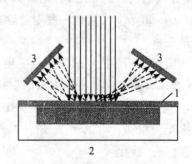

图 8.3 漫反射方式示意图
1.样品;2.样品池架;3.检测器

度法类似,用透射率(T)或吸光度(A)表示样品对光的吸收程度,吸收度的大小符合比尔-郎伯定律。透射光谱一般用于均匀透明的真溶液或固体样品。

$$A_i = \lg 1/T_i = \varepsilon_i b c_i \qquad (8\text{-}1)$$

式中:A_i 为样品中 i 组分的吸光度;T_i 为样品中 i 组分的透光率;ε_i 为摩尔吸光系数;c_i 为 i 组分的浓度;b 为样品池厚度。

　　光的反射有两种,一种是表面反射,另一种是漫反射。所谓表面反射,就是光线照射在光滑物体表面上被有规则地反射出来的现象,它没有携带入射光与样品相互作用的信息,与样品相互作用无关。所谓漫反射,就是光线照射到粗糙物体表面被无规则反射现象。当光线照射到由一定厚度颗粒物质组成的样品层时,一部分被吸收,一部分被反射出来,反射出来的光线反映了样品的吸收特性,更多地携带有样品的化学信息。

　　漫反射法是对固体样品进行近红外测定的常用方法,当光源垂直于样品表面,有一部分漫反射光会向各个方向散射,将检测器放在与垂直光成45°角,测定的散射光强称为漫反射。

　　反射光强度与反射率 R 的关系为:

$$R = \frac{\text{反射光强}}{\text{完全不吸收的表面反射光强}}$$

反射光强度 A 与反射率 R 的关系为:

$$A = \lg \frac{1}{R} \qquad (8\text{-}2)$$

　　因此,样品在近红外区的不同波长处便会产生相应的漫反射强度,反射强度的大小与样品某成分的含量有关。用波长及其对应的反射强度便可绘出样品的光谱图。光谱中峰位置与样品中组分的结构有关。常用饲料原料玉米、豆粕和鱼粉的漫反射近红外光谱如图8.4所示。

　　被测饲料样品的光谱特征是多种组分的吸收光谱的综合表现。对其中一个组分便可建立一个回归方程:

$$y = C_0 + C_1 x_1 + C_2 x_2 + \cdots\cdots + C_n x_n \qquad (8\text{-}3)$$

式中:y 为有机物某成分的百分含量;$C_0, C_1, \cdots, C_n$ 为回归系数;$x_1, x_2, \cdots, x_n$ 为各有机成分的反射光吸光度值。

　　y 值可通过常规法求得。$x_1, x_2, \cdots, x_n$ 值可用近红外光谱仪获得。

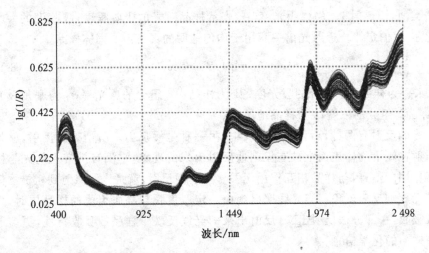

图 8.4　一组玉米样品的漫反射近红外光谱图

　　利用一套定标样品(50 个左右),用常规法测得的化学分析值及其在近红外光谱区的吸光度,通过多元回归计算,求出上述公式的回归系数,即可建立定标方程,并应用其对未知饲料样品进行检测。

8.3　近红外光谱仪的典型类型及进展

　　NIRS 仪器一般由光源、分光系统、样品池、检测器和数据处理 5 部分构成。近红外光谱仪器示意图如图 8.5 所示。

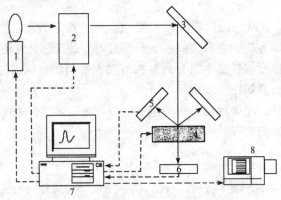

图 8.5　近红外光谱仪仪器示意图

1.光源;2.分光系统;3.反光镜;4.测样器件;5.漫反射检测器;

6.透射检测器;7.控制及数据处理分析系统;8.打印机

根据分光方式,NIRS仪器可分为滤光片、光栅扫描、固定光路多通道、傅里叶变换和声光调湿滤光器等几种类型。现分别简要介绍各类型的特点和进展情况。

8.3.1　滤光片型近红外光谱仪

滤光片型仪器可分为固定滤光片和可调滤光片两种形式。固定滤光片型近红外光谱仪设计最早。这种仪器要根据测定样品的光谱特征选择适当波长的滤光片。测量过程是由光源发出的光经过滤光片得到一定带宽的单色光,通过样品池与样品作用后由检测器检测。该类仪器的特点是设计简单、成本低、光通量大、信号记录快、坚固耐用;但这类仪器只能在单一波长下测定,灵活性较差,如样品基体变化,往往会引起较大的测量误差。为了多波长测定,获得更多的样品信息,提高分析结果的准确性,有些仪器配备了两个固定滤光片和双通道检测器。还有些仪器配备了将8个滤光片安装在一个轮子上构成的一个滤光轮,这种仪器可以根据需要比较方便地在一个或多个波长下进行测定。滤光片型NIRS仪器其检测波长一般在近红外长波区域,定量方法多采用一元或多元线性回归分析。

8.3.2　扫描型近红外光谱仪

扫描型NIRS仪器很早就得到使用,分光元件可以是棱镜或光栅。为获得较高的分辨率,现代扫描型仪器中多使用全息光栅作为分光元件,通过光栅的转动,使单色光按波长长短依次通过测样器件,进入检测器检测。根据样品形态不同,可选择不同的测样器件进行透射或漫反射分析。这类仪器的特点是可进行全谱扫描,分辨率较高,仪器价格适中,便于维护;其最大弱点是光栅的机械轴长时间使用容易磨损,影响波长的精度和重现性,一般抗震性较差,特别不适于作为在线仪器使用。

采用全谱校正,可以从NIRS图中提取大量的样品信息,通过合理的计量学方法将光谱数据与校正集样品的组成或性质数据关联可得到相应的校正模型。对未知样品分析时,根据未知样品的谱图和已建立的数学模型,即可预测未知样品的组成或性质。

8.3.3　傅里叶变换近红外光谱仪

进入20世纪80年代,傅里叶变换红外光谱成为中红外光谱仪器的主导产品。该类型NIRS仪器的主要光学元件是Michel-son干涉仪,其作用是使光源发出的光分成两束后,造成一定的光程差,再使之复合以产生干涉,所得的干涉图函数包含了光源的全部频率和强度信息,用计算机将样品干涉图函数及光源干涉图函数经傅里叶变换为强度按频率分布图,两者的比值即样品的近红外谱图。与扫描型仪器相比,该类型仪器的扫描速度快、波长精度高、分辨率好,短时间内即可进行多次扫描,可使信号做累加处理,光能利用率高、输出能量大,仪器的信噪比和测定灵敏度较高,可对样品中的微量成分进行分析;这类仪器的缺点是干涉仪中有移动性部件,需要较稳定的工作环境。定性和定量分析采用全谱校正技术。从近年来国内、外仪器展览会看,该类型的仪器将成为 NIRS 仪器的主导产品。

8.3.4　固定光路多通道检测近红外光谱仪

固定光路多通道检测 NIRS 仪器是 20 世纪 90 年代新发展的一类 NIRS 仪器。其原理是光源发出的光先经过样品池,再由光栅分光,光栅不需转动,经光栅色散的光聚焦在多通道检测器的焦面上,同时被检测。这类仪器采用全息光栅分光,加之检测器的通道数达 1 024 个或 2 048 个,可获得很好的分辨率。由于检测器对所有波长的单色光同时检测,在瞬间可完成几十次甚至上百次的扫描累加,因而可得到较高的信噪比和灵敏度。采用全谱校正,可以方便地进行定性和定量分析。仪器光路固定,波长精度和重现性得到保证。仪器内无移动性部件,其耐久性和可靠性都得到提高。因此,这类仪器适合现场分析和在线分析。

8.3.5　声光可调滤光器近红外光谱

声光 NIR 仪器被认为是 20 世纪 90 年代 NIR 最突出的进展。其分光器件为声光可调滤光器。声光光谱的工作原理是根据各向异性双折射晶体的声光衍射原理,采用具有较高的声光品质因素和较低的声衰减的双折射晶体制成分光器件。晶体对一固定的超声频率,仅有很窄的光谱带被衍射,因而连续改变超声频率就能实现衍射光波长的快速扫描。该仪器的最大特点是无机械移动部件,测量速度快、精度高、准确性好,可以长时间稳定地工作,且可以消除光路中各种材料的吸收、反射等干扰。

8.4　近红外光谱分析过程

近红外光谱分析过程可分为定标方程建立和未知样品预测两个部分。

8.4.1　定标方程建立

8.4.1.1　样品筛选

参与定标的样品应具有代表性,即需涵盖将来所要分析样品的特性。建立一个新的定标模型,至少需要收集 50 个样品。通常以 70~150 个样品为宜。样品过少,将导致定标模型的欠拟合性;样品过多,将导致模型的过拟合性。

8.4.1.2 稳定样品组

为了使定标模型具有较好的稳定性,即其预测性能不受仪器本身波动和样品温度发生变化的影响。在定标中加上温度发生变化和仪器发生变化的样品。

8.4.1.3 定标样品选择的方法

对于定标样品的选择应使用主成分分析法(principal component analysis,PCA)和聚类分析(cluster analysis,CA)。根据某样品 NIRS 与其他样品光谱的相似性,仅选择其 NIRS 有代表性的样品,去除光谱非常接近的样品。

对于 PCA 分析方法,通常是选用 12 个目标值(score value)用于选择定标样品组。或者将每一个 PCA 中选择具有最大和最小目标值的样品(Min/Max);或者将每一个 PCA 中的样品分为等同两组,从每一组中选择等同数量的代表性样品参与定标。两种方法中以 Min/Max 法是最常用的方法。

对于聚类分析方法,使用马哈拉诺比斯距离(或 H 值)等度量样品光谱间的相似性。通常选择有代表性样品的边界 H 值为 0.6,即如果某样品 NIRS 与其他样品的 H 统计值大于或等于 0.6,则将其选择进入定标样品;如果某样品 NIRS 与其他样品的 H 值小于 0.6,则不将其选入定标样品集。

根据马氏距离(GH)和 T 检验值进行异常样本的判断,其阈值分别为 GH>3 及 T>2.5 的样品为异常样本,予以剔除。

8.4.1.4 定标样品真实值的测定

对于定标样品需要知道其各种成分含量的"真值",在实际操作中采用目前国内、国外公认的化学法进行准确测定。

8.4.1.5 定标方法

利用样品成分含量及样品的光谱数据,通过主成分分析、偏最小二乘法、人工神经网等现代化学计量学手段,建立物质光谱与待测成分间的线性或非线性模型,以实现用近红外光谱信息对待测成分含量的快速计算。

(1)逐步回归法(stepwise multiple linear regression,SMLR)。选择回归变量,产生最优回归方程的一种常用数学方法。它首先通过单波长点的回归校正,误差最小的波长点的光谱读数即为多元线性回归模型中的第一独立变量;以第一变量进行二元回归模型的比较,误差最小的波长所对应的光谱读数则为第二独立变量;以此类推获得第三独立变量⋯⋯。但是独立变量的总数不超过[(N/10)+3],N 为定标系中样品的数量,否则将产生模型的过适应性。

(2)主成分回归法(principal component regression,PCR)。如果在回归中应

用所有的 100 个近红外透射光谱(near infrared transition spectroscopy,NITS)或 700 个(NIRS)波长点光谱的信息,建立回归模型时,至少需要 101 个或 701 个样品建立 101 个或 701 个线性方程。该方法可用于压缩所需样品数量,同时又采用了光谱所有的信息。它将高度相关的波长点归于一个独立变量中,进而以位数不多的独立变量建立回归方程,独立变量内高度相关的波长可用于主成分得分,将其联系起来。交互验证(cross validation,CV)用于防止过模型现象发生。

(3)偏最小二乘法回归法(partial least square regression,PLSR)。偏最小偏差回归法是 20 世纪 80 年代末应用到近红外光谱分析上的。该法与 PCR 很相似,仅在确定独立变量时,不仅考虑了光谱的信息(x 变量),还考虑了化学分析值(y 变量)。该法是目前近红外光谱分析上应用最多的回归方法。

8.4.1.6 定标模型的检验

定标模型优劣的评判:可选用定标标准差(standard error of calibration,SEC)、变异系数(CV)、定标相关系数 Rc 和 F 检验的 F 值等对定标结果做初步评价,如 SEC 和 CV 比较低,而 Rc 和 F 值比较高,说明其准确性较好,否则不好。这些参数的具体含义如下。

(1)标准分析误差(SEC 或 SEP):样品的近红外光谱法测定值与经典方法测定值间残差的标准差,表达为:$\sqrt{\dfrac{\sum_{i=1}^{n}(d_i-\overline{d})^2}{n-1}}$,对于定标样品常以 SEC 表示,检验样品常用 SEP 表示。

(2)相对标准分析误差[$SEC(C)$]:样品标准分析误差中扣除偏差的部分,表达为:$\sqrt{SPC^2-Bias^2}$。

(3)残差(d):样品的近红外光谱法测定值与真实值(经典分析方法测定值)的差值。

(4)偏差($Bias$):残差的平均值。

(5)相关系数(R 或 r):NIRS 测定值与真值的相关性,通常定标样品相关系数以 R 表示,检验样品相关系数以 r 表示。

(6)变异系数:SEC 占平均数的百分比。

(7)异常样品:样品 NIRS 与定标样品差别过大,即当样品的 H 值大于 0.6,则该样品被视为异常样品。

以化学检测值作为真值,使用改进偏最小二乘法建立模型。为防止过拟合现象发生,采用交互验证方法确定模型主因子数。根据交互验证标准差 $SECV$ 和交

互验证决定系数 $1-VR$ 来选择,具有最低 $SECV$ 和最高 $1-VR$ 的方程即为最优方程(张恩先)。

以未参与定标的 40 个样品进行模型的验证,使用验证集决定系数(r^2)、验证标准差(SEP)来评价模型的精度。

8.4.2　预测

预测是指考察定标方程用于测定未参与定标样品的准确性。预测所选样品应能代表被测样品的大致含量范围。用预测标准差(standard error of performance, SEP)、变异系数(CV)、y 相关系数(Rp)和偏差($Bias$)对定标方程做最终评价。若预测样品的特性与定标样品相近,则预测效果好,否则效果差。

如果预测标准差和相关系数与定标值两者相差不大,则说明定标是可行的。

8.4.3　实际测定

如果预测的效果较好,就可把定标方程用于生产,进行实际监测。

8.4.4　定标模型的更新

定标是一个由小样品估计整体的计量过程,因此定标模型预测能力的高低取决于定标样品的代表性和化学分析方法的准确性。由于预测样品的不确定性,因此,很难一下选择到大量的适宜定标样品。所以,在实际分析工作中,通常采用动态定标模型方法来解决这个问题。所谓动态定标模型方法就是在日常分析中边分析边选择异常样品,定期进行定标模型的升级,具体可概括为以下八个步骤。

(1)定标设计。

(2)分析测定。

(3)定标运算。

(4)实际预测。

(5)异常数据检查。

(6)再定标设计。

(7)再分析测定。

(8)再定标运算。

NIRS 定标模型建立和未知样品成分含量预测流程分别如图 8.6 和图 8.7 所示。

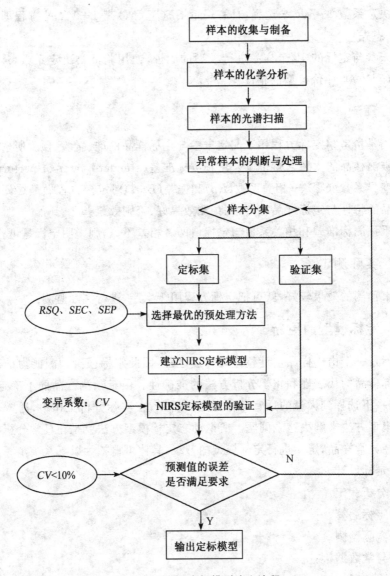

图 8.6　NIRS 定标模型建立流程

8.4.5　注意事项

　　漫反射分析检测器所检测到的信号是分析光与样品间经过多次反射、折射、衍射及吸收后返回样品表面的光。光与样品作用,在反射、折射、衍射等方面的差异都将影响漫反射系数,而这些差异又源于样品的粒径大小及分布和外观形态等方面的差异。另外,样品基体的变化对漫反射光的强度也有很大影响。其中,样品的粒径大小和均匀度对光漫反射强度影响很大。因此,要求待测样品的粒径大小、均匀度和基体与用于定标样品尽可能相同。

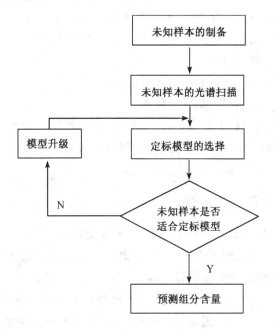

图 8.7　未知样品成分含量预测流程

8.5　NIRS 分析的特点及在饲料分析中的应用

8.5.1　近红外光谱分析的优点

(1)各种不同物态的样品不需处理可直接测量,且不消耗样品。

(2)谱带较弱,故测量光程较长,光程的精确度要求不高。

(3)所用光学材料便宜,一般石英或玻璃即可满足要求,并可用较强的辐射源,使信号的强度增加,提高信噪比。

(4)近红外光的散射效应较强,可以做固体、半固体、液体的漫反射或散射分析。

(5)近红外短波区域由于吸光系数非常小,在固体样品中的穿透深度可达几厘米,因而可以用透射模式直接分析固体样品。

（6）适用于近红外的光导纤维易得，利用光纤可实现在线分析或遥测，极适于生产过程控制和恶劣环境下的样品分析。

（7）分析速度快。

（8）除了含有氢原子的化学键外，其他基团的振动频率均不在近红外区域产生吸收，减少了干扰。有可能在其他基团组成的物质中检测极微量的含氢基团的物质，如谷物中微量水的分析。

（9）从一个光谱可以获得样品的多方面信息。

（10）仪器的构造比较简单，易于维护。

由于近红外光谱的以上特点，与传统方法相比，在测量精度上有很大改善；与标准实验方法相比，NIRS 提供数据的速度快；其应用一般会使实验成本降低，提高分析效率，并取得可观的经济效益。

8.5.2　近红外光谱分析的缺点

近红外光谱分析也有其固有的缺点，主要表现在以下两点。

（1）由于测定的是倍频及合频吸收，灵敏度差，特别在近红外短波区域，需要较长的光程。对微量组分的分析仍较困难。

（2）NIRS 分析不是一个直接测定方法，而是将未知样品测得的光谱通过定标模型来预测其组成或性质。因此定标模型的适用范围、基础数据的准确性及选择计量学方法的合理性，都将直接影响最终的分析结果。

8.5.3　近红外光谱技术在饲料工业中的应用

由于 NIRS 分析所独具的特点，加之仪器的制造水平，光谱化学计量学软件的开发及各种测样附件的研制均已达到较高的水平，自 20 世纪 80 年代中后期以来，NIRS 已由传统的农副产品分析扩展到众多的其他领域。目前应用的领域已包括农产品与食品、石油化工产品、生命科学与医药、聚合物合成与加工、化学品分析、纺织品行业、轻工行业、环境等。在饲料工业中，目前 NIRS 技术不仅能测定饲料中的常规成分，如水分、粗蛋白、粗纤维、粗脂肪，而且能测定饲料中的微量成分，如氨基酸、维生素、有毒有害物质（棉酚、植酸），还可进行饲料营养价值评定，如消化能、代谢能、可利用氨基酸、有机物消化率等，也可用于在线品质控制。此外，在饲料原料的真伪鉴别方面也存在很大潜力。

8.6 饲料中水分、粗蛋白质、粗纤维、粗脂肪、赖氨酸、蛋氨酸快速测定(NIRS 法)

8.6.1 适用范围

本标准规定了以近红外光谱仪快速测定饲料中水分、粗蛋白质、粗纤维、粗脂肪、赖氨酸和蛋氨酸的方法。对于仲裁检验应以经典方法为准。

本标准适用于各种饲料原料和配合饲料中水分、粗蛋白质、粗纤维和粗脂肪,各种植物性蛋白类饲料原料中赖氨酸和蛋氨酸的测定,本方法的最低检出量为0.001%。

8.6.2 仪器和设备

1. 近红外光谱仪

带可连续扫描单色器的漫反射型近红外光谱仪或其他类产品,光源为 100 W钨卤灯,检测器为硫化铅,扫描范围为 1 100~2 500 nm,分辨率为 0.79 nm,带宽为 10 nm,信号的线形为 0.3,波长准确度 0.5 nm,波长的重现性为 0.03 nm,在2 500 nm 处杂散光为 0.08%,在 1 100 nm 处杂散光为 0.01%。

2. 软件

为 DOS 或 WINDOWS 版本,该软件由 C 语言编写,具有 NIRS 数据的收集、存储、加工等功能。

3. 样品磨

旋风磨,筛片孔径为 0.42 mm,或同类产品。

4. 样品皿

长方形样品槽,10 cm×4 cm×1 cm,窗口为能透过红外线的石英玻璃,盖子为白色泡沫塑料,可容纳样品 5~15 g。

8.6.3 试样处理

将样品粉碎,使之全部通过 0.42 mm 孔筛(内径),并混合均匀。

8.6.4 测定步骤

1. 一般要求

每次测定前应对仪器进行以下诊断。

(1)仪器噪声。32 次(或更多)扫描仪器内部陶瓷参比,以多次扫描光谱吸收度残差的标准差来反映仪器的噪声。残差的标准差应控制在 $301 \lg(1/R)10^{-6}$ 以下。

(2)波长准确度和重现性。用加盖的聚苯乙烯来测定仪器的波长准确度和重现性。以陶瓷参比作对照,测定聚苯乙烯皿中聚苯乙烯的 3 个吸收峰的位置,即 1 680.3、2 164.9、2 304.2,该 3 个吸收峰位置的漂移应小于 0.5 nm,每个波长处漂移的标准差应小于 0.05 nm。

(3)仪器外用检验样品测定。仪器外用检测样品的测定。将一个饲料样品(通常为豆粕)密封在样品槽中作为仪器外用的检验样品,测定该样品中粗蛋白、粗纤维、粗脂肪和水分含量并做 T 检验,应无显著差异。

2.定标

NIRS 分析的准确性在一定程度上取决于定标工作,定标的总则和程序见本章 8.4.1。

(1)定标模型的选择。定标模型的选择原则为定标样品的 NIRS 能代表被测定样品的 NIRS。操作上是比较它们光谱间的 H 值,如果待测样品 H 值≤0.6,则可选用该定标模型,如果待测样品 H 值>0.6,则不能选用该定标模型;如果没有现有的定标模型,则需要对现有模型进行升级。

(2)定标模型的升级。定标模型升级的目的是为了使该模型在 NIR 光谱上能适应于待测样品,操作上是选择 25~45 个当地样品,扫描其 NIRS,并用经典方法测定水分、粗蛋白质、粗纤维、粗脂肪或赖氨酸和蛋氨酸含量,然后将这些样品加入到定标样品中,用原有的定标方法进行计算,即获得升级的定标模型。

(3)已建立的定标模型。

①饲料中水分的测定。定标样品数为 101 个,以改进的偏最小二乘法(MPLS)建立定标模型,模型的参数为 $SEP=0.24\%$、$Bias=0.17\%$、MPLS 独立向量(Term)=3,光谱的数学处理为:一阶导数、每隔 8 nm 进行平滑运算,光谱的波长范围为 1 308~2 392 nm。

②饲料中粗蛋白质的测定。定标样品数为 110 个,以改进的偏最小二乘法(MPLS)建立定标模型,模型的参数为 $SEP=0.34\%$、$Bias=0.29\%$、MPLS 独立向量(Term)=7,光谱的数学处理为:一阶导数、每隔 8 nm 进行平滑运算,光谱的波长范围为 1 108~2 500 nm。

③饲料中粗脂肪的测定。定标样品数为 95 个,以改进的偏最小二乘法(MPLS)建立定标模型,模型的参数为 $SEP=0.14\%$、$Bias=0.07\%$、MPLS 独立向量(Term)=8,光谱的数学处理为:一阶导数、每隔 16 nm 进行平滑运算,光谱的

波长范围为 1 308～2 392 nm。

④饲料中粗纤维的测定。定标样品数为 106 个,以改进的偏最小二乘法(MPLS)建立定标模型,模型的参数为 $SEP=0.41\%$、$Bias=0.19\%$、MPLS 独立向量(Term)=6,光谱的数学处理为:一阶导数、每隔 8 nm 进行平滑运算,光谱的波长范围为 1 108～2 392 nm。

⑤植物性蛋白质饲料中赖氨酸的测定。定标样品数为 93 个,以改进的偏最小二乘法(MPLS)建立定标模型,模型的参数为 $SEP=0.14\%$、$Bias=0.07\%$、MPLS 独立向量(Term)=7,光谱的数学处理为:一阶导数、每隔 4 nm 进行平滑运算,光谱的波长范围为 1 108～2 392 nm。

⑥植物性蛋白类饲料中蛋氨酸的测定。定标样品数为 87 个,以改进的偏最小二乘法(MPLS)建立定标模型,模型的参数为 $SEP=0.09\%$、$Bias=0.06\%$、MPLS 独立向量(Term)=5,光谱的数学处理为:一阶导数、每隔 4 nm 进行平滑运算,光谱的波长范围为 1 108～2 392 nm。

3.对未知样品的测定

根据待测样品 NIRS 选用对应的定标模型,对样品进行待测扫描,然后进行待测样品 NIR 光谱与定标样品间比较。如果待测样品 H 值≤0.6,则仪器将直接给出样品的水分、粗蛋白质、粗纤维、粗脂肪或赖氨酸和蛋氨酸含量;如果待测样品 H 值>0.6,则说明该样品已超出了该定标模型的分析能力,对于该定标模型,该样品被称为异常样品。

(1)异常样品的分类。异常样品可为"好"、"坏"两类,"好"的异常样品加入定标模型后可增加该模型的分析能力,而"坏"的异常样品加入定标模型后,只能降低分析的准确度。"好"、"坏"异常样品的埚别标准有二:一是 H 值,通常"好"的异常样品 H 值>0.6 或 H 值≤5,通常"坏"的异常样品 H 值>5;二是 SEC,通常"好"的异常样品加入定标模型后,SEC 不会显著增加,而"坏"的异常样品加入定标模型后,SEC 将显著增加。

(2)异常样品的处理。NIRS 分析中发现异常样品后,要用经典方法对该样品进行分析,同时对该异常样品类型进行确定,属于"好"异常样品则保留,并加入到定标模型中,对定标模型进行升级;属于"坏"异常样品则放弃。

8.6.5 分析的允许误差

分析的允许误差见表 8.1。

表 8.1　分析的允许误差　　　　　　　　　　%

样品中组分	含量	平行样间相对偏差小于	测定值与经典方法测定值之间的偏差小于
水分	>20	5	0.40
	>10,≤20	7	0.35
	≤10	8	0.30
粗蛋白质	>40	2	0.50
	>25,≤40	3	0.45
	>10,≤25	4	0.40
	≤10	5	0.30
粗脂肪	>10	3	0.35
	≤10	5	0.30
粗纤维	>18	2	0.45
	>10,≤18	3	0.35
	≤10	4	0.30
蛋氨酸	≥0.5	4	0.10
	<0.5	3	0.08
赖氨酸		6	0.15

思考题

1. 近红外的光谱区段。
2. 简述采用近红外光谱进行定量测定的原理。
3. 简述近红外光谱定标的过程和注意事项。
4. 简述近红外光谱分析技术的特点。

附　　录

附录 1　分析实验室用水规格和试验方法(GB/T 6682—2008)

1　适用范围

该标准规定了分析实验室用水的级别、规格、取样及储存、试验方法和试验报告。

本标准适用于化学分析和无机痕量分析等试验用水。可根据实际工作需要选用不同级别的水。

2　外观

分析实验室用水目视观察应为无色透明液体。

3　级别

分析实验室用水的原水应为饮用水或适当纯度的水。

分析实验室用水共分三个级别:一级水、二级水和三级水。

3.1　一级水

一级水用于有严格要求的分析试验,包括对颗粒有要求的试验。如高效液相色谱分析用水。

一级水可用二级水经过石英设备蒸馏或离子交换混合床处理后,再经 0.2 μm 微孔滤膜过滤来制取。

3.2　二级水

二级水用于无机痕量分析等试验,如原子吸收光谱分析用水。

二级水可用多次蒸馏或离子交换等方法制取。

3.3　三级水

三级水用于一般化学分析试验。

三级水可用蒸馏或离子交换等方法制取。

4　规格

分析实验室用水的规格见表 1。

表 1

名称	一级	二级	三级
pH 值范围(25℃)	—	—	5.0～75
电导率(25℃)/(mS/m)	≤0.01	≤0.10	≤0.50
可氧化物质含量(以 O 计)/(mg/L)		≤0.08	≤0.4
吸光度(254 nm,1 cm 光程)	≤0.001	≤0.01	—
(105±2)℃下蒸发残渣含量/(mg/L)		≤1.0	≤2.0
可溶性硅(以 SiO₂ 计)含量/(mg/L)	≤0.01	≤0.02	—

注1:由于在一级水、二级水的纯度下,难于测定其真实的 pH 值,因此,对一级水、二级水的 pH 值范围不做规定。

注2:由于在一级水的纯度下,难于测定可氧化物质和蒸发残渣,对其限量不做规定,可用其他条件和制备方法来保证一级水的质量。

5　取样及储存

5.1　容器

5.1.1　各级用水均使用密闭的、专用聚乙烯容器。三级水也可使用密闭、专用的玻璃容器。

5.1.2　新容器在使用前需用盐酸溶液(质量分数为 20%)浸泡 2～3 d,再用待测水反复冲洗,并注满待测水浸泡 6 h 以上。

5.2　取样

按本标准进行试验,至少应取 3 L 有代表性水样。

取样前用待测水反复清洗容器,取样时要避免沾污。水样应注满容器。

5.3　储存

各级用水在储存期间,其沾污的主要来源是容器可溶成分的溶解、空气中二氧化碳和其他杂质。因此,一级水不可储存,使用前制备。二级水、三级水可适量制备,分别储存在预先经同级水清洗过的相应容器中。

各级用水在运输过程中应避免沾污。

6　试验方法

在试验方法中,各项试验必须在洁净环境中进行,并采取适当措施,以避免试样的沾污。水样均按精确至 0.1 mL 量取,所用溶液以"%"表示的均为质量分数。

试验中均使用分析纯试剂和相应级别的水。

6.1　pH 值

量取 100 mL 水样,按 GB/T 9724 的规定测定。

6.2　仪器

6.2.1　用于一级水、二级水测定的电导仪:配备电极常数为 $0.01\sim0.1$ cm^{-1} 的"在线"电导池,并具有温度自动补偿功能。

若电导仪不具温度补偿功能,可装"在线"热交换器,使测定时水温控制在 25 ± 1℃。或记录水温度,按附录 C 进行换算。

6.2.2　用于三级水测定的电导仪:配备电极常数为 $0.1\sim1$ cm^{-1} 的电导池, 并具有温度自动补偿功能。

附录 2　饲料添加剂安全使用规范（引自农业部第 1224 号公告）

1. 氨基酸（Amino Acids）

通用名称	英文名称	化学式或描述	来源	含量规格/%		适用动物	在配合饲料或全混合日粮中的推荐用量（以氨基酸计）/%	在配合饲料或全混合日粮中的最高限量（以氨基酸计）/%	其他要求
				以氨基酸盐计	以氨基酸计				
L-赖氨酸盐酸盐	L-Lysine monohydrochloride	$NH_2(CH_2)_4CH(NH_2)COOH \cdot HCl$	发酵生产	≥98.5（以干基计）	≥78.0（以干基计）	养殖动物	0～0.5	—	—
L-赖氨酸硫酸盐及其发酵副产物（产自含氨酸棒杆菌）	L-Lysine sulfate and its by-products from feromentation (Source: Corynebacterium glutamicum)	$[NH_2(CH_2)_4CH(NH_2)COOH]_2 \cdot H_2SO_4$	发酵生产	≥65.0（以干基计）	≥51.0（以干基计）	养殖动物	0～0.5		—
DL-蛋氨酸	DL-Methionine	$CH_3S(CH_2)_2CH(NH_2)COOH$	化学制备	—	≥98.5	养殖动物	0～0.2	鸡 0.9	—
L-苏氨酸	L-Threonine	$CH_3CH(OH)CH(NH_2)COOH$	发酵生产	—	≥97.5（以干基计）	养殖动物	畜禽 0～0.3 鱼类 0～0.3 虾类 0～0.8	—	—

续表

通用名称	英文名称	化学式或描述	来源	含量规格/%		适用动物	在配合饲料或全混合日粮中的推荐用量(以氨基酸计)/%	在配合饲料或全混合日粮中的最高限量(以氨基酸计)/%	其他要求
				以氨基酸盐计	以氨基酸计				
L-色氨酸	L-Tryptophan	(C$_8$H$_5$NH)CH$_2$-CH(NH$_2$)COOH	发酵生产	—	≥98.0	养殖动物	畜禽 0~0.1 鱼类 0~0.1 虾类 0~0.3	—	—
蛋氨酸羟基类似物	Methionine hydroxy analogue	C$_5$H$_{10}$O$_3$S	化学制备	—	≥88.0 (以蛋氨酸羟基类似物计)	猪、鸡、牛	猪 0~0.11 鸡 0~0.21 牛 0~0.27 (以蛋氨酸羟基类似物计)	鸡 0.9 (以蛋氨酸羟基类似物计)	—
蛋氨酸羟基类似物钙盐	Methionine hydroxy analogue calcium	C$_{10}$H$_{18}$O$_6$S$_2$Ca	化学制备	≥95.0 (以干基计)	≥84.0 (以蛋氨酸羟基类似物计,干基)				
N-羟甲基蛋氨酸钙	N-Hydroxymethyl methionine calcium	(C$_6$H$_{12}$NO$_3$S)$_2$Ca	化学制备	≥98.0	≥67.6 (以蛋氨酸计)	反刍动物	牛 0~0.14 (以蛋氨酸计)	—	—

2. 维生素 (Vitamins注1)

通用名称	英文名称	化学式或描述	来源	含量规格/% 以化合物计	含量规格/% 以维生素计 粉剂	含量规格/% 以维生素计 油剂	适用动物	在配合饲料或全混合日粮中的推荐添加量（以维生素计）	在配合饲料或全混合日粮中的最高限量（以维生素计）	其他要求
维生素 A 乙酸酯	Vitamin A acetate	$C_{22}H_{32}O_2$	化学制备	—	≥5.0×10^5 IU/g	≥2.5×10^6 IU/g	养殖动物	猪 1 300～4 000 IU/kg 肉鸡 2 700～8 000 IU/kg 蛋鸡 1 500～4 000 IU/kg 牛 2 000～4 000 IU/kg 羊 1 500～2 400 IU/kg 鱼类 1 000～4 000 IU/kg	仔猪 16 000 IU/kg 育肥猪 6 500 IU/kg 怀孕母猪 12 000 IU/kg 泌乳母猪 7 000 IU/kg 犊牛 25 000 IU/kg 育肥和泌乳牛 10 000 IU/kg 干奶牛 20 000 IU/kg 14 日龄以前的蛋鸡和肉鸡 20 000 IU/kg 14 日龄以后的蛋鸡和肉鸡 10 000 IU/kg 28 日龄以前的肉用火鸡 20 000 IU/kg 28 日龄后的火鸡 10 000 IU/kg	—
维生素 A 棕榈酸酯	Vitamin A palmitate	$C_{36}H_{60}O_2$	化学制备	—	≥2.5×10^5 IU/g	≥1.7×10^6 IU/g				
β-胡萝卜素	beta-Carotene	$C_{40}H_{56}$	提取、发酵生产或化学制备	≥96.0%	—	—	养殖动物	奶牛 5～30 mg/kg（以β-胡萝卜素计）	—	—

续表

通用名称	英文名称	化学式或描述	来源	含量规格（以化合物计）	含量规格（以维生素计）	适用动物	在配合饲料或全混合日粮中的推荐添加量（以维生素计）	在配合饲料或全混合日粮中的最高限量（以维生素计）	其他要求
盐酸硫胺（维生素 B₁）	Thiamine hydrochloride (Vitamin B₁)	$C_{12}H_{17}ClN_4OS \cdot HCl$	化学制备	98.5%~101.0%（以干基计）	87.8%~90.0%（以干基计）	养殖动物	猪 1~5 mg/kg 家禽 1~5 mg/kg 鱼类 5~20 mg/kg	—	—
硝酸硫胺（维生素 B₁）	Thiamine mononitrate (Vitamin B₁)	$C_{12}H_{17}N_5O_4S$	化学制备	98.0%~101.0%（以干基计）	90.1%~92.8%（以干基计）	养殖动物		—	—
核黄素（维生素 B₂）	Riboflavin (Vitamin B₂)	$C_{17}H_{20}N_4O_6$	化学制备或发酵生产	—	98.0%~102.0% 96.0%~102.0% ≥80.0%（以干基计）	养殖动物	猪 2~8 mg/kg 家禽 2~8 mg/kg 鱼类 10~25 mg/kg	—	—
盐酸吡哆醇（维生素 B₆）	Pyridoxine hydrochloride (Vitamin B₆)	$C_8H_{11}NO_3 \cdot HCl$	化学制备	98.0%~101.0%（以干基计）	80.7%~83.1%（以干基计）	养殖动物	猪 1~3 mg/kg 家禽 3~5 mg/kg 鱼类 3~50 mg/kg	—	—
氰钴胺（维生素 B₁₂）	Cyanocobalamin (Vitamin B₁₂)	$C_{63}H_{88}CoN_{14}O_{14}P$	发酵生产	—	≥96.0（以干基计）	养殖动物	猪 5~33 μg/kg 家禽 3~12 μg/kg 鱼类 10~20 μg/kg	—	—

续表

通用名称	英文名称	化学式或描述	来源	含量规格（以化合物计）	含量规格（以维生素计）	适用动物	在配合饲料或全混合日粮中的推荐添加量（以维生素计）	在配合饲料或全混合日粮中的最高限量（以维生素计）	其他要求
L-抗坏血酸（维生素C）	L-Ascorbic acid (Vitamin C)	$C_6H_8O_6$	化学制备或发酵生产	—	99.0%~101.0%		猪 150~300 mg/kg 家禽 50~200 mg/kg 犊牛 125~500 mg/kg		—
L-抗坏血酸钙	Calcium L-ascorbate	$C_{12}H_{14}CaO_{12}\cdot 2H_2O$	化学制备	≥98.0%	≥80.5%			—	—
L-抗坏血酸钠	Sodium L-ascorbate	$C_6H_7NaO_6$	化学制备或发酵生产	≥98.0%	≥87.1%	养殖动物	罗非鱼、鲷鱼 鱼苗 300 mg/kg 鱼种 200 mg/kg		—
L-抗坏血酸-2-磷酸酯	L-Ascorbyl-2-polyphosphate	—	化学制备	—	≥35.0%				—
L-抗坏血酸6-棕榈酸酯	6-Palmityl-L-ascorbic acid	$C_{22}H_{38}O_7$	化学制备	≥95.0%	≥40.3%		青鱼、虹鳟鱼、蛙类 100~150 mg/kg 草鱼、鲤鱼 300~500 mg/kg		—
维生素 D_2	Vitamin D_2	$C_{28}H_{44}O$	化学制备	—	4.0×10^7 IU/g	养殖动物	猪 150~500 IU/kg 牛 275~400 IU/kg 羊 150~500 IU/kg	猪 5 000 IU/kg（仔猪代乳料 10 000 IU/kg） 家禽 5 000 IU/kg 牛 4 000 IU/kg（犊牛代乳料 10 000 IU/kg） 羊、马 4 000 IU/kg 鱼类 3 000 IU/kg 其他动物 2 000 IU/kg	饲料中维生素 D_3 不能与维生素 D_2 同时使用
维生素 D_3	Vitamin D_3	$C_{27}H_{44}O$	化学制备或提取	—	油剂 ≥1.0×10^6 IU/g 粉剂 ≥5.0×10^5 IU/g	养殖动物	猪 150~500 IU/kg 鸡 400~2 000 IU/kg 鸭 500~800 IU/kg 鹅 500~800 IU/kg 牛 275~450 IU/kg 羊 150~500 IU/kg 鱼类 500~2 000 IU/kg		

续表

通用名称	英文名称	化学式或描述	来源	含量规格 以化合物计	含量规格 以维生素计	适用动物	在配合饲料或全混合日粮中的推荐添加量（以维生素计）	在配合饲料或全混合日粮中的最高限量（以维生素计）	其他要求
DL-α-生育酚乙酸酯（维生素E）	DL-alpha-Tocopherol acetate (Vitamin E)	C$_{31}$H$_{52}$O$_3$	化学制备	油剂 ≥92.0% 粉剂 ≥50.0%	油剂 ≥920 IU/g 粉剂 ≥500 IU/g	养殖动物	猪 10~100 IU/kg 鸡 10~30 IU/kg 鸭 20~50 IU/kg 鹅 20~50 IU/kg 牛 15~60 IU/kg 羊 10~40 IU/kg 鱼类 30~120 IU/kg	—	—
亚硫酸氢钠甲萘醌	Menadione sodium bisulfite (MSB)	C$_{11}$H$_8$O$_2$·NaHSO$_3$·3H$_2$O	化学制备	≥96.0% ≥98.0%	≥50.0% ≥51.0% （以甲萘醌计）	养殖动物	猪 0.5 mg/kg 鸡 0.4~0.6 mg/kg 鸭 0.5 mg/kg 水产动物 2~16 mg/kg （以甲萘醌计）	—	—
二甲基嘧啶醇亚硫酸甲萘醌	Menadione dimethyl-pyrimidinol bisulfite (MPB)	C$_{17}$H$_{18}$N$_2$O$_6$S	化学制备	≥96.0%	≥44.0% （以甲萘醌计）	养殖动物	猪 0.5 mg/kg 鸡 0.4~0.6 mg/kg 鸭 0.5 mg/kg 水产动物 2~16 mg/kg （以甲萘醌计）	—	—
亚硫酸氢烟酰胺甲萘醌	Menadione nicotinamide bisulfite (MNB)	C$_{17}$H$_{16}$N$_2$O$_6$S	化学制备	≥96.0%	≥43.7% （以甲萘醌计）	养殖动物		猪 10 mg/kg 鸡 5 mg/kg （以甲萘醌计）	—

续表

通用名称	英文名称	化学式或描述	来源	含量规格（以化合物计）	含量规格（以维生素计）	适用动物	在配合饲料或全混合日粮中的推荐添加量（以维生素计）	在配合饲料或全混合日粮中的最高限量（以维生素计）	其他要求
烟酸	Nicotinic acid	$C_6H_5NO_2$	化学制备	—	99.0%~100.5%（以干基计）	养殖动物	仔猪 20~40 mg/kg；生长肥育猪 20~30 mg/kg；蛋雏鸡 30~40 mg/kg；育成蛋鸡 10~15 mg/kg；产蛋鸡 20~30 mg/kg；肉仔鸡 30~40 mg/kg；奶牛 50~60 mg/kg（精料补充料）；鱼虾类 20~200 mg/kg		—
烟酰胺	Niacinamide	$C_6H_6N_2O$	化学制备	—	≥99.0%	养殖动物			
D-泛酸钙	D-Calcium pantothenate	$C_{18}H_{32}CaN_2O_{10}$	化学制备	98.0%~101.0%（以干基计）	90.2%~92.9%（以干基计）	养殖动物	仔猪 10~15 mg/kg；生长肥育猪 10~15 mg/kg；蛋雏鸡 10~15 mg/kg；育成蛋鸡 20~25 mg/kg；产蛋鸡 20~25 mg/kg；肉仔鸡 20~50 mg/kg；鱼类 20~50 mg/kg		
DL-泛酸钙	DL-Calcium pantothenate		化学制备	≥99.0%	≥45.5%		仔猪 20~30 mg/kg；生长肥育猪 20~30 mg/kg；蛋雏鸡 20~30 mg/kg；育成蛋鸡 20~50 mg/kg；产蛋鸡 40~50 mg/kg；肉仔鸡 40~50 mg/kg；鱼类 40~100 mg/kg		—

续表

通用名称	英文名称	化学式或描述	来源	含量规格 以化合物计	含量规格 以维生素计	适用动物	在配合饲料或全混合日粮中的推荐添加量（以维生素计）	在配合饲料或全混合日粮中的最高限量（以维生素计）	其他要求
叶酸	Folic acid	$C_{19}H_{19}N_7O_6$	化学制备	—	95.0%~102.0%（以干基计）	养殖动物	仔猪 0.6~0.7 mg/kg 生长肥育猪 0.3~0.6 mg/kg 雏鸡 0.6~0.7 mg/kg 育成蛋鸡 0.3~0.6 mg/kg 产蛋鸡 0.3~0.6 mg/kg 肉仔鸡 0.6~0.7 mg/kg 鱼类 1.0~2.0 mg/kg	—	—
D-生物素	D-Biotin	$C_{10}H_{16}N_2O_3S$	化学制备	—	≥97.5%	养殖动物	猪 0.2~0.5 mg/kg 蛋鸡 0.15~0.25 mg/kg 肉鸡 0.2~0.3 mg/kg 鱼类 0.05~0.15 mg/kg	—	—
氯化胆碱	Choline chloride	$C_5H_{14}NOCl$	化学制备	水剂 ≥70.0%或≥75.0% 粉剂 ≥50.0%或≥60.0%（粉剂以干基计）	水剂 ≥52.0%或≥55.0% 粉剂 ≥37.0%或≥44.0%（粉剂以干基计）	养殖动物	猪 200~1 300 mg/kg 鸡 450~1 500 mg/kg 鱼类 400~1 200 mg/kg	—	用于奶牛时，产品应作保护处理

续表

通用名称	英文名称	化学式或描述	来源	含量规格		适用动物	在配合饲料或全混合日粮中的推荐添加量（以维生素计）	在配合饲料或全混合日粮中的最高限量（以维生素计）	其他要求
				以化合物计	以维生素计				
肌醇	Inositol	C₆H₁₂O₆	化学制备	—	≥97.0%（以干基计）	养殖动物	鲤科鱼 250～500 mg/kg 鲑鱼,虹鳟 300～400 mg/kg 鳗鱼 500 mg/kg 虾类 200～300 mg/kg	—	—
L-肉碱	L-Carnitine	C₇H₁₅NO₃	化学制备或发酵生产	—	97.0%～103.0%（以干基计）	养殖动物	猪 30～50 mg/kg（乳猪 300～500 mg/kg）家禽 50～60 mg/kg（1周龄肉雏鸡 150 mg/kg）	—	—
L-肉碱盐酸盐	L-Carnitine hydrochloride	C₇H₁₅-NO₃·HCl	化学制备或发酵生产	97.0%～103.0%（以干基计）	79.0%～83.8%（以干基计）	养殖动物	鲤鱼 5～10 mg/kg 虹鳟 15～120 mg/kg 鲑鱼 45～95 mg/kg 其他鱼 5～100 mg/kg	猪 1 000 mg/kg 家禽 200 mg/kg 鱼类 2 500 mg/kg	—

注 1：由于测定方法存在精密度和准确度的问题，部分维生素类饲料添加剂的含量规格是范围值，若测量误差为正，则检测值可能超过 100%，故部分维生素类饲料添加剂含量规格出现超过 100% 的情况。

3. 微量元素（Trace Minerals）

微量元素	化合物通用名称	化合物英文名称	化学式或描述	来源	含量规格,% 以化合物计	含量规格,% 以元素计	适用动物	在配合饲料或全混合日粮中的推荐添加量（以元素计），mg/kg	在配合饲料或混合全混量（以元素计），mg/kg	其他要求
铁：来自以下化合物	硫酸亚铁	Ferrous sulfate	$FeSO_4 \cdot H_2O$ $FeSO_4 \cdot 7H_2O$	化学制备	≥91.0 ≥98.0	≥30.0 ≥19.7	养殖动物	猪 40~100 鸡 35~120 牛 10~50 羊 30~50 鱼类 30~200	仔猪（断奶前）250 mg/头·日 家禽 750 牛 750 羊 500 宠物 1 250 其他动物 750	—
	富马酸亚铁	Ferrous fumarate	$FeH_2C_4O_4$	化学制备	≥93.0	≥29.3				—
	柠檬酸亚铁	Ferrous citrate	$Fe_3(C_6H_5O_7)_2$	化学制备	—	≥16.5				—
	乳酸亚铁	Ferrous lactate	$C_6H_{10}FeO_6 \cdot 3H_2O$	化学制备或发酵生产	≥97.0	≥18.9				—
铜：来自以下化合物	硫酸铜	Copper sulfate	$CuSO_4 \cdot H_2O$ $CuSO_4 \cdot 5H_2O$	化学制备	≥98.5 ≥98.5	≥35.7 ≥25.0	养殖动物	猪 3~6 家禽 0.4~10.0 牛 7~10 羊 3~6 鱼类 3~6	仔猪（≤30 kg）200 生长肥育猪（30~60 kg）150 生长肥育猪（>60 kg）35 种猪 35　家禽 35 牛精料补充料 35 羊精料补充料 25 鱼类 25	—
	碱式氯化铜	Basic copper chloride	$Cu_2(OH)_3Cl$	化学制备	≥98.0	≥58.1	猪,鸡	猪 2.6~5.0 鸡 0.3~8.0	仔猪（≤30 kg）200 生长肥育猪（30~60 kg）150 生长肥育猪（>60 kg）35 种猪 35　鸡 35	—

续表

微量元素	化合物通用名称	化合物英文名称	化学式或描述	来源	含量规格,% 以化合物计	含量规格,% 以元素计	适用动物	在配合饲料或全混合日粮中的推荐添加量(以元素计),mg/kg	在配合饲料或全混合日粮中的最高限量(以元素计),mg/kg	其他要求
	硫酸锌	Zinc sulfate	$ZnSO_4 \cdot H_2O$	化学制备	≥94.7	≥34.5		猪 40~110 肉鸡 55~120 蛋鸡 40~80 肉鸭 20~60 蛋鸭 30~60 鹅 60 肉牛 30 奶牛 40 鱼类 20~30 虾类 15	代乳料 200 鱼类 200 宠物 250 其他动物 150	
			$ZnSO_4 \cdot 7H_2O$		≥97.3	≥22.0				
	氧化锌	Zinc oxide	ZnO	化学制备	≥95.0	≥76.3	养殖动物	猪 43~120 肉鸡 80~180 肉牛 30 奶牛 40	农业行业标准《饲料中锌的允许量》(NY 929—2005)自本公告发布之日起废止	仔猪断奶后前 2 周配合饲料中氧化锌形式的添加量不超过 2 250 mg/kg
铁:来自以下化合物	蛋氨酸锌络(螯)合物	Zinc methionine complex (chelate)	$Zn(C_5H_{10}NO_2S)_2$ $(C_5H_{10}NO_2SZn)HSO_4$	化学制备	≥90.0 —	≥17.2 ≥19.0		猪 42~116 肉鸡 54~120 肉牛 30 奶牛 40		本产品仅指硫酸锌与蛋氨酸反应产物

续表

微量元素	化合物通用名称	化合物英文名称	化学式或描述	来源	含量规格,% 以化合物计	以元素计	适用动物	在配合饲料或全混合日粮中的推荐添加量(以元素计),mg/kg	在配合饲料或全混合日粮中的最高限量(以元素计),mg/kg	其他要求
锰:来自以下化合物	硫酸锰	Manganese sulfate	MnSO₄·H₂O	化学制备	≥98.0	≥31.8	养殖动物	猪 2~20 肉鸡 72~110 蛋鸡 40~85 肉鸭 40~90 蛋鸭 47~60 鹅 66 肉牛 20~40 奶牛 12 鱼类 2.4~13.0	鱼类 100 其他动物 150	—
	氧化锰	Manganese oxide	MnO	化学制备	≥99.0	≥76.6		猪 2~20 肉鸡 86~132		—
	氯化锰	Manganese chloride	MnCl₂·4H₂O	化学制备	≥98.0	≥27.2		猪 2~20 肉鸡 74~113		—
碘:来自以下化合物	碘化钾	Potassium iodide	KI	化学制备	≥98.0(以干基计)	≥74.9(以干基计)	养殖动物	猪 0.14 家禽 0.1~1.0 牛 0.25~0.80 羊 0.1~2.0 水产动物 0.6~1.2	蛋鸡 5 奶牛 5 水产动物 20 其他动物 10	—
	碘酸钾	Potassium iodate	KIO₃	化学制备	≥99.0	≥58.7				—
	碘酸钙	Calcium iodate	Ca(IO₃)₂·H₂O	化学制备	≥95.0(以 Ca(IO₃)₂ 计)	≥61.8				—

续表

微量元素	化合物通用名称	化合物英文名称	化学式或描述	来源	含量规格,% 以化合物计	以元素计	适用动物	在配合饲料或全混合日粮中的推荐添加量(以元素计),mg/kg	在配合饲料或全混合日粮中的最高限量(以元素计),mg/kg	其他要求
钴 来自以下化合物	硫酸钴	Cobalt sulfate	$CoSO_4$ $CoSO_4 \cdot H_2O$ $CoSO_4 \cdot 7H_2O$	化学制备	≥98.0 ≥96.5 ≥97.5	≥37.2 ≥33.0 ≥20.5	养殖动物	牛、羊 0.1~0.3 鱼类 0~1	2	—
	氯化钴	Cobalt chloride	$CoCl_2 \cdot H_2O$ $CoCl_2 \cdot 6H_2O$	化学制备	≥98.0 ≥96.8	≥39.1 ≥24.0				—
	乙酸钴	Cobalt acetate	$Co(CH_3COO)_2$ $Co(CH_3COO)_2 \cdot 4H_2O$	化学制备	≥98.0 ≥98.0	≥32.6 ≥23.1		牛、羊 0.1~0.4 鱼类 0~1.2		—
	碳酸钴	Cobalt carbonate	$CoCO_3$	化学制备	≥98.0	≥48.5	反刍动物	牛、羊 0.1~0.3		—
硒 来自以下化合物	亚硒酸钠	Sodium selenite	Na_2SeO_3	化学制备	≥98.0 (以干基计)	≥44.7 (以干基计)	养殖动物	畜禽 0.1~0.3 鱼类 0.1~0.3	0.5	使用时应先制成预混剂,且产品标签上应标示最大硒含量
	酵母硒	Selenium yeast complex	酵母在含无机硒基中发酵培养,将无机态硒转化生成有机硒	发酵生产	—	有机形态硒含量≥0.1				产品需标示最大硒含量和有机硒含量,无机硒含量不得超过总硒的2.0%

续表

微量元素	化合物通用名称	化合物英文名称	化学式或描述	来源	含量规格,% 以化合物计	含量规格,% 以元素计	适用动物	在配合饲料或全价混合日粮中的推荐添加量(以元素计),mg/kg	在配合饲料或全价混合日粮中的最高限量(以元素计),mg/kg	其他要求
铬:来自以下化合物	烟酸铬	Chromium nicotinate	Cr(—⬡N—COO)₃	化学制备	≥98.0	≥12.0	生长肥育猪	0~0.2	0.2	饲料中铬的最高限量是指有机态铬的添加限量
	吡啶甲酸铬	Chromium tripicolinate	Cr(⬡N—COO)₃	化学制备	≥98.0	12.2~12.4				

4. 常量元素（Macro Minerals）

常量元素	化合物通用名称	化合物英文名称	化学式或描述	来源	含量规格，%		适用动物	在配合饲料或全混合日粮中的推荐添加量，%	在配合饲料或全混合日粮中的最高限量，%	其他要求
					以化合物计	以元素计				
钠：来自以下化合物	氯化钠	Sodium chloride	$NaCl$	天然盐加工制取	≥91.0	Na≥35.7 Cl≥55.2		猪 0.3~0.8 鸡 0.25~0.40 鸭 0.3~0.6 牛、羊 0.5~1.0 （以 NaCl 计）	猪 1.5 家禽 1 牛、羊 2 （以 NaCl 计）	—
	硫酸钠	Sodium sulfate	Na_2SO_4	天然盐取加工制备或化学制备	≥99.0	Na≥32.0 S≥22.3	养殖动物	猪 0.1~0.3 肉鸡 0.1~0.3 鸭 0.1~0.3 牛、羊 0.1~0.4 （以 Na_2SO_4 计）	0.5 （以 Na_2SO_4 计）	本品有轻度致污作用，反刍动物应注意维持适当的氮硫比
	磷酸二氢钠	Monosodium phosphate	NaH_2PO_4 $NaH_2PO_4 \cdot H_2O$ $NaH_2PO_4 \cdot 2H_2O$	化学制备	98.0~103.0 （以 NaH_2PO_4 计，干基计）	Na≥18.7 P≥25.3 （以 NaH_2PO_4 计，干基计）		猪 0~1.0 家禽 0~1.5 牛 0~1.6 淡水鱼 1.0~2.0 （以 NaH_2PO_4 计）	—	在畜禽饲料中较少使用，在鱼类饲料中适量添加还可补充饲料中的磷
	磷酸氢二钠	Disodium phosphate	Na_2HPO_4 $Na_2HPO_4 \cdot 2H_2O$ $Na_2HPO_4 \cdot 12H_2O$	化学制备	≥98.0 （以 Na_2HPO_4 计，干基计）	Na≥31.7 P≥21.3 （以 Na_2HPO_4 计，干基计）		猪 0.5~1.0 家禽 0.6~1.5 牛 0.8~1.6 淡水鱼 1.0~2.0 （以 Na_2HPO_4 计）		磷元素，使用时应考虑磷与钙的适当比例及钠元素的总量

续表

常量元素	化合物通用名称	化合物英文名称	化学式或描述	来源	含量规格,% 以化合物计	含量规格,% 以元素计	适用动物	在配合饲料或全混合日粮中的推荐添加量,%	在配合饲料或全混合日粮中的最高限量,%	其他要求
钙:来自下化合物	轻质碳酸钙	Calcium carbonate	$CaCO_3$	化学制备	≥98.0 (以干基计)	Ca≥39.2 (以干基计)	养殖动物	猪 0.4~1.1 肉禽 0.6~1.0 蛋禽 0.8~4.0 牛 0.2~0.8 羊 0.2~0.7 (以Ca元素计)	—	摄取过多钙会导致失钙磷比例并阻碍其他元素的吸收
	氯化钙	Calcium chloride	$CaCl_2$ $CaCl_2 \cdot 2H_2O$	化学制备	≥93.0 99.0~107.0	Ca≥33.5 Cl≥59.5 Ca≥26.9 Cl≥47.8				
	乳酸钙	Calcium lactate	$C_6H_{10}O_6Ca$ $C_6H_{10}O_6Ca \cdot H_2O$ $C_6H_{10}O_6Ca \cdot 3H_2O$ $C_6H_{10}O_6Ca \cdot 5H_2O$	化学制备或发酵生产	≥97.0 (以$C_6H_{10}O_6Ca$计,干基)	Ca≥17.7 (以$C_6H_{10}O_6Ca$计,干基)				
磷:来自下化合物	磷酸氢钙	Dicalcium phosphate	$CaHPO_4 \cdot 2H_2O$	化学制备	—	P≥16.5 Ca≥20.0 P≥19.0 Ca≥15.0 P≥21.0 Ca≥14.0	养殖动物	猪 0~0.55 肉禽 0~0.45 蛋禽 0~0.4 牛 0~0.38 淡水鱼 0~0.6 (以P元素计)	—	水产饲料中磷应充分考虑该添加使用,避免水体污染,符合相关标准
	磷酸二氢钙	Monocalcium phosphate	$Ca(H_2PO_4)_2 \cdot H_2O$	化学制备	—	P≥22.0 Ca≥13.0				
	磷酸三钙	Tricalcium phosphate	$Ca_3(PO_4)_2$	化学制备	—	P≥17.6 Ca≥34.0				

续表

常量元素	化合物通用名称	化合物英文名称	化学式或描述	来源	含量规格,% 以化合物计	含量规格,% 以元素计	适用动物	在配合饲料或全混合日粮中的推荐添加量,%	在配合饲料或全混合日粮中的最高限量,%	其他要求
镁:来自以下化合物	氧化镁	Magnesium oxide	MgO	化学制备	≥96.5	Mg≥57.9	养殖动物	泌乳牛羊 0~0.5 (以MgO计)	泌乳牛羊 1 (以MgO计)	—
	氯化镁	Magnesium chloride	$MgCl_2 \cdot 6H_2O$	化学制备	≥98.0	Mg≥11.6 Cl≥34.3				镁有致泻作用,大剂量使用会导致腹泻,注意镁和钾的比例
	硫酸镁	Magnesium sulfate	$MgSO_4 \cdot H_2O$ $MgSO_4 \cdot 7H_2O$	化学制备或从苦卤中提取	≥99.0 ≥99.0	Mg≥17.2 S≥22.9 Mg≥9.6 S≥12.8		猪 0~0.04 家禽 0~0.06 牛 0~0.4 羊 0~0.2 淡水鱼 0~0.06 (以Mg元素计)	猪 0.3 家禽 0.3 牛 0.5 羊 0.5 (以Mg元素计)	—

附录3　饲料卫生标准（GB 13078—2001）

表1　饲料、饲料添加剂卫生指标

序号	卫生指标项目	产品名称	指标	试验方法	备注
1	砷（以总砷计）的允许量（每千克产品中），mg	石粉	2.0	GB/T 13079	不包括国家主管部门批准使用的有机砷制剂中的砷含量
		硫酸亚铁、硫酸镁			
		磷酸盐	≤20		
		沸石粉、膨润土、麦饭石	≤10		
		硫酸铜、硫酸锰、硫酸锌、碘化钾、碘酸钙、氯化钴	≤5.0		
		氧化锌	≤10.0		
		鱼粉、肉粉、肉骨粉	≤10.0		
		家禽、猪配合饲料	≤2.0		
		牛、羊精料补充料			
		猪、家禽浓缩饲料	≤10.0		以在配合饲料中20%的添加量计
		猪、家禽添加剂预混合饲料			以在配合饲料中1%的添加量计
2	铅（以Pb计）的允许量（每千克产品中），mg	生长鸭、产蛋鸭、肉鸭配合饲料、猪配合饲料	≤5	GB/T 13080	
		奶牛、肉牛精料补充料	≤8		
		产蛋鸡、肉用仔鸡浓缩饲料仔猪、生长肥育猪浓缩饲料	≤13		以在配合饲料中20%的添加量计
		骨粉、肉骨粉、鱼粉、石粉	≤10		
		磷酸盐	≤30		
		产蛋鸡、肉用仔鸡复合预混合饲料仔猪、生长肥育猪复合预混合饲料	≤40		以在配合饲料中1%的添加量计
3	氟（以F计）的允许量（每千克产品中），mg	鱼粉	≤500	GB/T 13083	
		石粉	≤2 000		
		磷酸盐	≤1 800	HG 2636	

续表

序号	卫生指标项目	产品名称	指标	试验方法	备注
		肉用仔鸡、生长鸡配合饲料	≤250		
		产蛋鸡配合饲料	≤30		高氟饲料用
		猪配合饲料	≤100		HG 2636—1994
		骨粉、肉骨粉	≤1 800	GB/T 13083	中4.4条
		生长鸭、肉鸭配合饲料	≤200		
		产蛋鸭配合饲料	≤250		
		牛(奶牛、肉牛)精料补充	≤50 奶牛		
		猪、禽添加剂预混合饲料	≤1 000		
		猪、禽浓缩饲料	按添加比例折算后,与相应猪、禽配合饲料规定值相同	GB/T 13083	以在配合饲料中1%的添加量计
4	霉菌的允许量(每克产品中),霉菌总数/10^3个	玉米	<40	GB/T 13092	限量饲用:40~100 禁用,>100
		小麦麸、米糠			限量饲用:40~80 禁用:>80
		豆饼(粕)、棉子饼(粕)、菜子饼(粕)	<50		限量饲用:50~100 禁用:>100
		鱼粉,肉骨粉	<20		限量饲用:20~50 禁用:>50
		鸭配合饲料	<35		
		猪、鸡配合饲料 猪、鸡浓缩饲料 奶、肉牛精料补充料	<45		
5	黄曲霉毒素 B_1 允许量(每千克产品中),μg	玉米 花生饼(粕)、棉子饼(粕)、菜子饼(粕)	≤50	GB/T 17480 或 GB/T 8381	
		豆粕	≤30		
		仔猪配合饲料及浓缩饲料	≤10		
		生长肥育猪,种猪配合饲料及浓缩饲料	≤20		
		肉用仔鸡前期,雏鸡配合饲料及浓缩饲料	≤10		

续表

序号	卫生指标项目	产品名称	指标	试验方法	备注
		肉用仔鸡后期、生长鸡、产蛋鸡配合饲料及浓缩饲料	≤20		
		肉用仔鸭前期、雏鸭配合饲料及浓缩饲料	≤10		
		肉用仔鸭后期、生长鸭、产蛋鸭配合饲料及浓缩饲料	≤15		
		鹌鹑配合饲料及浓缩饲料	≤20		
		奶牛精料补充料	≤10		
		肉牛精料补充料	≤50		
6	铬（以 Cr 计）的允许量（每千克产品中），mg	皮革蛋白粉	≤200	GB/T 13088	
		鸡、猪配合饲料	≤10		
7	汞（以 Hg 计）的允许量（每千克产品中），mg	鱼粉	≤0.5	GB/T 13081	
		石粉	≤0.1		
		鸡配合饲料，猪配合饲料			
8	镉（以 Cd 计）的允许量（每千克产品中），mg	米糠	≤1.0	CB/T 13082	
		鱼粉	≤2.0		
		石粉	≤0.75		
		鸡配合饲料，猪配合饲料	≤0.5		
9	氰化物（以 HCN 计）的允许量（每千克产品中），mg	木薯干	≤100	GB/T 13084	
		胡麻饼（粕）	≤350		
		鸡配合饲料，猪配合饲料	≤50		
10	亚硝酸盐（以 $NaNO_3$ 计）的允许量（每千克产品中），mg	鱼粉	≤60	GB/T 13085	
		鸡配合饲料，猪配合饲料	≤15		
11	游离棉酚的允许量（每千克产品中），mg	棉子饼（粕）	≤1 200	GB/T 13086	
		肉用仔鸡、生长鸡配合饲料	≤100		
		产蛋鸡配合饲料	≤20		
		生长肥育猪配合饲料	≤60		

续表

序号	卫生指标项目	产品名称	指标	试验方法	备注
12	异硫氰酸酯(以丙烯基异硫氰酸酯计)的允许量(每千克产品中),mg	菜子饼(粕)	≤4 000	GB/T 13087	
		鸡配合饲料 生长肥育猪配合饲料	≤4 500		
13	噁唑烷硫酮的允许量(每千克产品中),mg	肉用仔鸡、生长鸡配合饲料	≤1 000	GB/T 13089	
		产蛋鸡配合饲料	≤500		
14	六六六的允许量(每千克产品中),mg	米糠 小麦麸 大豆饼(粕) 鱼粉	≤0.05	GB/T 13090	
		肉用仔鸡、生长鸡配合饲料产蛋鸡配合饲料	≤0.3		
		生长肥育猪配合饲料	≤0.4		
15	滴滴涕的允许量(每千克产品中),mg	米糠 小麦麸 大豆饼(粕) 鱼粉	≤0.02	GB/T 13090	
		鸡配合饲料,猪配合饲料	≤0.2		
16	沙门氏杆菌	饲料	不得检出	GB/T 13091	
17	细菌总数的允许量(每克产品中),细菌总数/10^6个	鱼粉	<2	GB/T 13093	限量饲用:2～5 禁用:>5

注:1. 所列允许量均为以干物质含量为88%的饲料为基础计算;

2. 浓缩饲料、添加剂预混合饲料添加比例与本标准备注不同时,其卫生指标允许量可进行折算。

附录 4　饲料药物添加剂清单

表 1　饲料药物添加剂附录一

序号	名称
1	二硝托胺预混剂
2	马杜霉素铵预混剂
3	尼卡巴嗪预混剂
4	尼卡巴嗪、乙氧酰胺苯甲酯预混剂
5	甲基盐霉素、尼卡巴嗪预混剂
6	甲基盐霉素预混剂
7	拉沙诺西钠预混剂
8	氢溴酸常山酮预混剂
9	盐酸氯苯胍预混剂
10	盐酸氨丙啉、乙氧酰胺苯甲酯预混剂
11	盐酸氨丙啉、乙氧酰胺苯甲酯、磺胺喹噁啉预混剂
12	氯羟吡啶预混剂
13	海南霉素钠预混剂
14	赛杜霉素钠预混剂
15	地克珠利预混剂
16	复方硝基酚钠预混剂
17	氨苯胂酸预混剂
18	洛克沙胂预混剂
19	莫能菌素钠预混剂
20	杆菌肽锌预混剂
21	黄霉素预混剂
22	维吉尼亚霉素预混剂
23	喹乙醇预混剂
24	那西肽预混剂
25	阿美拉霉素预混剂
26	盐霉素钠预混剂
27	硫酸黏杆菌素预混剂
28	牛至油预混剂
29	杆菌肽锌、硫酸黏杆菌素预混剂
30	吉它霉素预混剂
31	土霉素钙预混剂
32	金霉素预混剂
33	恩拉霉素预混剂

表 2　饲料药物添加剂附录二

序号	名称
1	磺胺喹噁啉、二甲氧苄啶预混剂
2	越霉素 A 预混剂
3	潮霉素 B 预混剂
4	地美硝唑预混剂
5	磷酸泰乐菌素预混剂
6	硫酸安普霉素预混剂
7	盐酸林可霉素预混剂
8	赛地卡霉素预混剂
9	伊维菌素预混剂
10	呋喃苯烯酸钠粉
11	延胡索酸泰妙菌素预混剂
12	环丙氨嗪预混剂
13	氟苯咪唑预混剂
14	复方磺胺嘧啶预混剂
15	盐酸林可霉素、硫酸大观霉素预混剂
16	硫酸新霉素预混剂
17	磷酸替米考星预混剂
18	磷酸泰乐菌素、磺胺二甲嘧啶预混剂
19	甲砜霉素散
20	诺氟沙星、盐酸小檗碱预混剂
21	维生素 C 磷酸酯镁、盐酸环丙沙星预混剂
22	盐酸环丙沙星、盐酸小檗碱预混剂
23	噁喹酸散
24	磺胺氯吡嗪钠可溶性粉

资料来源:《饲料药物添加剂安全使用规范》农业部公告 168 号。

附录 5　禁止在饲料和动物饮用水中使用的药物品种目录(农业部第 176 号公告)

一、肾上腺素受体激动剂

1.盐酸克仑特罗(Clenbuterol Hydrochloride):中华人民共和国药典(以下简称药典)2000 年二部 P605。β2 肾上腺素受体激动药。

2.沙丁胺醇(Salbutamol):药典 2000 年二部 P316。β2 肾上腺素受体激动药。

3.硫酸沙丁胺醇(Salbutamol Sulfate):药典 2000 年二部 P870。β2 肾上腺素受体激动药。

4.莱克多巴胺(Ractopamine):一种 β 兴奋剂,美国食品和药物管理局(FDA)已批准,中国未批准。

5.盐酸多巴胺(Dopamine Hydrochloride):药典 2000 年二部 P591。多巴胺受体激动药。

6.西马特罗(Cimaterol):美国氰胺公司开发的产品,一种 β 兴奋剂,FDA 未批准。

7.硫酸特布他林(Terbutaline Sulfate):药典 2000 年二部 P890。β2 肾上腺受体激动药。

二、性激素

8.己烯雌酚(Diethylstibestrol):药典 2000 年二部 P42。雌激素类药。

9.雌二醇(Estradiol):药典 2000 年二部 P1005。雌激素类药。

10.戊酸雌二醇(Estradiol Valerate):药典 2000 年二部 P124。雌激素类药。

11.苯甲酸雌二醇(Estradiol Benzoate):药典 2000 年二部 P369。雌激素类药。中华人民共和国兽药典(以下简称兽药典)2000 年版一部 P109。雌激素类药。用于发情不明显动物的催情及胎衣滞留、死胎的排除。

12.氯烯雌醚(Chlorotrianisene):药典 2000 年二部 P919。

13.炔诺醇(Ethinylestradiol):药典 2000 年二部 P422。

14.炔诺醚(Quinestrol):药典 2000 年二部 P424。

15.醋酸氯地孕酮(Chlormadinone acetate):药典 2000 年二部 P1037。

16.左炔诺孕酮(Levonorgestrel):药典 2000 年二部 P107。

17.炔诺酮(Norethisterone):药典 2000 年二部 P420。

18.绒毛膜促性腺激素(绒促性素)(Chorionic Gonadotrophin):药典 2000 年二部 P534。促性腺激素药。兽药典 2000 年版一部 P146。激素类药。用于性功能障碍、习惯性流产及卵巢囊肿等。

19.促卵泡生长激素（尿促性素主要含卵泡刺激 FSHT 和黄体生成素 LH）（Menotropins）：药典 2000 年二部 P321。促性腺激素类药。

三、蛋白同化激素

20.碘化酪蛋白（Iodinated Casein）：蛋白同化激素类，为甲状腺素的前驱物质，具有类似甲状腺素的生理作用。

21.苯丙酸诺龙及苯丙酸诺龙注射液（Nandrolone phenylpropionate）：药典 2000 年二部 P365。

四、精神药品

22.(盐酸)氯丙嗪（Chlorpromazine Hydrochloride）：药典 2000 年二部 P676。抗精神病药。兽药典 2000 年版一部 P177。镇静药。用于强化麻醉以及使动物安静等。

23.盐酸异丙嗪（Promethazine Hydrochloride）：药典 2000 年二部 P602。抗组胺药。兽药典 2000 年版一部 P164。抗组胺药。用于变态反应性疾病，如荨麻疹、血清病等。

24.安定（地西泮）（Diazepam）：药典 2000 年二部 P214。抗焦虑药、抗惊厥药。兽药典 2000 年版一部 P61。镇静药、抗惊厥药。

25.苯巴比妥（Phenobarbital）：药典 2000 年二部 P362。镇静催眠药、抗惊厥药。兽药典 2000 年版一部 P103。巴比妥类药。缓解脑炎、破伤风、士的宁中毒所致的惊厥。

26.苯巴比妥钠（Phenobarbital Sodium）：兽药典 2000 年版一部 P105。巴比妥类药。缓解脑炎、破伤风、士的宁中毒所致的惊厥。

27.巴比妥（Barbital）：兽药典 2000 年版一部 P27。中枢抑制和增强解热镇痛。

28.异戊巴比妥（Amobarbital）：药典 2000 年二部 P252。催眠药、抗惊厥药。

29.异戊巴比妥钠（Amobarbital Sodium）：兽药典 2000 年版一部 P82。巴比妥类药。用于小动物的镇静、抗惊厥和麻醉。

30.利血平（Reserpine）：药典 2000 年二部 P304。抗高血压药。

31.艾司唑仑（Estazolam）。

32.甲丙氨酯（Meprobamate）。

33.咪达唑仑（Midazolam）。

34.硝西泮（Nitrazepam）。

35.奥沙西泮（Oxazepam）。

36. 匹莫林(Pemoline)。

37. 三唑仑(Triazolam)。

38. 唑吡旦(Zolpidem)。

39. 其他国家管制的精神药品。

五、各种抗生素滤渣

40. 抗生素滤渣:该类物质是抗生素类产品生产过程中产生的工业三废,因含有微量抗生素成分,在饲料和饲养过程中使用后对动物有一定的促生长作用。但对养殖业的危害很大,一是容易引起耐药性;二是由于未做安全性试验,存在各种安全隐患。

参 考 文 献

[1] 北京大学化学系. 仪器分析教程. 北京:化学工业出版社,1997.

[2] 蔡辉益. 饲料安全及其检测技术. 北京:化学工业出版社,2005.

[3] 陈新,李崇瑛,陈子岩. ICP-AES 连续测定饲料中的 Ca、P、Cr、Pb、As. 广东微量元素科学,2007,14(3):41-44.

[4] 陈福生,高志贤,王建华. 食品安全检测与现代生物技术. 北京:化学工业出版社,2004.

[5] 陈家华. 现代食品分析新技术. 北京:化学工业出版社,2005.

[6] 邓勃. 应用原子吸收与原子荧光光谱分析. 2 版. 北京:化学工业出版社,2007.

[7] 范志影,周陈维. 杜马斯燃烧定氮法在农产品品质检测中的应用. 现代科学仪器,2006(1):45-46.

[8] 郭存福,江南. 玉米酒精糟的营养价值及其在不同动物日粮中的应用. 中国畜牧杂志,2007,43(14):51-53.

[9] 何美玉. 现代有机与生物质谱. 北京:北京大学出版社,2002.

[10] 黄高凌,蔡慧农,曾琪,倪辉. 碱水解-分光光度法快速检测有机磷农药的研究,集美大学学报(自然科学版),2009,14(4):365-371.

[11] 李攻科. 样品前处理仪器与装置. 北京:化学工业出版社,2007.

[12] 李俊锁,邱月明,王超. 兽药残留分析. 上海:上海科学技术出版社,2002.

[13] 刘虎威. 气相色谱方法及应用. 2 版. 北京:化学工业出版社,2007.

[14] 陆婉珍,袁洪福,徐广通,强冬梅. 现代近红外光谱分析技术. 北京:中国石化出版社,1999.

[15] 金强. 日盲型光电倍增管. 电子学报,1982(2):87-89.

[16] 倪苗娟,黄南,叶少丹,李明容. ICP-AES 法快速测定饲料产品中 11 种元素. 上海畜牧兽医通讯,2009(1):36-37.

[17] 农业部畜牧兽医局(全国饲料工作办公室),中国饲料工业协会,全国饲料工业标准化技术委员会,中国标准出版社第一编辑室. 饲料工业标准汇编(上、下册). 北京:中国标准出版社,2006.

[18] 农业部畜牧业司,全国饲料工作办公室. 饲料法规文件法规汇编. 北京:中国

农业科学技术出版社,2007.

[19] 庞国芳.农药兽药残留现代分析技术.北京:科学出版社,2007.

[20] 日立 L-8800 氨基酸自动分析仪手册.

[21] 盛龙生,苏焕华,郭丹滨,何美玉.现代有机与生物质谱.北京:北京大学出版社,2002.

[22] 王大宁,董益阳,邹明强.农药残留检测与监控技术.北京:化学工业出版社,2006.

[23] 王金荣,刘海涛,刘霞,张团娜,等.氢化物发生-原子荧光光谱法同时测定饲料中的砷、汞、硒和镉.中国畜牧杂志,2009,45(21):69-72.

[24] 汪东风.食品质量与安全实验技术.北京:中国轻工业出版社,2004.

[25] 王光辉,熊少祥.有机质谱解析.北京:化学工业出版社,2005.

[26] 王立,汪正范,牟世芬,丁晓静.色谱分析样品处理.北京:化学工业出版社,2001.

[27] 汪正范,杨树民,吴侔天,岳卫华.北京:化学工业出版社,2007.

[28] 汪尔康.21世纪的分析化学.北京:科学出版社,1999.

[29] 魏瑞兰,张子仪.近红外光谱分析技术在花生饼(粕)可利用氨基酸评定中的应用.中国畜牧杂志,1987(6):3-7.

[30] 谢笔钧,何慧.食品分析.科学出版社,2009.

[31] 辛仁轩.等离子体发射光谱分析.北京:化学化工出版社,2005.

[32] 徐金瑞,田笠卿.ICP发射光谱分析.南京:南京大学出版社,1991.

[33] 薛秀萍.HPLC法同步测定饲料中脂溶性维生素.中国农业大学毕业论文 10019-S040438.

[34] 闫惠文,常碧影.AccQ-Tag法测定饲料中的氨基酸.美国大豆协会和国家饲料质量检验监督中心(北京)联合举办的饲料质量检验培训班讲义,2000.

[35] 严衍禄.近红外光谱分析基础与应用.北京:中国轻工出版社,2005.

[36] 于世林.高效液相色谱方法及应用.北京:化学工业出版社,1999.

[37] 张丽英.饲料分析及饲料质量检测技术.3版.北京:中国农业大学出版社,2007.

[38] 张丽英,陈大为,周英欣,李恒,隋连敏,谷乐.氯化胆碱产品质量鉴定及快速掺假识别技术.饲料工业,2005,21:42-44.

[39] 中华人民共和国公告1224号.饲料添加剂安全使用规范,2009.

[40] Council Regulation(EEC) No 2377/90 of 26 June 1990 laying down a community procedure for the establishment of maximum residue limits of veter-

inary medicinal products in foodstuffs of animal origin. Last amended by
commission Regulation(EC) No 2145/2003 of DEC. 2003. Official Journal
L322, 0912 2003 P5-7.

[41] Nitrogen Determination by Combustion Method (AOAC 990. 03).

[42] Rechard D. Beaty and Jack D. Kerber. Concepts instrumentation and tech-
niques in atomic absorbtion sepctrophotometry. 1993, The Perkin-Elmer
Corporation, Norwalk, CT, U. S. A. The second edition.

[43] Somenath Miter, sample preparation techniques in analytical chemistry,
2003, John Wiley & Sons, Inc. , Hoboken, New Jersey.

[44] vario MACRO CHNS analyzer manual.